准噶尔盆地油气勘探开发系列丛书

砾岩油藏分级动用化学驱油技术及应用

王林生　吕建荣　王晓光　栾和鑫　等著

石 油 工 业 出 版 社

内容提要

本书以新疆克拉玛依油田砾岩油藏分级动用化学驱油技术成果为例，介绍了国内外化学驱现状、化学驱油机理、新疆化学驱矿场试验、新疆砾岩油藏地质及储层特征，探讨了砾岩油藏化学乳化驱油体系影响因素及驱油理论，提出了砾岩油藏分级动用化学驱油理论。

本书可供石油地质、油田开发、矿场生产岗位的科研、技术人员以及石油高等院校相关专业师生参考。

图书在版编目（CIP）数据

砾岩油藏分级动用化学驱油技术及应用 / 王林生等著. —北京：石油工业出版社，2023.8

（准噶尔盆地油气勘探开发系列丛书）

ISBN 978-7-5183-6146-5

Ⅰ.①砾… Ⅱ.①王… Ⅲ.①砾岩－砂岩储集层－化学驱油－研究 Ⅳ.① TE357.4

中国国家版本馆 CIP 数据核字（2023）第 135993 号

出版发行：石油工业出版社

（北京安定门外安华里 2 区 1 号　100011）

网　址：www.petropub.com

编辑部：（010）64523719

图书营销中心：（010）64523633

经　销：全国新华书店

印　刷：北京中石油彩色印刷有限责任公司

2023 年 8 月第 1 版　2023 年 8 月第 1 次印刷

787 × 1092 毫米　开本：1/16　印张：12.75

字数：310 千字

定价：120.00 元

《砾岩油藏分级动用化学驱油技术及应用》编写人员

王林生　吕建荣　王晓光　栾和鑫

冷润熙　白　雷　程宏杰　王　辉

前　言

砾岩油藏是一种特殊的油气藏，在世界上分布较少，新疆准噶尔盆地西北缘是我国主要的砾岩油藏产油区。新疆已累计发现超过 40 个砾岩油藏，探明地质储量超 10 亿吨，是世界上储量最大的砾岩油藏分布区，目前已动用储量超 7 亿吨，年产量约占整个新疆油田 1/3。砾岩油藏具有复杂的地质特征，包括与砂岩储层不同的沉积特性、常规物性和复杂的孔隙结构以及平剖面上的严重非均质性。与物性条件类似的砂岩油藏相比，砾岩油藏开发过程中含水上升快，水驱采收率低，平均水驱最终采收率仅为 33.5% 左右，油藏开发难度大，经过半个世纪的注水开发，已处于高含水率、高采出程度的“双高”开发阶段。砾岩油藏水驱后如何提高采收率已成为油田开发领域急需解决的难题。

对于注水开发油藏，化学驱是一种重要的提高采收率技术，我国现已形成聚合物驱、三元复合驱、聚表二元驱、非均相复合驱等系列技术，在驱油理论及标准方法、驱油剂研制、潜力评价、数值模拟技术等方面形成系列技术，整体处于国际领先水平。中国连续 18 年实现了化学驱千万吨稳产，累计产油超过 2.7 亿吨，为中国石油增储稳产发挥了不可替代的作用。

准噶尔盆地砾岩油藏具备规模大、沉积类型多样的特征，是砾岩油藏中的典型代表，且其实施化学驱开发历史较长，在化学驱提高采收率技术开发实践中积累了丰富经验、方法和行之有效的工艺技术，对此加以总结，对完善砾岩油藏提高采收率的技术方法十分重要，同时对丰富油田开发技术有着重要意义。本书以此为基础进行编撰，由王林生拟定编写大纲，共分六章：第一章主要介绍了新疆砾岩油藏化学驱的背景，由吕建荣编写；第二章介绍了新疆砾岩油藏地质及储层特征，由王林生编写；第三章介绍了砾岩油藏化学乳化驱油体系影响因素分析，由栾和鑫编写；第四章介绍了砾岩油藏化学乳化驱油理论，由栾和鑫与吕建荣编写；第五章介绍了砾岩油藏分级动用化学驱油理论，由吕建荣编写；第六章介绍了砾岩油藏分级动用化学驱油矿场实践，由王晓光和吕建荣编写；全书由王林生统稿。本书系统总结和归纳了砾岩油藏化学驱的技术体系，是一部具有特色的砾岩油藏分级动用化学驱油技术的专著，同时填补了国内外在砾岩油藏开发领域的技术空白，并为其他油田砾岩油藏开发提供了借鉴和帮助。

本书是参与新疆砾岩油藏化学驱油技术研究的广大科技工作者集体智慧的结晶，在此向他们表示衷心感谢！同时也向在本书编写过程中提供支持与帮助的同志表示谢意！由于编写内容涉及的专业多、技术范围广，编写团队的能力和水平有限，文稿中难免有一些错漏之处和不完善的地方，敬请广大读者和专家批评指正！

CONTENTS 目 录

第一章 绪 论

砾岩油藏是一种特殊的油气藏，在世界上分布较少，新疆已累计发现超过 40 个砾岩油藏，探明地质储量超 10 亿吨，是世界上储量最大的砾岩油藏分布区。经过半个世纪的注水开发，已处于高含水率、高可采采出程度的“双高”开发阶段。砾岩油藏水驱后提高采收率已成为油气田开发领域的一个急需解决的难题。

新疆克拉玛依油田砾岩油藏化学驱经过多年科研攻关，在化学驱提高采收率技术开发实践中积累了丰富经验、方法和行之有效的工艺技术，对此加以总结，这对完善砾岩油藏提高采收率的技术方法十分重要，同时对丰富油田开发技术学科有着重要意义。

第一节 国内外化学驱发展历程与现状

一、国内外化学驱发展历程

化学驱技术的发展大致可以分为 4 个阶段：

第一阶段为 20 世纪 60 年代初至 20 世纪 70 年代，相关学者主要从事表面活性剂微乳液驱研究，基于 P.A. Winsor 提出的三种相态，认为表面活性剂浓度能够达到 Winsor–Ⅲ相态时，油—水—表面活性剂系统会形成微乳液体系，此时油水形成的体系稳定，驱油效率高（Alvarado，1979；Elgibaly A A M 等，1997；Andrew M.H. 等，2011；Karambeigi MS 等，2015）但形成微乳液体系需要的表面活性剂浓度也高（一般质量百分比为 3%~15%），由于成本高而没有得到现场应用。

第二阶段为 20 世纪 80 年代，主要研究碱驱、碱 / 聚合物驱、活性水驱等。基于碱与酸性原油作用产生表面活性剂可以降低油水界面张力的机理，针对原油酸值较高的油藏进行碱水驱，同时由于聚合物驱的成功应用（Mcauliffe C D，1973；Devereux O F，1994；Soo H 等，1984；Lei Z. 等，2008），开始尝试碱 / 聚合物复合驱的研究及矿场试验。

第三阶段为 20 世纪 90 年代，是复合驱发展最快的阶段，主要基于化学剂之间的协同作用，重点发展三元复合驱。采用低浓度高效表面活性剂，通过碱与表面活性剂的协同作用，使体系油水界面张力达到超低（$< 10^{-3}$mN/m），同时依靠聚合物增加黏度作用来扩大波及体积，从而大幅度提高原油采收率，碱 / 表面活性剂 / 聚合物三元复合驱提高采收率幅度可达 15%~25%。由于复合驱中各化学剂之间的协同作用，一方面复合驱中化学剂的用量比单一化学剂驱减少（表面活性剂用量一般为 0.2%~0.6%）；另一方面复合驱通常比单一组分化学驱的采收率更高，复合驱成为三次采油中经济有效提高原油采收率的新方法。

第四阶段为进入 21 世纪以来，聚合物 / 表面活性剂复合驱逐渐发展起来（Hand D.B.，1939；Winsor P A.，1948；Griffin W.C.，1949；Devereux O F，1974；Israelachvili J.N. 等，1976；Soo H 等，1984；Lei Z. 等，2008；Jin L. 等，2016）。随着表面活性剂研发及合成技术的发展，表面活性剂的性能得到极大的提高，原来要加入碱才能使油水界面张力降低到超低的三元复合体系去掉碱后界面张力仍然能够保持超低，因此聚合物 / 表面活性剂复合驱得到了较快发展（图 1-1）。

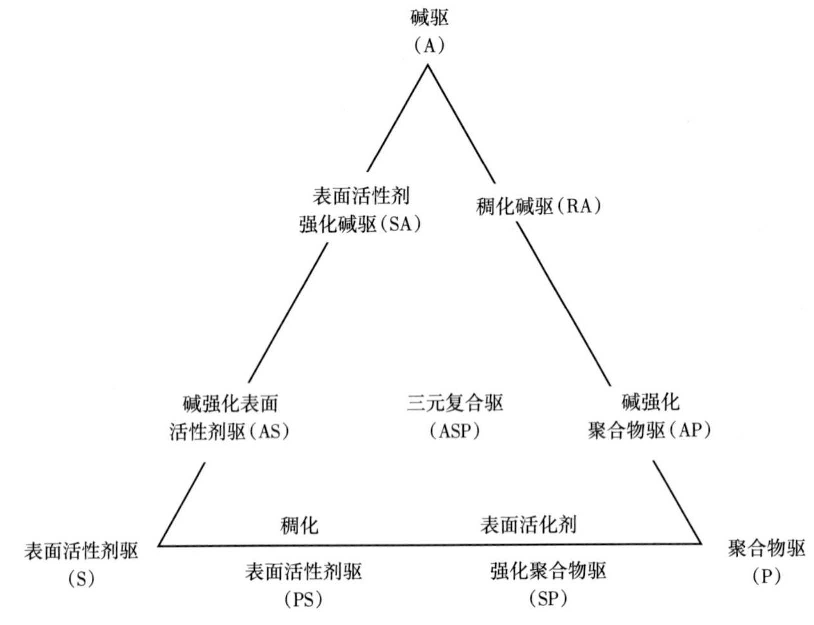

图 1-1　三种化学剂组合的复合驱种类

二、国内外化学驱现状

20 世纪 60 年代，国外开始化学驱油技术研究，开展了聚合物驱矿场试验；20 世纪 80 年代，进行了三元复合驱、胶束 / 聚合物驱矿场试验，达到应用高峰；2000 年以来，开展了稠油聚合物驱、海上聚合物驱矿场试验。随着技术进步和油价回升，美国、加拿大、委内瑞拉、德国等国家相继开展了化学驱试验与应用（关淑霞等，2010）。截至 2020 年底，全球实施的化学驱项目有 132 个（不包括中国）（董文龙等，2011），日产原油 37.5×10^4bbl。

化学驱是国内三次采油主体技术，处于世界领先水平。我国化学驱室内研究始于 20 世纪 60 年代，20 世纪 80 年代开展聚合物驱矿场试验，20 世纪 90 年代在胜利油田、大庆油田等地实施三元复合驱矿场试验和聚合物驱推广应用；2000 年，在胜利油田孤岛七区西 $Ng5^4$—6^1 单元开展聚表二元驱矿场试验，在大庆油田长垣中部杏树岗油田北部开展三元复合驱扩大试验；2007 年以来，辽河、新疆、大港等油田开展了不同类型油藏聚表二元驱先导试验；2010 年以来，胜利油田开展了聚表二元驱工业化、非均相复合驱试验及推广、海上聚合物驱试验（刘艳华等，2011）。

我国现已形成聚合物驱、三元复合驱、聚表二元驱、非均相复合驱等系列技术，在化学驱驱油理论及标准方法、驱油剂研制、潜力评价、数值模拟技术等方面形成系列技术，实现连续 18 年千万吨稳产，累计产油 2.7×10^8t，为油田增储稳产发挥了不可替代的作用（Fernandes B.R.B. 等，2022）（图 1-2）。

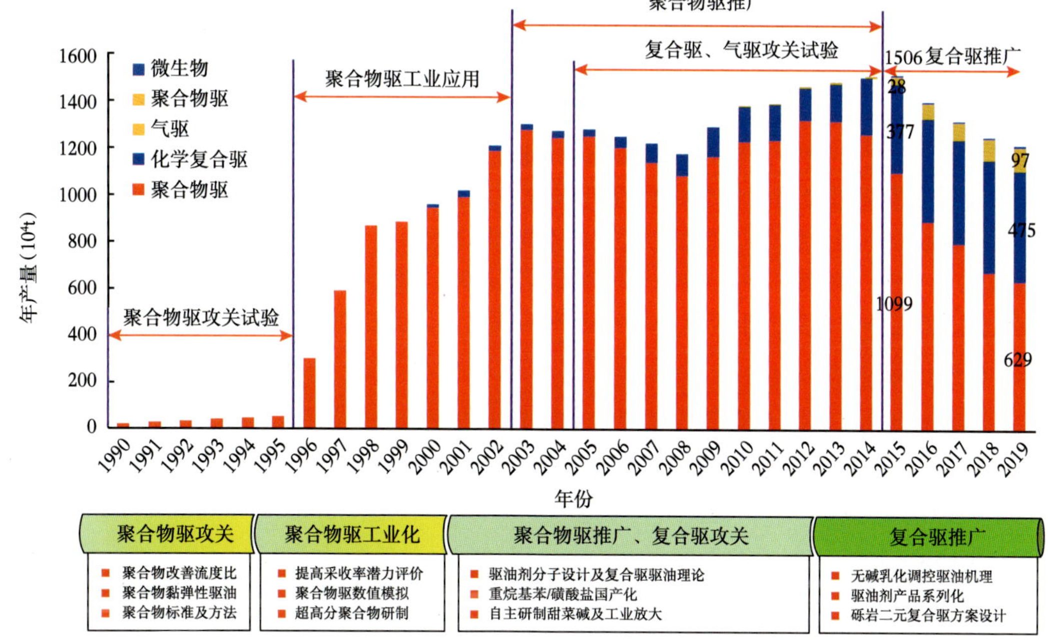

图 1-2　国内油田化学驱发展历程（关淑霞等，2010；董文龙，2011；刘艳华等，2011；廖广志等，2017；苑光宇等，2018；袁士义等，2018；王德民，2019；王凤兰等，2019；Wang Y.W. 等，2019；Fernandes B.R.B. 等，2022）

第二节　化学驱驱油机理

一、聚合物驱

1. 增黏机理

聚合物可以通过增加水相黏度以扩大波及体积。聚合物溶解于水中后，水相黏度会显著提高，其通过地层能力降低，流度减小。如果原油的流动能力比水相强，则水相的波及范围就会扩大，驱油效果变好（四川石油管理局，1976；成都地质学院陕北队，1978；R.H.Clarke，1979；华东石油学院岩矿教研室，1982；刘敬奎，1988）。当油水黏度比很大时，采出液中含水率上升速度很快。相反，在油水黏度比较小时，采出液中含水率上升速度将大大减缓，当达到采油经济允许的极限含水率时，油层中的含水饱和度已经很高，因而实际驱油的效率也高（李学文等，2004；李孟涛等，2004；张帆等，2005；夏立新等，2005；何运兵等，2005）。

聚合物增加水相黏度的作用主要基于以下几个方面（鲁欣，1955；Ф·И·卡佳霍夫，1958；吴虻，1981；刘敬奎，1988；罗明高，1991）：（1）水中聚合物分子相互纠缠形成结构；（2）聚合物链结中亲水基团在水中溶剂化，聚合物表观分子体积增大；（3）若为离子型聚合物，其在水中会发生解离，产生许多带电性相同的链结，使聚合物分子在水中相互排斥。

2. 降低水相渗透率

油、水两相的相对渗透率是含水饱和度的函数，是控制采出液中含水上升速度的重要参数（地质矿产部地质辞典办公室，1981）。聚合物增加了水在油藏高渗通道的流动阻力，提高了波及效率。一方面聚合物增加了水的黏度并减少了水相有效渗透率；另一方面在渗透率高部位流动时所受流动阻力小，机械剪切作用弱，聚合物降解程度低，则聚合物分子就易于因吸附或捕集而滞留在孔隙中，增大高渗透部位的流动阻力（新疆石油管理局油田研究所，1978；裘亦楠等，1983；刘敬奎，1986；刘顺生等，1991）。

聚合物分子通过吸附、捕集滞留在孔喉处，与后续通过孔喉的水相和油相作用力的大小不同，对水相中聚合物分子作用力大，而对原油分子作用力小，会产生不对称的渗透率降（严龙湘等，1985；郭尚平等，1990；高树棠等，1996；韩培慧等，1999；程杰成等，2000），即降低水相渗透率的幅度大于降低油相渗透率的幅度，因此相对而言，油相更易通过孔喉。

3. 调剖作用

调整吸水剖面、扩大水淹体积是聚合物提高采收率的主要机理。在聚合物的流度控制作用下，油层注入水的波及体积扩大。在注入聚合物溶液的情况下，由于注入水的黏度增加，油、水流度比得到改善，不同渗透率层段间水线推进的不均匀程度缩小（韩显卿等，1995）。因此，向油层中注入高黏度的聚合物溶液时，可以相对减缓高渗透层段的水线推进速度，克服指进现象。当注入聚合物后，聚合物段塞首先进入高渗透层，由于黏度增加以及聚合物的吸附 / 滞留，导致高渗透层中流动阻力增大，随着注入压力的增高，迫使后续注入水或聚合物溶液逐渐进入低渗透层，从而启动低渗透层位，提高垂向波及效率，扩大油层水淹体积，提高采收率（韩显卿，1996；胡博仲，1997；胡厦唐，1997；黄廷章等，2001）。

二、表面活性剂驱

1. 低界面张力机理

表面活性剂在油水界面吸附，降低油水界面张力，大幅增加毛细管数，提高残余油动用（侯军伟等，2016）。油水界面张力降低也会降低粘附功能，即油更容易从地层表面洗下来，提高采收率。

2. 润湿反转机理

驱油用的表面活性剂亲水性大于亲油性，其在地层岩石表面吸附，可使亲油的岩石表面（由天然表面活性物质通过吸附形成）反转为亲水表面（姜言里等，1995；卢祥国等，1996；李世军等，2003；李先杰，2008），如图 1-3 所示，油对岩石表面的润湿角增加，可降低粘附功能，也提高了洗油效率。

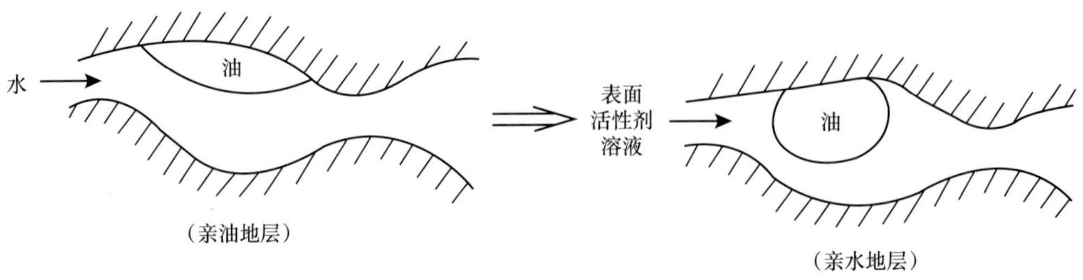

图 1-3　表面活性剂使岩石表面润湿反转

3. 乳化机理

驱油表面活性剂的 HLB 值一般在 7~18，其在油水界面的吸附可以形成较稳定的水包油乳状液（O/W）。乳化的油在向前推进的过程中不易重新粘附在储层岩石表面，提高了洗油效率（汪伟英，1995；隋军等，1999；商明等，2003；王德民等，2005）。另外，驱油过程中，也会产生一定量的油包水乳状液（W/O），油包水乳状液具有较大的黏度，通常比较稳定，乳化的油在高渗透层产生叠加的贾敏效应，可使水较均匀地在地层推进，提高了波及系数（刘莉平等，2004）。

4. 提高表面电荷密度机理

当驱油表面活性剂类型为阴离子型（或非离子—阴离子复合 / 复配型）时，其在岩石和油珠表面吸附，可提高表面的电荷密度（王德民等，2000；王德民等，2002；夏惠芬等，2002；王凤琴等，2006）（图 1-4），增加了油珠与岩石表面间的静电斥力，使油珠易被驱替介质带走，提高了洗油效率（夏惠芬等，2001；夏惠芬，2002）。

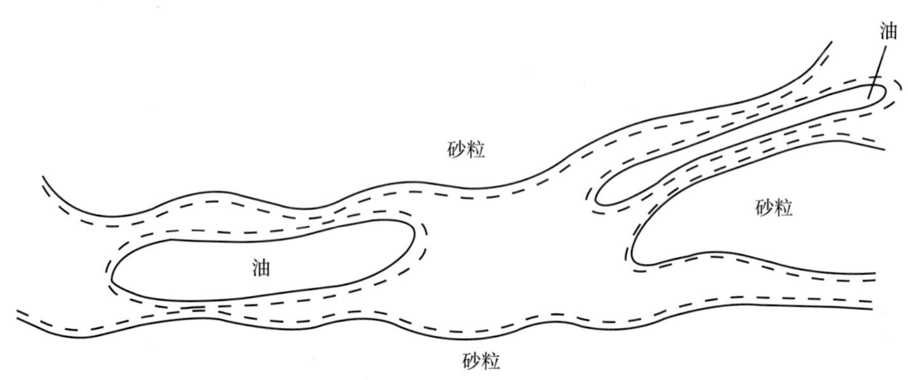

图 1-4　驱油过程中提高表面电荷密度的作用

5. 胶束溶液驱机理

表面活性剂浓度超过临界胶束浓度时，胶束在溶液中生成，可对油产生增溶作用，提高了溶液的洗油效率（夏惠芬等，2006；徐金涛等，2015）。除表面活性剂外，在胶束溶液中还可以加入醇和盐等助剂，能够调整油相和水相的极性，使表面活性剂的亲油性和亲水性得到充分平衡，从而最大限度地吸附在油水界面上，产生超低界面张力（杨承志，1999；杨东东等，2009；赵利军等，2013）。

6. 微乳驱油机理

微乳液通常被分为 3 种，油包水、水包油和双连续相乳液。

油包水型微乳液驱油机理：油包水型微乳液体系与残余油接触，使油变形流动。在驱替前端，微乳液与地层水接触并被稀释，微乳液与残余油接触发生乳化，此时形成水包油乳状液，不稳定，乳化分散油滴易相互聚并，这样形成了前缘为较大段的油、中间为密集的水包油、后缘为油包水微乳液的油带，油带与残余油发生局部混相（曾流芳等，2003；Bornaee A H 等，2014）。

水包油型微乳液驱油机理：水包油型微乳液与水驱残余油接触，残余油被乳化成大小不等的油珠，随着被水稀释的微乳液向前运移，小油珠比大油珠运移速度快，优先进入未被乳化的残油区（兰玉波等，2006）。随微乳液的不断注入，被乳化夹带向前的水包油珠越来越多，有时也与前方遇到的残油聚并、富集，形成较长的油段塞，呈现密集的水包油珠带。

双连续相型微乳液驱油机理：中相微乳液与残余油珠接触，改变了原来油水界面膜的性质，由于油和表面活性剂中都含有能互相溶解的组分，易发生互溶，互溶相的界面膜逐步扩展，使界面膜软化破裂，并逐渐消失。原来的残余油珠，逐渐变形并与中相微乳液混相，流动阻力大幅度降低，很容易通过喉道被驱替前进。在驱替前沿形成一个富集油带（油墙），油带中有许多大小不等的水包油珠，还有一些混相油。这些油珠极易变形，流动阻力很小，很容易通过喉道（Salager J L 等，1979；Salager J L 等，1983；Salager J L 等，2000；Roshanfekr M，2010；Jin L 等，2016）。油墙各部位含油多少不等，油墙前部含油量较多，油墙中部含油量减少，油墙后缘含油量极少（Acosta 等，2003；Ghosh S 等，2016）。纯中相微乳液中表面活性剂含量最大，洗油效率高，甚至能把处于盲端的残余油移走。

三、聚合物 / 表面活性剂二元驱

聚合物 / 表面活性剂二元驱是具有巨大发展潜力的三次采油技术。聚合物 / 表面活性剂二元驱利用聚合物和表面活性剂的协同效应，能够显著改善驱油效果，提高采收率。与聚合物驱相比，聚合物 / 表面活性剂二元驱具备较强的乳化及低界面张力性能（Jin L 等，2015；Ghosh S 等，2015；Khorsandi S 等，2016；易凡等，2022）；与三元复合驱相比，其不使用碱液避免了管道腐蚀严重、采出液破乳难的问题。

相对于水驱而言，聚合物 / 表面活性剂二元驱提高波及系数的机理为聚合物 / 表面活性剂二元驱通过聚合物增加了驱替液的黏度，因其黏度的增加，会造成其较多地吸附及滞留在孔隙中，降低了驱替液的相对渗透率，造成驱替液流度减小；而聚合物 / 表面活性剂二元驱对油的黏度影响很小，油聚集在驱替液前缘，油相渗透率增加，油相流度变大；这样流度比减小，克服了注水指进，增加了吸水厚度，提高了波及系数，进而提高采收率（王志宁等，2004；封卫强等，2008；靖波等，2013；周佩等，2016；栾和鑫等，2017；孙宁等，2017；吕晓华等，2020；刘文正等，2022）。

聚合物 / 表面活性剂二元驱提高洗油效率的机理：表面活性剂降低油水界面张力，降低了黏附功能，使残余油乳化、剥离、拉丝并易于启动，同时其乳状液进一步增加了驱替液黏度，启动了水驱无法启动的区域的残余油 [90-92]。在较低的界面张力和乳状液增黏作用下，其毛细管准数得到大幅度提升，提高了洗油效率，进而提高采收率。

第三节　新疆油田化学驱矿场试验

一、克拉玛依油田聚合物驱油试验

1. 聚合物驱先导试验

1967 年，聚合物驱室内实验研究首次开展。经过 23 种配方实验，选出了部分水解聚

丙烯酰胺为增黏剂的第 18 号配方作为现场实施的驱替剂。

1970 年，选择克拉玛依油田三 3 区 3013 井组开展小井距聚合物驱先导试验。经过两年两个月试验，共注聚合物溶液 12145m^3，注入孔隙体积 30%。中心评价井注聚合物 49d 后开始见效，产量由 1.4t/d 上升到 1.7t/d 左右，含水率由 12.3% 降至 8% 左右。1971 年 10 月进行压裂，产油 2~3.84t/d，保持了 8 个月。井组其他 3 口井，注聚合物 3 个月后也先后见效，产量都有不同程度的提高，全井组累计产油 12148.7t，采出程度 36.56%，与注清水相比，提高采收率 11%。注聚合物所需费用只占增产原油销售价的 10%，经济效益明显。

在先导试验成功的基础上，选择三 3 区 3013 井组以东相邻的 4 个井组进行了聚合物驱油扩大试验。试验按 3013 井组的配方进行，持续 9 年，于 1982 年 5 月底结束，共注入黏度为 4.3mPa·s 的聚合物溶液 334743m^3，占孔隙体积的 15%。后转注清水，试验区累计采油 50.48×10^{4}t，采出程度 26.6%，累计注水 71.76×10^{4}m^3，综合含水 74.24%。试验结果表明，调整了吸水剖面，4 口注入井的吸水状况均得到改善。油井含水率下降，18 口采油井见到聚合物驱油效果，聚合物驱波及系数达 66%，比相同条件下只注清水的井区（三 3 区）提高 16%。经驱替特征曲线预测，最终采收率可达 33%，与注清水相比，提高采收率 7.3%。但因聚合物产品性能不稳定，供货不及时，影响了最终试验效果。

2. 聚合物驱工业化试验

2005 年，中国石油天然气股份有限公司重大开发试验项目《克拉玛依油田七东 1 区克下组油藏聚合物驱工业化试验》项目正式启动。该项目在充分利用目前七东 1 区克下组油藏开发井网地面注采管网条件下，开发研制聚合物驱油配方体系，实施砾岩油藏聚合物驱工业化试验。

七东 1 区克下组油藏于 1959 年初投入开发，1960 年底开始注水。1998 年完成聚合物驱试验区钻井工作。截至 2004 年 12 月，共有油水井 87 口，其中采油井 68 口，注水井 19 口，综合含水 88.5%，月注采比 1.21，累计采油 394.30×10^{4}t，采出程度 36.78%，试验区采出程度达到 43%。

2005 年 5 月，聚合物驱试验区位于七东 1 区中南部 7151 井周围，克下组地质储量 218.04×10^{4}t，克下组油藏主力油层 S_7^2、S_7^3、S_7^4 砂层为试验目的层，试验区面积 1.25km^2，目的层地质储量 193.94×10^{4}t。采用五点法井网布井，注采井距 200m，部署试验井 25 口，其中注入井 9 口，采油井 16 口。设计注入聚合物浓度 0.12%~0.15%，注入聚合物溶液黏度 60~90mPa·s，注入段塞尺寸 0.5PV（孔隙体积倍数）。2006 年 8 月空白水驱结束，2006 年 9 月开始注聚合物溶液，当时试验区综合含水率 95.6%，采出程度 46.7%；聚合物驱过程中，注聚压力逐渐上升，吸水剖面得到改善，2008 年 10 月达到见效高峰，聚驱见效率达 100%，试验区月产油由注聚前的 1159t，最高增加到 3555t，试验区采油速度由 0.81% 提高至 3.0%、含水率下降 15.5 个百分点。按方案设计 2010 年 11 月注聚结束，但当时试验区生产效果较好，综合含水率为 89.1%，此时不是最佳的后续水驱转注时机，同时考虑在经济有效的情况下，满足“地面设备利用最大化，地下原油采收率提高最大化”的要求，2010 年 12 月完成聚合物驱工业化试验后期调整方案，聚合物注入量由 0.5PV 提高到 0.7PV。持续注入聚合物溶液，至 2012 年 10 月结束，累计注聚 0.7PV，后续水驱至 2015 年 8 月，提高采收率达到 12.1 个百分点，含水率升至 95.0% 以上，整个聚驱试验结束并顺利通过中国石油天然气股份公司验收。

二、克拉玛依油田二中区三元复合驱先导试验

1996 年 2 月，选定克拉玛依油田一类砾岩油藏二中区北部 9-3 井附近井区作为三元复合驱矿场先导试验区。试验区采用 50m×70.7m 小井距五点法井网，4 个井组 13 口井（均为新井），其中注入井 4 口，中心评价井 1 口，边井 8 口，平均井深 675m，面积 31258m^2。选择外围 6 口老井为压力平衡井，2 口为压力观察井（图 1-5）。三元复合体系的注入方案设计为预冲洗段塞、主段塞和保护段塞。其中预冲洗段塞为清水配置 1.5% NaCl 溶液，区日注 80m^3，注入 0.4PV。主段塞由清水配置的 0.3%KPS-1（石油磺酸盐）、1.4% Na_2CO_3（弱碱碳酸钠）、0.13% 聚合物、0.1% 三聚磷酸钠溶液混合配置而成，区日注 60m^3，共注入 0.3PV。保护段塞由淡水配置 0.1% 聚合物和 0.7%NaCl 溶液混合配置而成，区日注 60m^3，注入 0.3PV。

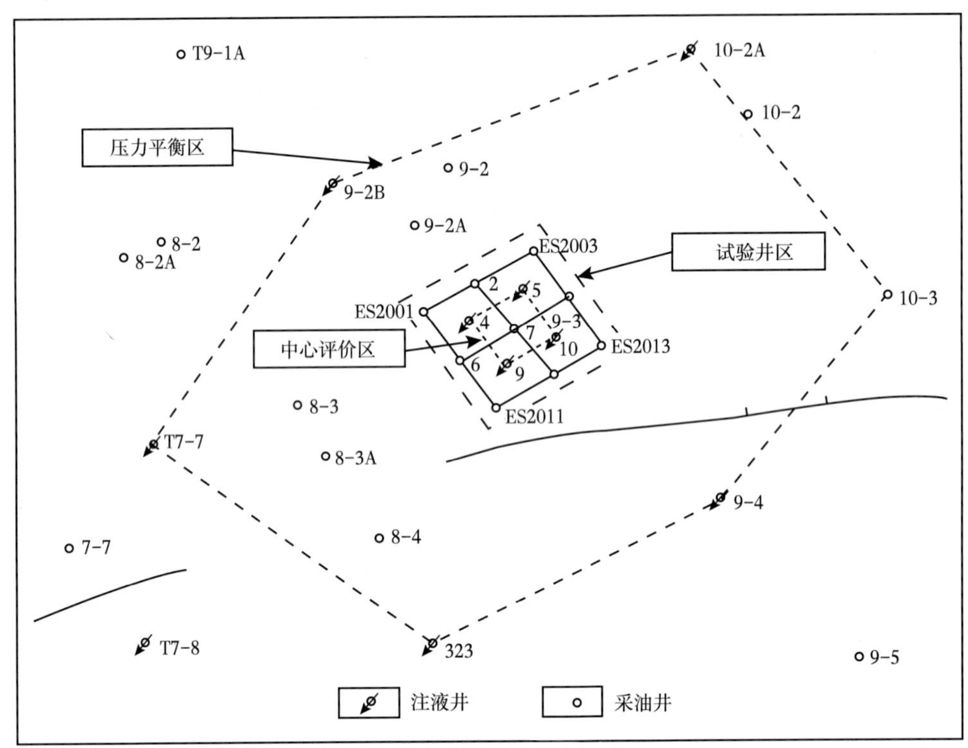

图 1-5　三元复合驱先导试验区井网示意图

三元复合驱先导试验于 1994 年 3 月 1 日开始进行空白试验，只采不注，旨在了解试验区的生产能力，录取必要的资料。1995 年 8 月 18 日—1997 年 12 月 4 日注入三元复合驱试验段塞，其中注入预冲洗段塞 NaCl 溶液 26112m^3，历时 338 天，NaCl 用量 382t，平均浓度 1.46%；然后注入三元复合驱主段塞，累计注入复合体系溶液 19106 m^3，历时 319 天；之后注入聚合物溶液保护段塞累积 9381 m^3、历时 175 天，最后注入浓度为 0.5% 的 NaCl 溶液。1998 年 9 月 1 日注清水，至 1999 年 2 月结束试验。三元复合驱试验区含水率最低降至 84%，下降 15%，维持了 20 个月，月产油量由 34t 增加到 355t，是复合驱前的 10.44 倍。中

心井含水率最低降至79%，下降了20个百分点，维持了14个月，月产油量由6t增加到62t，是三元复合驱前的10.33倍。截至1999年2月底试验结束，试验区期末含水率98%，采出程度73.07%，复合驱采出原油6445t，提高采收率23.44%；中心井期末含水率98%，采出程度74.61%，采出原油1160t，提高采收率24.48%（图1-6）。

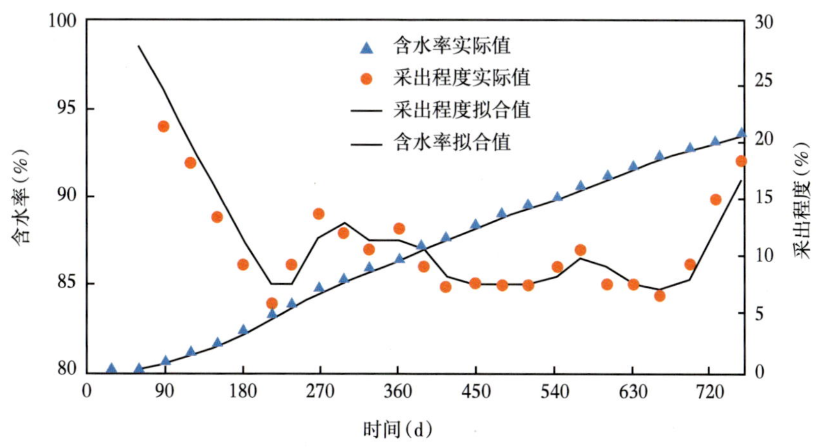

图1-6 三元复合驱含水率、采出程度数模拟合曲线

三、克拉玛依油田弱碱三元复合驱工业性试验

1996年下半年，利用砾岩油藏提高采收率筛选方法对适宜三元复合驱的37个区块进行筛选，应用改进的提高采收率预测模型软件（EORPM）对上述区块进行三元复合驱潜力预测分析，提出了相应的复合驱配方，进行了物模试验与评价，确定七东1区中南部克下组油藏为复合驱工业性试验区。

三元复合驱工业试验选用的表面活性剂KPS-2比KPS-1更低廉、性能更优良，对原油适应范围较广，甚至对石蜡基的原油也可产生超低界面张力。与KPS-1相比，KPS-2的成本降低约50%。注入方案分为预冲洗、主段塞、保护段塞等3个注入段塞，其中预冲洗阶段注入0.1 PV的1.0%~1.5%的NaCl溶液，主段塞阶段注入0.3PV的由0.35%KPS-2、1.4%~1.5%Na_2CO_3、0.16%HPMA、0.04%$Na_2S_2O_3$复配的三元复合驱油剂，保护段塞阶段注入0.25PV的由0.13%HPMA和0.3%NaCl混合的溶液。该配方经试验区实际岩心驱油实验，取得了提高原油采收率20%以上的效果。

1998年2月，《克拉玛依油田三元复合驱工业性试验布井方案》确定在七东1区克下组油藏中南部7151井组周围开辟1.253km^2的工业试验区，采用五点法井网、200m井距，部署试验井25口，其中采油井16口，注水井9口，钻新井19口、利用老井6口。19口新井于1998年10月全部完钻，每口新井确定了目的层具体的射孔井段。但由于种种原因，后续试验最终中断。

四、克拉玛依油田七中区二元复合驱工业化试验

二元复合驱工业化试验区位于七中区克下组油藏东部，面积为1.21km^2、地质储量为120.8×10^4t，采用150m井距五点法面积井网，部署试验井44口，其中钻注入井18口，钻

油井 24 口（1 口水平井），利用老井 2 口。2010 年 7 月地面注入站建成，同月 7 口井进行调剖。2011 年 8 月开始注入前置段塞聚合物溶液，至 2011 年 12 月 25 日起正式进入注二元复合驱主段塞阶段。二元复合驱主段塞注入初期出现了产液量快速降低、试验效果低于方案预期的现象。原因是由于储层物性相对较低，注入高分子量的驱油体系使深部地层发生堵塞，导致注采连通急剧变差。对此，一年内先后经过了降低聚合物分子量、聚合物浓度、表面活性剂浓度等 4 次注入配方的调整，调整后试验区北部见到明显效果。

通过调整，试验区南部低渗区域仍无法实现方案预测目标，因此 2014 年 9 月将南部低渗区域停止试验，转入水驱开发，同时保留北部物性较好的 8 注 13 采井组继续进行二元复合驱试验。调整后的 8 注 13 采试验区含油面积 0.44 km^2，地质储量 54.0×10^4t。之后又针对 8 注 13 采试验区下调了注入速度。通过系列调整，二元复合驱试验可以达到提高采收率 15.5%。截至 2021 年底，二元复合驱试验累计注入化学剂 0.65PV，日产油量由实施前的 14.7t 提高到高峰期的 54.6 t，含水率由 95.0% 下降至 45.0%，含水率降幅超过 40 个百分点。整体试验阶段累计产油量 14.26×10^4t，阶段采出程度 26.4%，其中二元复合驱阶段采出程度 18.4%，预计二元复合驱最终提高采收率可达到 20 个百分点。目前油藏采出程度达 65.3%，砾岩油藏二元复合驱试验取得成功，已顺利通过中国石油天然气股份有限公司验收，2022 年 1 月进入后续水驱，如图 1-7 所示。

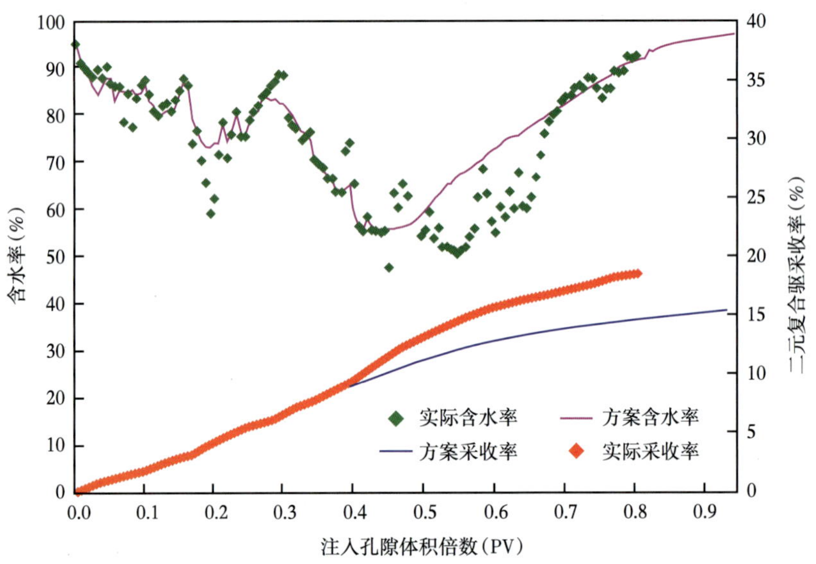

图 1-7　七中区二元试验区实际指标与方案设计对比

第二章 新疆砾岩油藏地质及储层特征

对于砾岩油藏化学驱油技术，除聚合物和表面活性剂本身性质外，油藏地质特征、储层精细表征、储层孔喉特征、储层分类及剩余油分布特征等也是决定驱油效果的关键因素。

本章建立了砾岩储层及剩余油分类精细表征技术，揭示了剩余油具有“多级孔喉控制”分布规律。建立孔喉模态表征技术，定量表征孔喉与渗透率关系。基于CT、核磁、数字岩心等手段建立了复模态定量识别公式，建立了微观喉道半径与宏观渗透率的关系，揭示了砾岩储层具有“渗透率跨度大、多级孔喉并存”的规律，且单一配方体系无法满足储层配伍性。建立了动静结合多参数油藏分区储层分类技术。针对储层微观孔隙结构复杂特点，尤其具有“孔大喉小”微观特征，优选渗透率、孔喉半径、黏土矿物等参数建立多参数储层分类定量划分方法，将砾岩储层微观孔隙结构分为四大类，从而定量表征宏观、微观剩余油分布规律，确定动用潜力。利用核磁共振和紫外荧光等技术，明确水驱后微观剩余油主要集中分布在1~5μm孔隙内，储层类型以Ⅱ、Ⅲ类为主（占总量68.4%）。剖面上底部剩余油少，中上部剩余油多。精细表征技术实验证明了单一配方体系难以实现分级动用。

第一节 地质特征

一、构造特征

准噶尔盆地在历史演化过程中，西北缘构造活动主要为逆掩断裂，形成绵延250km的推覆体构造带。断裂带呈北东向展布，由红—车断裂带、克—百断裂带、乌—夏断裂带组成，断面西北倾，断面倾角上陡下缓，由盆地西北缘向盆地中心呈叠瓦状推覆排列，水平推覆距离可达9~25km。断裂两盘地层沉积厚度不同，表现了断裂的同沉积性。

推覆构造体大体可分为5个带（图2-1）:（1）推覆体主部，多为石炭系基岩组成;（2）前缘断裂带，由基岩、下二叠统以及上覆三叠系—侏罗系组成;（3）下盘掩伏带（即推覆体主断裂下盘掩伏部分），多是单斜构造，由二叠系、三叠系和部分侏罗系组成;（4）超覆尖灭带（在推覆体主部之上被新地层超覆部分），主要由下侏罗统、上侏罗统和下白垩统组成，是稠油油藏形成的有利区域;（5）前沿外围带（在推覆体之外），沉积层受推覆挤压而形成舒缓状褶曲或单斜构造，平行于主断裂走向展布。

砾岩油藏多分布在西北缘克拉玛依大逆掩断裂带内，在大型推覆构造体系的背景下，形成了一系列近物源粗碎屑沉积的地层超覆、断裂遮挡、岩性尖灭等类型的油气藏。油层为由西北向东南倾斜的单斜构造，被断裂切割为高、中、低3个断阶带和若干个断块，致使油藏埋深由150~3300m不等。该类油藏一般没有活跃的边底水，只在个别断块内见有不活跃的地层封存水。

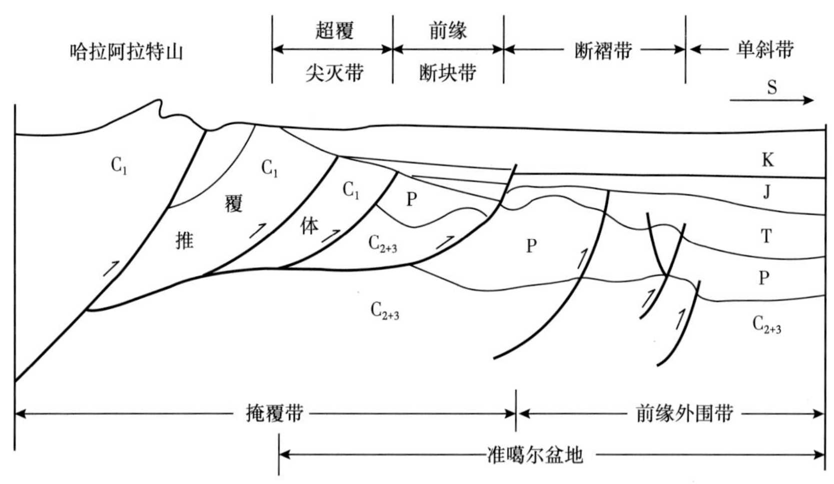

图 2-1　准噶尔盆地西北缘稠油油藏成藏模式图

二、沉积特征

1. 砾岩沉积分类

砾岩是沉积盆地边缘的近物源、强水流沉积体系的产物。在盆地西北缘有洪积（冲积）扇、砾质辫状河和扇三角洲 3 种沉积环境。

洪积（冲积）扇多分布于三叠系的克下组、百口泉组，二叠系的上、下乌尔禾组。沿克拉玛依大逆掩断裂带分布着大小扇体 24 个，扇体自东向西有逐渐缩小的趋势。洪积（冲积）扇又细分为扇顶、扇中、扇缘及扇间带等亚相带，亚相带内又细分为 9 种微相。

砾质辫状河相主要分布在三叠系的克上组和侏罗系的八道湾组，在平面上的分布仅次于洪积（冲积）扇。克上组多为短程山麓河流相，八道湾组则为远程规模较大的辫状河流相，不论哪种河流相，均能分出主流线、心滩、漫滩 3 种微相。

扇三角洲仅见于二叠系下乌尔禾组的下部层位，分布局限于克拉玛依油田克—乌断裂的下盘八区内，为大型洪积（冲积）扇体深入到湖泊的部分，形成巨厚、块状、胶结致密的砾岩体，它亦可分出扇顶、扇中、扇缘亚相。

2. 冲积扇类型

冲积扇的形成主要受区域构造运动、古地理、古气候、物源供给等因素控制，各相带储层构型特征具有很大的差异。在冲积扇构型研究中，需首先认知冲积扇类型，进而划分相带，再分相进行构型解剖。

1）按气候分类的冲积扇类型

露头和岩心分析结果表明，二次开发工程区冲积扇以洪水沉积物为主，主要特征表现如下：

（1）从冲积扇的规模来看，研究区冲积扇的半径为 9~10km，规模较小，尺度与干旱型冲积扇的尺度相当。湿润型冲积扇的半径一般大于 50km。

（2）研究区冲积扇岩石相以中砾岩相、细—中砾岩相、中—细砾岩相、细砾岩相和粗砂岩相沉积为主，粒度粗，分选差。其中，扇体近端岩石相主要为中砾岩相和细—中砾岩相，呈块状或不明显的正韵律，混杂堆积，为洪水沉积物，少有河道沉积。

（3）研究区泥岩多呈块状，不纯净，含有砂砾，为洪水漫溢沉积物。泥岩的颜色为棕红色、浅灰色等氧化色，说明间洪期泥岩长期处于暴露、氧化的沉积环境（图 2-2）。综上分析，二次开发工程区冲积扇类型为干旱型。

图 2-2 棕红色泥岩相岩心照片

2）按沉积类型和沉积机制的冲积扇类型

在冲积扇的近端，岩石相主要为中砾岩相、细—中砾岩相和中—细砾岩相，砂砾混杂堆积，碎屑支撑，呈块状或不明显的粒序层理（图 2-3）。多期洪水形成的碎屑流沉积物垂向片状加积，每期洪水形成沉积岩厚度为 0.3~0.7m。洪水形成的碎屑流沉积在剖面上没有河道的底型，底部无明显冲刷面，期次间的分界面一般为岩石相粒度的界面。

图 2-3 碎屑流沉积岩心照片

图 2-4 辫流水道沉积岩心照片

冲积扇的中部岩石相主要为细砾岩相、粗砂岩相和泥岩相。岩石相的粒度比冲积扇的近端细，分选变好。岩石相底部可见冲刷面以及滞留砾石的叠瓦构造，层理发育较少，以平行层理、板状交错层理和槽状交错层理为主（图 2-4）。细砾岩相和粗砂岩相的分布特征上可看出，剖面形态为顶平底凸的透镜状，平面上相互交叠。岩石相的特征和分布表明，扇体中部为辫状水道沉积体系。

二次开发区冲积扇沉积物的主体为碎屑流和辫流水道沉积，因此按照沉积类型和沉积机制，研究区冲积扇的类型属于碎屑流向辫流水道过渡的类型。洪水冲出山口时，在近端形成片状加积的碎屑沉积，随着水体扩散，洪水能量减少，在扇体的中部退化为水浅流急的辫流水道及漫流沉积物，至远端，水流能量最弱，沉积物主要为细粒泥岩沉积。沿水流方向，冲积扇沉积物由近端碎屑流沉积逐渐演化为中部辫流水道沉积，进而远端泥岩相沉积，由近及远，碎屑粒度逐渐变细。

3）按相层序和沉积序列的冲积扇类型

露头剖面和取心井资料表明研究区岩石相自下而上，地层厚度变薄，粒度变细。岩石相序列总体自下而上表现为中砾岩相、细—中砾岩相、细砾岩相、粗砂岩相、中—细砂岩相和泥岩相。沉积物自下而上依次为扇根碎屑流沉积、扇中辫流水道沉积以及扇缘泥岩沉积。

冲积扇特征受构造、气候、物源等因素的控制，根据高分辨率层序地层学的原理，这些因素集中表现为沉积物供给速率和可容空间变化速率之间的关系。这一关系，决定着冲积扇的相层序特征。研究区克下组整体为一个长期的基准面上升的正旋回，沉积物供给速率小于可容空间增长的速率，因此冲积扇呈现出向源退积的相层序，即自下而上扇顶、扇中与扇缘亚相依次叠置。

综合研究结果表明，二次开发试点工程区克下组冲积扇属于干旱型、碎屑流向辫状水道过渡的退积型冲积扇。

3. 沉积相带划分

准噶尔盆地西北缘克下组沿扎伊尔山前，发育多个冲积扇，构成冲积扇群。以研究区（包括六区、七区和八区部分井区）10 口系统取心井资料和 1547 口井测井资料为依据，对 S7 砂组的砂地比进行了平面成图分析。以砂地比含量 30% 为界限，绘制了冲积扇宏观分布图（图 2-5）。从图可以看出，区内大致有 5 个主物源方向，形成了 5 个大型冲积扇。其中，研究区位于东部冲积扇内，属于一个大型冲积扇的一部分。该扇体大体呈南北方向伸长状，物源来自北部。

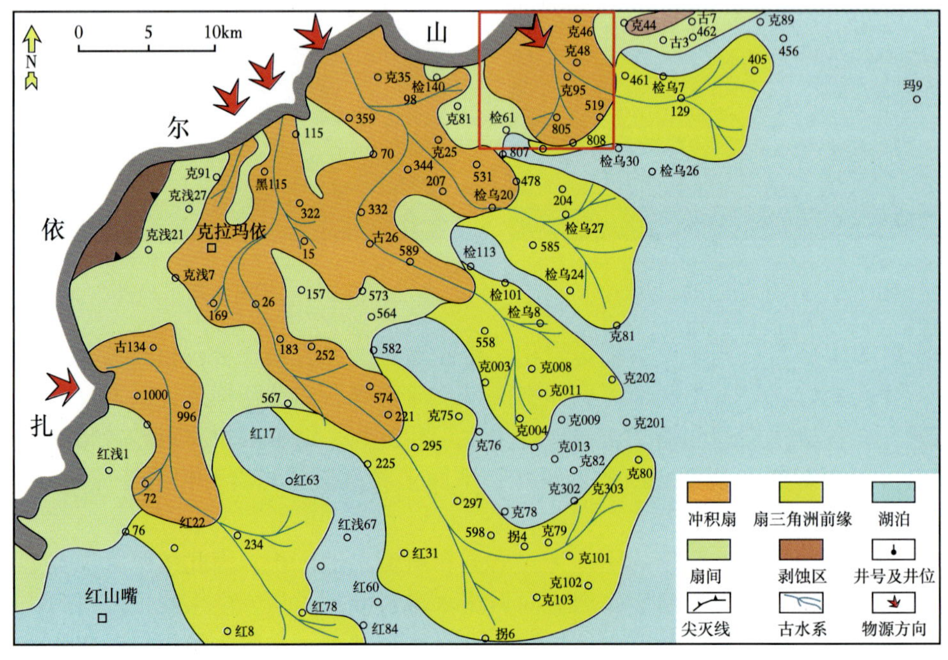

图 2-5　克拉玛依油田克下组沉积相分平面布图

根据岩性和电性特征，对单一扇体进行了相带划分。单一扇体从物源向外依次为扇根、扇中和扇缘。扇根进一步分为扇根内带和扇根外带，扇根内带呈槽带状，扇根外带在平面上呈发散片状，在顺源剖面上呈楔状。整体上，扇根位于冲积扇核部且面积较小，而扇中面积较大，为冲积扇主要的储层，扇缘与泛滥平原相接。整体上向上冲积扇的范围逐渐缩小，反映了向物源退积的过程。各个相带的岩石相特征、电性特征及剖面组合特征差异性比较大。

1）扇根

扇根位于冲积扇的顶端，为邻近山口的局部区域，亦称为扇顶或内扇，是冲积扇粒度最粗、地层厚度最大的部分。岩石相以中砾岩相、细—中砾岩相及中—细砾岩相为主，泥岩相占比较小，一般小于10%。由于搬运距离较近，碎屑物的分选磨圆差，结构成熟度低。沉积物混杂堆积，碎屑支撑，呈块状或不明显的粒序层理，主要为碎屑流沉积物。平均厚度15m左右，总体向上粒度变细，中砾岩含量变少，为正旋回。扇根在横剖面上呈向上和向下微凸的透镜状（图2-6）。

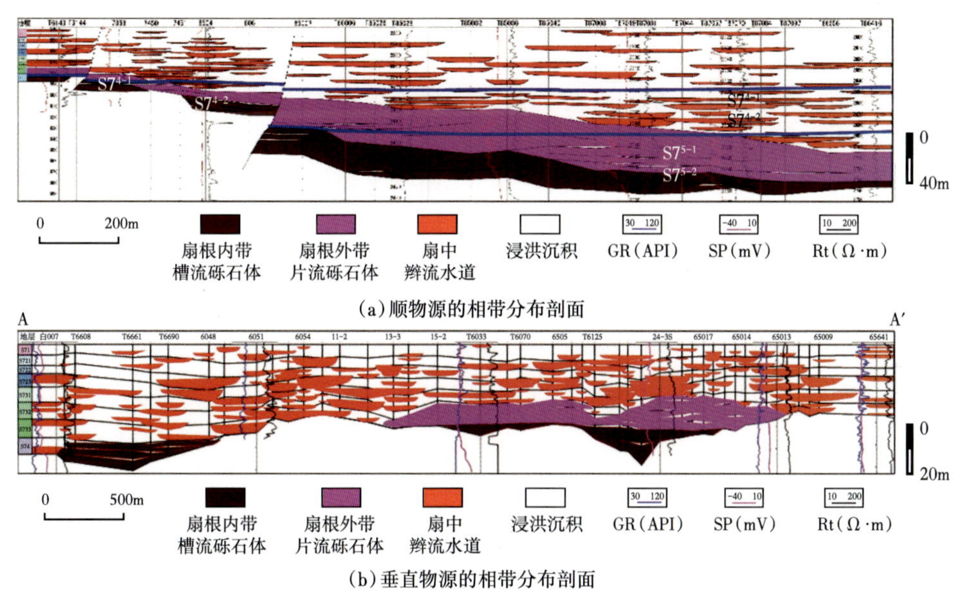

(a) 顺物源的相带分布剖面

(b) 垂直物源的相带分布剖面

图2-6 顺物源和垂直物源的相带分布剖面

扇根的电阻率和自然电位呈漏斗状，其中电阻率曲线不平滑，多有小锯齿（图2-6a），反映了多期次的中砾岩相、中—细砾岩相、粗砂岩相以及少量薄层泥岩相在垂向上的叠加。总体上，粒度向上变细，泥质含量减少，为正旋回。受泥质含量的影响，电阻率和自然电位曲线呈反旋回的假象。

扇根内带：位置靠近山口，平面呈槽带状，形成槽流沉积带，剖面呈向下微凸的透镜状（图2-6b）。内带靠近物源，碎屑粒度粗，岩石相主要为中砾岩相及细—中砾岩相。

扇根外带：位于扇根的远源一侧，平面呈发散片状，形成片流沉积带，剖面呈向上微凸的薄透镜状。外带为洪水冲出主槽在开阔空间的展开，平面上呈发散片状，在顺源剖面上呈楔状（图2-6a）。碎屑沉积物的粒度比扇根内带细，主要为中—细砾岩相沉积。

扇根内带和外带的差异主要表现在砾岩体的分布形态和岩石相粒度的不同，其沉积物搬运机制均为碎屑流。

2）扇中

扇中亚相位于扇体中部，亦称为中扇，呈较宽的环带分布。随着洪水扩散面积增大，洪水的能量减弱，水流持续时间增长，扇根碎屑流退化为扇中的辫流水道（牵引流），携带的碎屑物质粒度变细，分选性和磨圆度变好。

辫流水道岩石相主要为小细砾岩相和粗砂岩相，水道间则为漫流成因的泥岩相。在细砾岩相和粗砂岩相中可见平行层理、板状交错层理和槽状交错层理。底部可见冲刷面、滞留砾石定向排列等典型的水道沉积构造。岩石相剖面组合结构为细砾岩相、粗砂岩相与泥岩相互层，其中泥岩占沉积剖面的40%~60%。砾岩体在横剖面上呈顶平底凸的透镜状。

扇中沉积的电阻率和自然电位整体形态呈多个钟形叠加。每个钟形代表正韵律的细砾岩和粗砂岩相，而“曲线回返”则为泥岩隔夹层。扇中电性特征曲线反映了细砾岩相、粗砂岩相和块状泥岩相互层的岩石相组合样式。

3）扇缘

扇缘亚相位于扇体的最外侧，亦称为外扇或扇端。扇中辫流水道继续扩散至扇缘，大部分水道消失并以漫流的形式沉积细粒的泥岩（漫流沉积），只有小部分水道延续至扇缘，形成沿径向发散的窄水道沉积物，即径流水道。由于水流能量较弱，水道岩石相多为中—细砂岩相。扇缘是冲积扇中沉积物最细的部分，以泥岩相沉积为主，夹有薄层中—细砂岩相，但所占的比例很小，一般小于10%。

扇缘沉积的电阻率总体上处于泥岩基线，部分为锯齿状尖峰（图2-7），反映了泥岩相夹薄层中—细砂岩相的岩石相组合样式，其中锯齿状尖峰为薄层的中—细砂岩相，厚度较薄，一般小于0.5m。

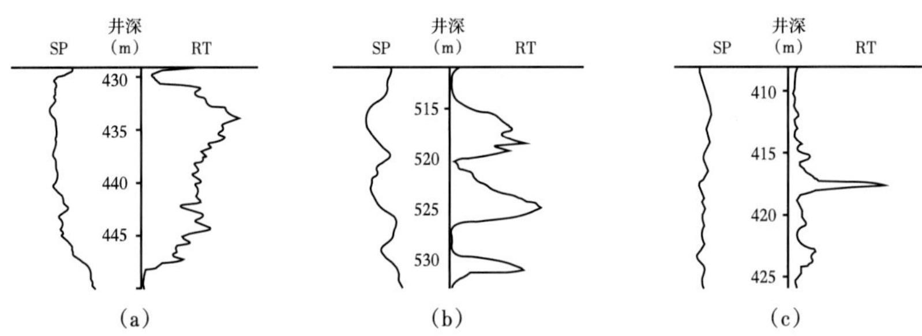

图2-7　克下组岩石相组合的电性曲线特征示意图

第二节　砾岩储层精细表征

针对砾岩储层岩性复杂，通过挖掘储层敏感性参数数据、建立岩性图版及岩性解释模型应用于现场解释、编写解释程序、评价解释效果，从而建立细分岩性储层分类流程及分类标准，形成了多参数储层分类定量划分方法，开展储层分区分类。应用细分岩性测井解释模型，将精度由80.7%提高到95.2%（图2-8）。

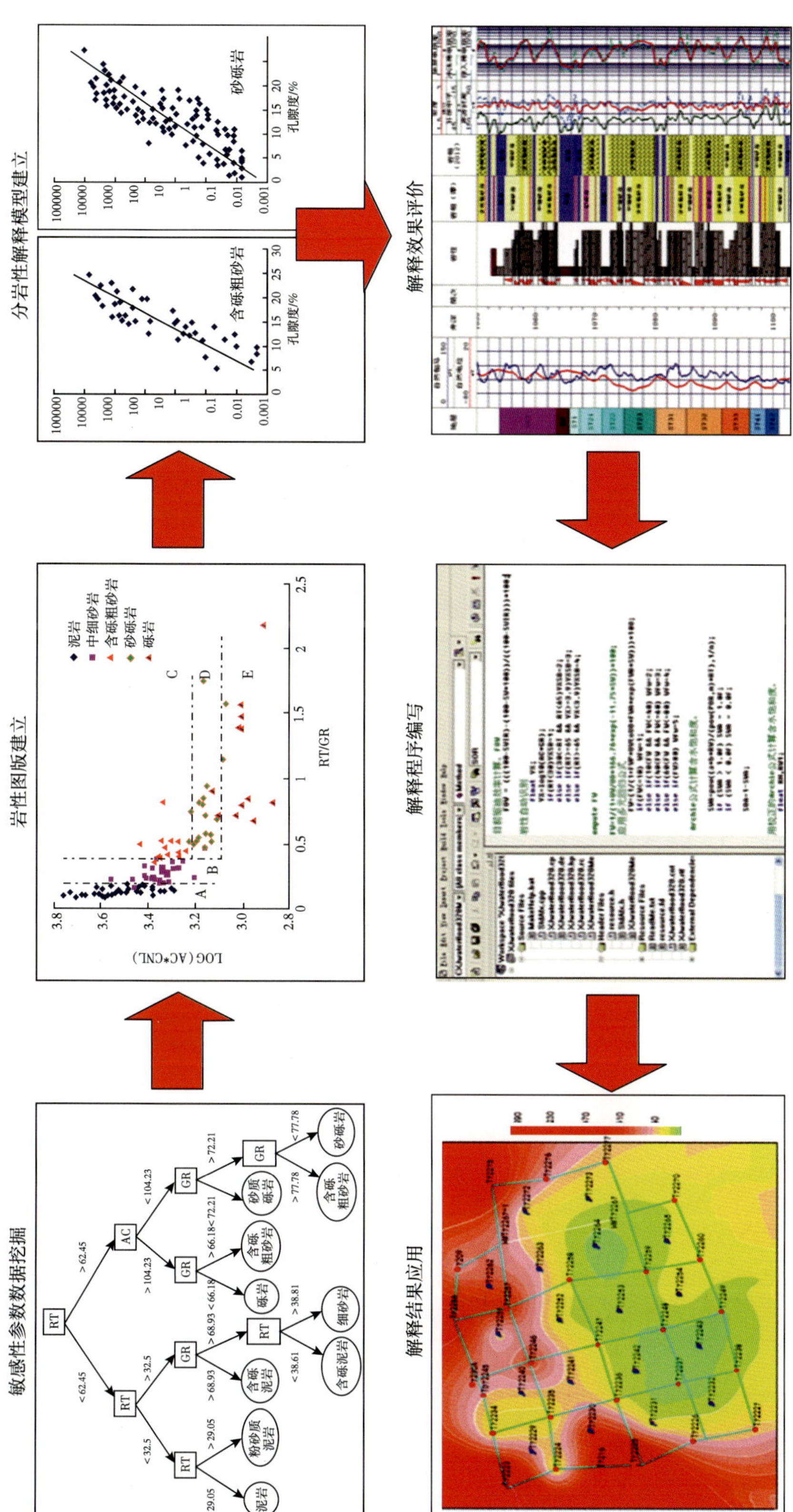

图2-8 细分岩性储层分类流程

一、砾岩岩性识别图版

砾岩油藏由于近物源、多水系和快速多变的沉积环境导致储层非均质性强、储层岩石矿物复杂多样以及测井响应无规律变化等特点，岩性的准确识别成为研究的重点和难点。利用决策树分析方法，结合密闭取心资料对砾岩油藏6种岩性的测井参数敏感性进行研究，优选出原状地层电阻率、声波时差、中子孔隙度等3个测井响应值作为砾岩油藏岩性识别的特征参数，建立决策树岩性识别模型，模型的综合判断准确率达到90.4%。并且在决策树方法分析结果的基础上，利用地球物理方法制作了砾岩油藏岩性识别图版，数据挖掘方法与地球物理方法的有效结合提高了砾岩油藏复杂岩性的识别精度。

七中区克下组岩性敏感参数主要有原状地层电阻率、中子孔隙度和声波时差，为了综合利用各个参数的岩性信息，提高岩性识别的精度，构造岩性识别参数（Rt）和中子密度乘积（CNL*AC），利用数学的方法把对岩性正相关的信息进行放大，对岩性负相关的信息进行缩小，通过参数的组合就可以把原来处于交叉部分的岩性进行有效地识别，提高岩性识别的精度（图2-9）。另外，建立的岩性识别图版可以有效区分研究区的不同岩性，对于相同岩性但含油性有差别的储层，也可以有效识别，并且图版还可以对钙质砾岩进行有效区分，表2-1为七中区克下组的岩性识别标准表。

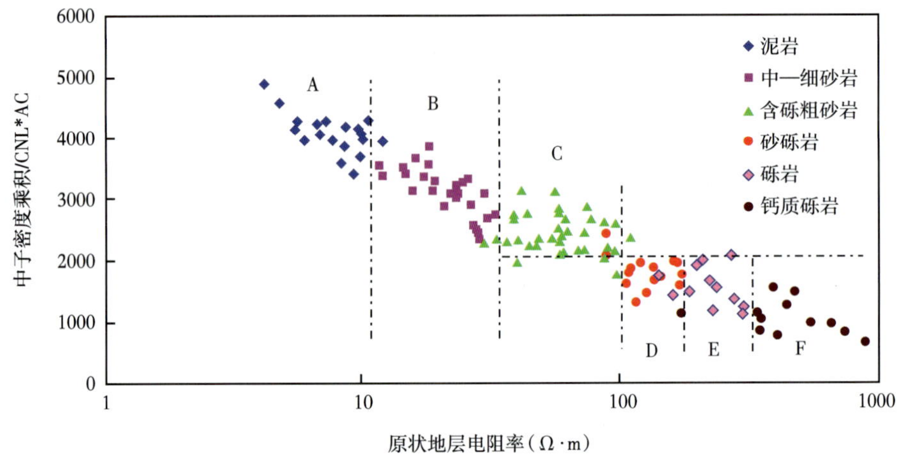

图2-9 七中区克下组砾岩岩性识别图版

表2-1 七中区克下组砾岩岩性识别标准表

识别参数	泥岩	中—细砂岩	粗砂岩	砂砾岩	砾岩	钙质砾岩
Rt（Ω·m）	＜10	10~30	30~100	100~170	170~300	＞300
CNL*AC	＞3500	2400~3500	2000~2400	1500~2000		＜1500

二、精细测井解释模型

为了进一步提高储层参数解释的精度，开展了分区、分层系建立测井解释模型。依据沉积微相、电性特征、物性及含油性差异将七中区克下组油藏划分为北区和南区两个主要的化学驱地质分区，对于两个分区相同的层位其物性和含油性差异也比较大，特别是渗透率差别比较大。因此，七中区克下组油藏测井精细解释模型建立的原则：（1）分北区和南区分别建立不同地质分区的解释模型；（2）在地质分区的基础上分上、下层系（S_7^2—S_7^3 和 S_7^4）分别建立测井解释模型（表 2-2）。

表 2-2　七中区克下组测井解释模型

油藏	分区	模型类型	S_7^2—S_7^3	S_7^4
七中区克下组	北区	孔隙度模型	$\phi = -41.869DEN + 116.11$	$\phi = -51.344DEN + 136.69$
		渗透率模型	$K = 0.1074e^{0.3624\phi - 0.1027V_{sh}}$	$K = 0.1158e^{0.5398\phi - 0.0734V_{sh}}$
		泥质含量模型	$V_{sh} = 25.29(CNL_{gv} - DEN_{gv}) + 0.2564$	
	南区	孔隙度模型	$\phi = -49.24DEN + 133.4$	$\phi = -64.327DEN + 169.6$
		渗透率模型	$K = 0.0479e^{0.3794\phi - 0.0153V_{sh}}$	$K = 0.2037e^{0.3385\phi - 0.0581V_{sh}}$
			$V_{sh} = 26.76(CNL_{gv} - DEN_{gv}) + 0.3684$	

三、微观孔隙结构模型

储层微观孔隙结构是指岩石所具有的孔隙和喉道的几何形状、大小、分布、相互连通情况，以及孔隙与喉道间的配置关系等。它反映储层中各类孔隙与孔隙之间连通喉道的组合，是孔隙与喉道发育的总体样貌。七中区克下组二元复合驱方案的实施，不仅需要储层宏观参数的准确计算，微观孔隙结构参数模型的建立也必不可少，因为宏观现象是由微观机理控制的，只有明确微观特征，才能更加准确、有效地分析宏观规律的变化。利用七中区 6 口密闭取心井的恒速压汞曲线，结合常规测井曲线，首先优选微观孔隙结构参数的敏感曲线，进而建立微观孔隙结构参数的计算模型。

基于恒速压汞曲线和常规测井曲线，利用数据挖掘的方法优选敏感参数，进而建立七中区克下组不同微观孔隙结构参数的计算公式，具体计算模型如下：

（1）平均毛细管半径计算模型：

$$\gamma_m = 0.02418 \times AC - 19.34 \times DEN - 0.1038 \times GR + 0.4842 \times CNL + 43.33 \tag{2-1}$$

（2）分选系数计算模型：

$$D_\gamma = -0.01331 \times AC - 5.512 \times DNE - 0.002169 \times GR + 0.03734 \times CNL + 15.23 \tag{2-2}$$

（3）变异系数计算模型：

$$C_v = -0.0003579 \times AC - 0.5991 \times DEN - 0.001781 \times GR + 0.007176 \times CNL + 1.661 \tag{2-3}$$

（4）均质系数计算模型：

$$\alpha = -0.0000812 \times AC + 0.1082 \times DEN - 0.001233 \times GR + 0.001249 \times CNL - 0.0645 \tag{2-4}$$

（5）均值系数计算模型：

$$\varphi = -0.03022 \times AC + 3.497 \times DEN + 0.04591 \times GR - 0.08106 \times CNL + 3.487 \tag{2-5}$$

建立恒速压汞曲线与常规压汞曲线的转换方法。常规压汞实验技术与恒速压汞实验技术在原理上有所不同，两者在反映孔喉特征上有相似之处，但恒速压汞实验技术有着更明显的优势。恒速压汞实验较常规压汞实验的优势在于它不仅能得到总毛细管压力曲线，而且能够将喉道和孔隙分开，分别得到喉道毛细管压力曲线和孔隙毛细管压力曲线（图 2-10）。

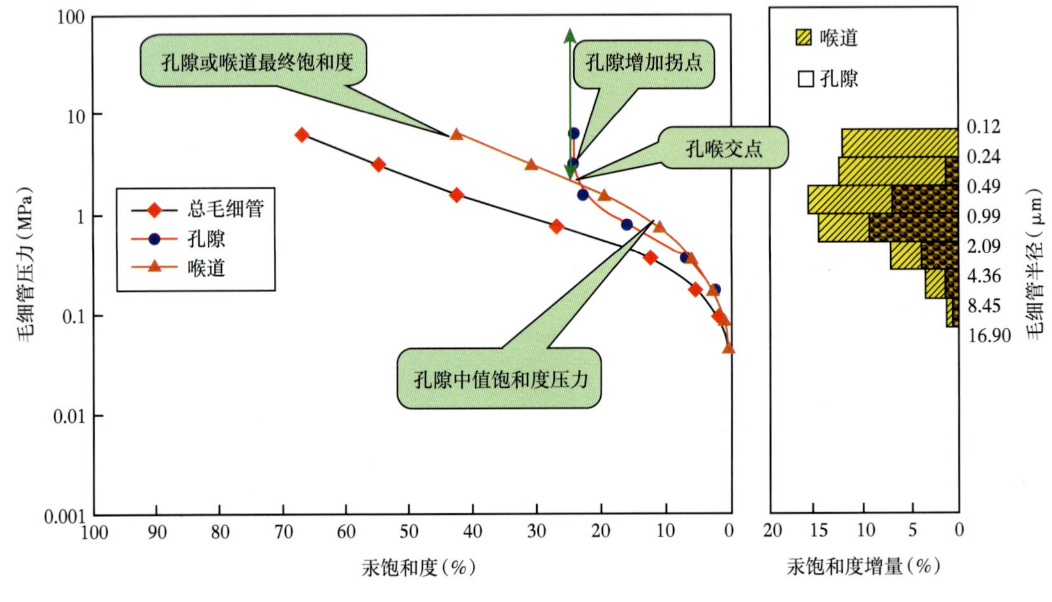

图 2-10　恒速压汞曲线（T72247 井 1107.71m）

虽然恒速压汞毛细管压力曲线由 3 条曲线组成，但总毛细管压力曲线是孔隙和喉道毛细管压力曲线之和，因此实际上只有两条毛细管压力曲线。已知总毛细管压力曲线尝试去建立其与孔隙或者喉道毛细管压力曲线的关系，这样就可以通过常规压汞资料来定量表征恒速压汞所得到的孔隙和喉道特征。

通过比较总毛细管压力曲线和孔隙毛细管压力曲线（或喉道毛细管压力曲线），选取孔隙毛细管压力曲线上 5 个关键点（孔隙毛细管压力曲线起始压力点、孔隙最终进汞饱和度点、孔隙饱和度增长截止压力点、孔隙饱和度中值压力点、孔 / 喉曲线交点饱和度点）和喉道毛细管压力曲线上的喉道饱和度中值压力点。建立这些关键点与总毛细管压力曲线特征的相关关系式（表 2-3）。

表 2-3 恒速压汞孔隙毛细管压力曲线回归参数表

<table>
<tr><th>序号</th><th>参数</th><th>条件</th><th>回归公式</th><th>相关系数</th><th>备注</th></tr>
<tr><td>1</td><td>孔隙最终进汞饱和度</td><td>—</td><td>$y=0.0031x^2+0.3116x-6.14$</td><td>0.884</td><td>x 为孔喉最终进汞饱和度</td></tr>
<tr><td rowspan="2">2</td><td rowspan="2">孔隙饱和度增长截止压力</td><td>$S_k < S_h$</td><td>$y=(0.3477x^{-0.5955})/c$</td><td>0.948</td><td rowspan="2">x 为排驱压力
c 为变异系数</td></tr>
<tr><td>$S_k > S_h$</td><td>$y=(0.2848x^{-0.7439})/c$</td><td>0.998</td></tr>
<tr><td rowspan="2">3</td><td rowspan="2">孔隙饱和度中值点压力</td><td>$S_k < S_h$</td><td>$y=5*10^{-5}e^{0.9333x}$</td><td>0.882</td><td rowspan="2">x 为孔喉均值</td></tr>
<tr><td>$S_k > S_h$</td><td>$y=1*10^{-5}e^{1.1004x}$</td><td>0.973</td></tr>
<tr><td rowspan="2">4</td><td rowspan="2">孔 / 喉曲线交点饱和度</td><td>$S_k < S_h$</td><td>$y=0.7234x^{1.0642}$</td><td>0.956</td><td rowspan="2">x 为孔隙最终进汞饱和度</td></tr>
<tr><td>$S_k > S_h$</td><td>—</td><td>—</td></tr>
<tr><td rowspan="2">5</td><td rowspan="2">喉道饱和度中值点压力</td><td>$S_k < S_h$</td><td>$y=0.0839e^{0.3224x}$</td><td>0.932</td><td rowspan="2">x 为孔喉均值</td></tr>
<tr><td>$S_k > S_h$</td><td>$y=0.0044e^{0.5968x}$</td><td>0.963</td></tr>
</table>

注：S_k 为孔隙最终进汞饱和度；S_h 为喉道最终进汞饱和度。

上述每个参数均可求取孔隙毛细管压力曲线上一个关键点，再加上初始进汞点（一般情况下，孔隙初始进汞点与总毛细管压力曲线的初始进汞点基本相同），这 6 个点可以确定出一条完整的孔隙毛细管压力曲线，通过孔隙毛细管压力曲线和总毛细管压力曲线的关系亦可以求出喉道毛细管压力曲线。

四、核磁共振与压汞曲线转换

从核磁共振实验原理可知，核磁共振信号强度与测量体中的流体（水或烃）的氢原子含量成正比，而信号强度又与弛豫时间成正比。所以，对于 100% 饱和单相流体的岩石而言，弛豫时间与孔隙大小成正比，孔隙越小，弛豫时间越短，孔隙越大，弛豫时间越长。而常规压汞也能很好地反映出孔隙结构的信息。与核磁共振不同的是，常规压汞使用的是水银（非润湿相）进行孔隙结构测试，核磁共振使用的是盐水（润湿相）进行孔隙结构测试。所以常规压汞反映的是连通性好的孔隙，核磁共振是既能反映连通好的孔隙，也能反映连通不好的孔隙。因此当岩心中大量发育孔隙为连通性好的孔隙时，毛细管压力应该与 T_2 之间存在某种关联。

核磁共振得到的 T_2 与储层中孔隙大小成正比，毛细管压力与储层孔喉半径的大小成反比，所以两者与孔隙大小都密切相关。如图 2-11 所示，相同样品在 T_2 曲线和毛细管压力曲线相同饱和度情况下可以建立关系。

当毛细管压力和横向弛豫时间均取对数时，两者呈很好的反比关系。添加趋势线后，由趋势线的公式可知：

$$\ln p_c = -0.888 \times \ln T_2 + 2.049 \quad (2-6)$$

将其进行转换可得：

$$p_c = 111.94 \times T_2^{-0.888} \tag{2-7}$$

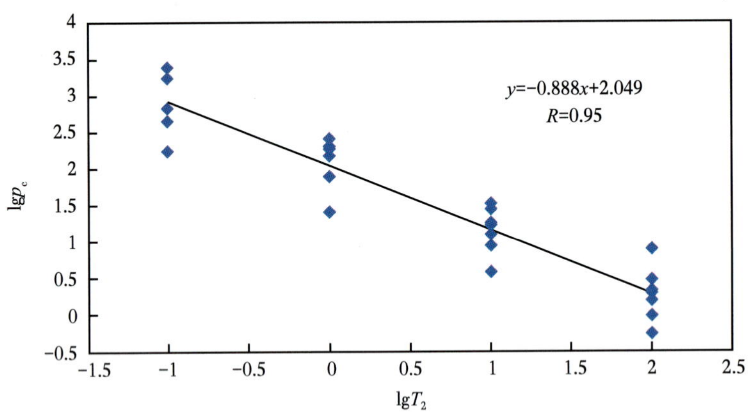

图 2-11　毛细管压力曲线与 T_2 关系图

通过该公式就可以把核磁共振的横向弛豫时间 T_2 转换为相应的毛细管压力曲线（图 2-12）。

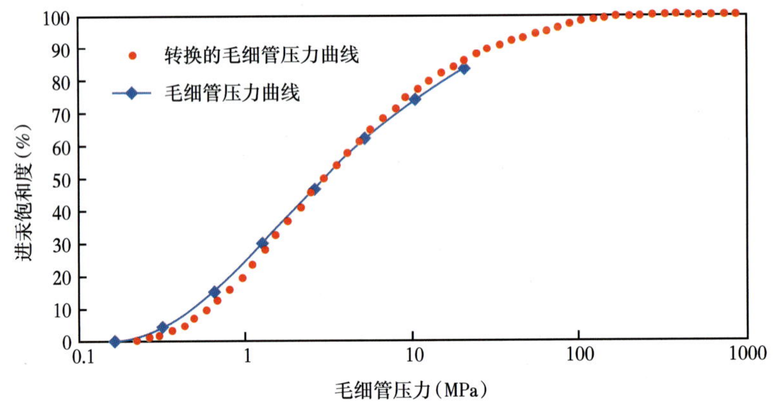

图 2-12　T_2 转换毛细管压力曲线

通过以上研究建立了常规压汞、恒速压汞和核磁共振之间的关系，只要通过常规压汞毛细管压力曲线就可以表征恒速压汞和核磁共振所得到的特征参数，拓宽了常规压汞进行的微观孔隙结构特征研究的领域。

第三节　储层孔喉模态表征

一、孔喉分布定量描述

利用恒速压汞及 CT 扫描孔喉重建技术，对砾岩岩心微 CT 扫描的二维切片进行三维重构及网络提取，开展孔喉分布定量描述，明确孔喉分布特征。孔隙半径区间为 65~180μm，中值平均为 115μm，喉道半径区间为 0.1~16μm，中值平均为 2μm，储层具有“孔大喉小、孔喉分布宽”特征（图 2-13、图 2-14）。

（a）提取子区间图像过滤

（b）图像分割与后处理

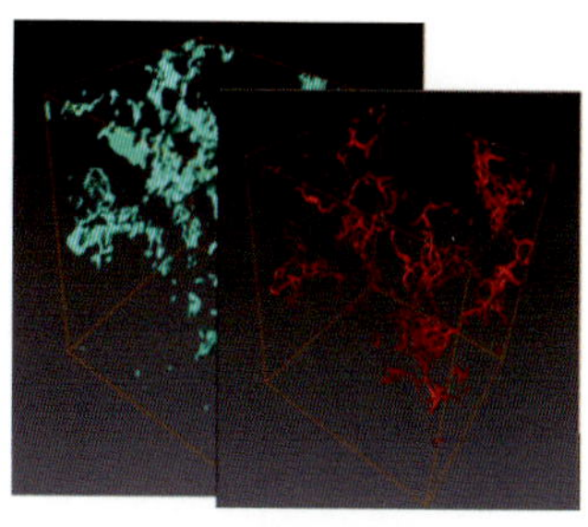

（c）图像重建

图 2-13　岩心 CT 扫描及孔喉重建图

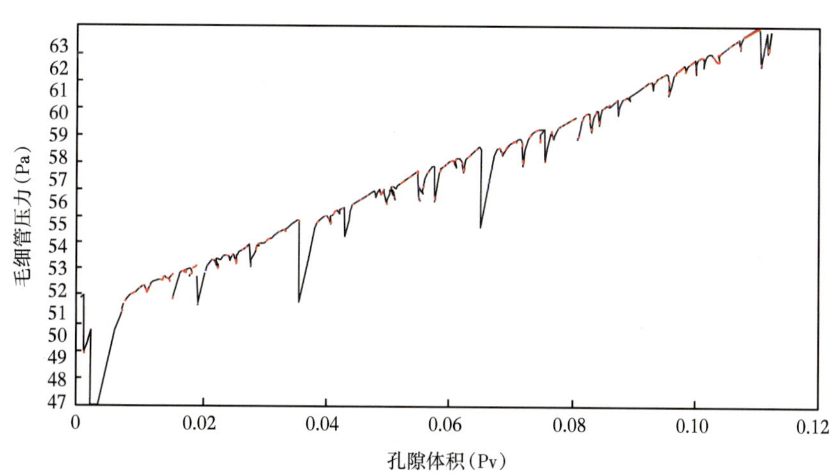

图 2-14　恒速压汞特征曲线

二、喉道与渗透率定量表征

基于 CT、核磁、数字岩心等手段建立了砾岩复模态定量识别公式，明确了不同模态储层微观孔喉半径与宏观渗透率关系（图 2-15—图 2-17）。

模态系数：

$$C = 0.02718R_{50} - 0.00036R_{\max} + 0.033236 \times \frac{V_{\mathrm{p}}}{V_{\mathrm{t}}} - 0.06677R + 1.778001 \qquad (2\text{-}8)$$

$$单/双模态：y=0.8697\mathrm{e}^{0.0209x} \quad R^2=0.9024 \qquad (2\text{-}9)$$

$$复模态：y=0.3948\mathrm{e}^{0.0324x} \quad R^2=0.8075 \qquad (2\text{-}10)$$

式中：R_{50} 为中值孔隙半径；R_{max} 为最大孔隙半径；$\frac{V_p}{V_t}$ 为孔喉比；R 为平均孔隙半径。

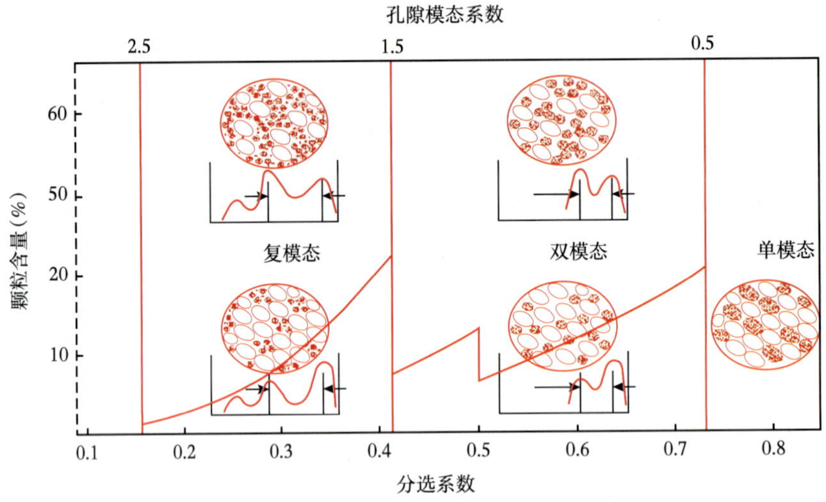

图 2-15　不同模态模型

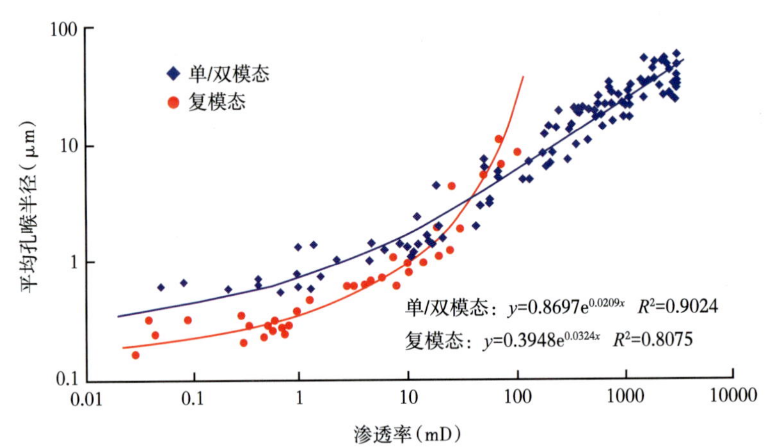

图 2-16　不同模态样品平均孔喉半径与渗透率关系图

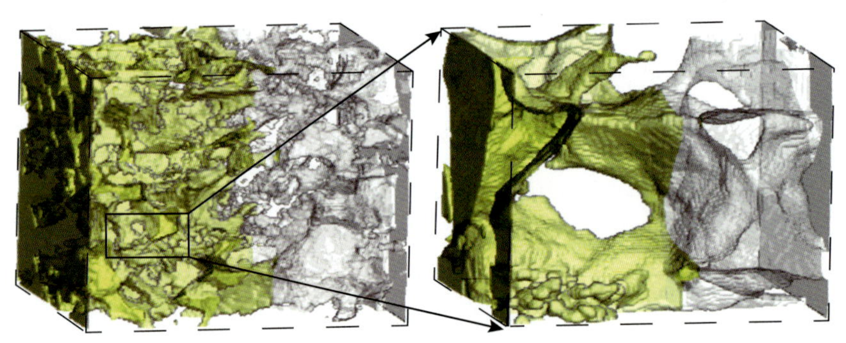

图 2-17　砾岩储层数字岩心驱油过程

第四节　砾岩储层分类

克拉玛依油田七中区克下组油藏属于典型砾岩油藏，储层具有明显的“孔大喉小”的微观结构特征（图 2-18）。

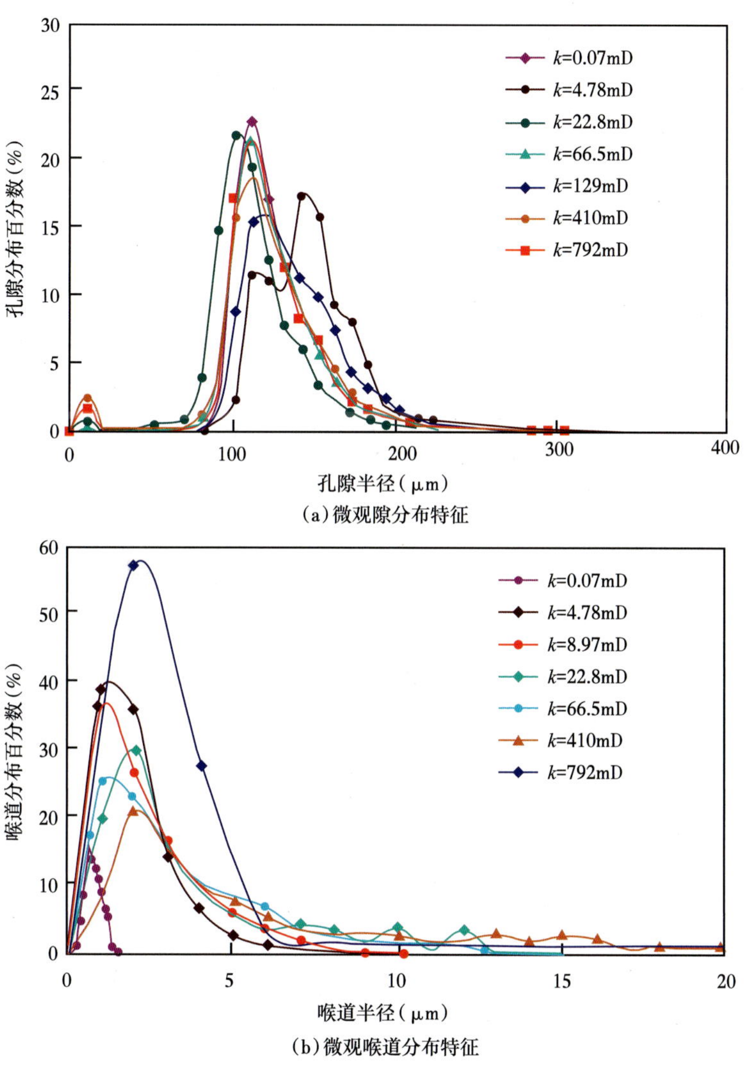

图 2-18　克拉玛依油田典型砾岩储集层微观孔喉分布特征

建立了以物性、孔喉模态特征、黏土矿物为核心的化学驱驱储层精细分类标准。针对砾岩储层岩性复杂，孔喉分布宽的特征，通过细分岩性，精细测井解释，通过微观与宏观结合，采用了孔喉模态分析技术，在物性参数、毛细管压力参数的基础上考虑岩石和孔喉类型对相同类型储层进行分析，建立储层分类标准，将砾岩储层按微观孔隙结构分为四大类（表 2-4）。

表 2-4 砾岩油藏二元驱储层精细分类标准

类别	物性参数			毛细管压力参数		岩石类型	主要模态类型	空间网络特征	黏土主要类型
	孔隙度（%）	渗透率（mD）	泥质含量（%）	平均孔隙半径（μm）	主流喉道半径（μm）				
Ⅰ	＞17	＞100	＜5	＞120	＞5	含砾粗砂岩、砾岩	大孔大喉	稠密	高岭石 伊利石
Ⅱ	15~17	50~100	5~10	120~110	2~5	砾质砂岩、砂砾岩	大孔中喉	中等	绿泥石 高岭石
Ⅲ	11~15	30~50	10~15	80~110	0.5~2	砂砾岩、砾岩	中孔细喉	稀疏	伊利石 高岭石
Ⅳ	＜11	＜30	＞15	＜80	＜0.5	粉细砂岩、泥质砂岩	小孔微喉	非网络	伊/蒙混层 伊利石

Ⅰ类储层特征：以含砾粗砂岩和砾岩为主，颗粒粒径为0.5~3.3mm，岩石碎屑为颗粒支撑，呈点接触。颗粒分选中等—差，以次棱角状—次圆状为主。矿物以石英、钾长石为主，斜长石次之；云母片常见，主要呈粒间充填及片状或弯片状产出于颗粒表面；部分发育碳酸盐矿物及少量硬石膏。填隙物含量分布不均，包括细砂级碎屑颗粒、水云母及泥质胶结物，偶见碳酸盐胶结物。储层孔隙度大于17%，渗透率大于100mD，为大孔中高渗储层。孔隙类型以原生孔隙为主，粒间溶孔发育，局部发育粒内溶孔。孔喉分布为单峰偏粗态，孔喉连通呈较好的稠密网络状，黏土矿物类型主要以高岭石和伊利石为主。

Ⅱ类储层特征：以砾质砂岩和砂砾岩为主，颗粒粒径为1~10mm，岩石碎屑为颗粒支撑，呈点—线接触。砾石成分复杂，颗粒分选中等—差，以次圆—次棱角状为主。矿物以石英、钾长石为主，斜长石次之；云母片常见，主要呈粒间充填及片状或弯片状产出于颗粒表面。填隙物含量分布不均，包括细砂级碎屑颗粒、水云母及泥质胶结物，碳酸盐胶结物易见。储层孔隙度为15%~17%，渗透率为50~100mD，为中孔中渗储层。粒间杂基含量高，颗粒分选差，溶蚀孔发育，粒间杂基含量高，孔隙中云母含量高，孔喉分布不均匀，填隙物为晶型差的黏土等，残余粒间孔发育。孔隙类型以原生粒间孔隙为主，残余粒间孔发育，呈粒间溶孔—粒间孔—粒内溶孔的组合，孔喉分布呈多峰偏细型，孔喉连通呈中等网络状，黏土矿物主要以绿泥石和高岭石为主。

Ⅲ类储层特征：岩性主要为砂砾岩和砾岩，岩石碎屑为颗粒支撑，呈点—线接触。砾石成分复杂，颗粒分选中等—差，以次圆状为主。矿物以石英、钾长石为主，斜长石次之；云母常见，主要呈粒间充填及片状或弯片状产出于颗粒表面。填隙物含量高，广泛分布，包括细砂级碎屑颗粒、水云母及泥质胶结物、碳酸盐胶结物。储层孔隙度为11%~15%，渗透率为30~50mD，为低孔低渗储层集。孔隙以次生微孔隙为特征，主要是晶间孔、粒内溶孔，孔喉分布呈单峰偏细型，孔喉连通呈稀疏网络状，黏土矿物类型主要以伊利石和高岭石为主。

Ⅳ类储层特征：岩性主要为粉细砂岩和泥质砂岩，岩石碎屑为颗粒支撑，呈点—线接触。砾石成分复杂，颗粒分选差，以次棱角状—次圆状为主。矿物以石英、钾长石为主，斜长石次之。填隙物含量高，包括细砂级碎屑颗粒、水云母及泥质胶结物、碳酸盐胶结物。储层孔隙度小于 11%，渗透率小于 30mD，为低孔低渗储层。孔隙以次生微孔隙为特征，主要是晶间孔、粒内溶孔，孔喉分布呈单峰偏细型，孔喉连通呈非网络状，黏土矿物类型主要以伊蒙混层和伊利石为主。

各类型储层微观特征见图 2-19。

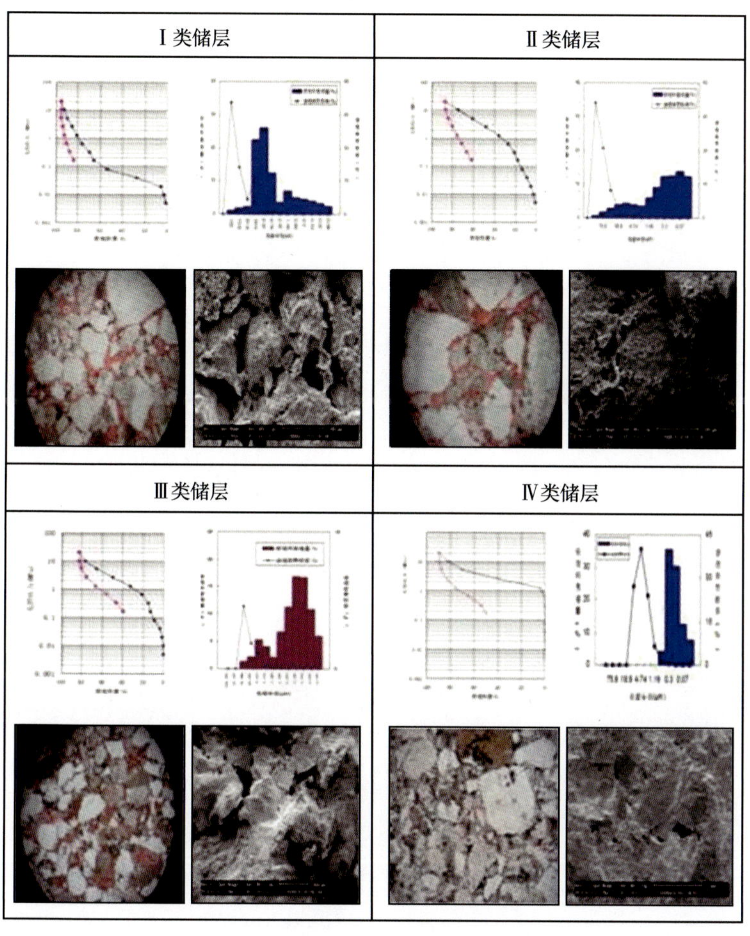

图 2-19 分类储层微观特征

第五节 水驱后油藏多级孔喉控制剩余油特征

一、砾岩储层微观水驱油

传统实验方法把岩心当作“黑盒子”模型，只能研究岩心水驱油（或渗吸）过程中一些宏观参数对水驱油效率的影响，而无法给出水驱油过程中岩石不同孔隙的动用情况。近年来核磁共振岩心分析技术作为一种快速、无损、非侵入分析测试手段在石油勘探开发中得到广泛应用。借助核磁共振 T_2 弛豫时间谱，对不同孔径、孔隙内的水驱油采出程度进行定量计算和分析。

1. 实验方法与步骤

核磁共振现象是磁性核子对外加磁场的一种物理响应。自然界中大约有一半的原子核可以产生核磁共振现象，但多数产生的信号比较弱，不易被探测到，而氢核具有相对较大的磁动量，且氢核广泛存在于岩石孔隙中的水和油气中，可以产生较强的信号。室内岩心核磁共振仪通过调整仪器频率，与氢核的核磁共振频率相调谐，可以探测到氢核的信号，用以分析孔隙中流体组成。岩心孔隙中的地层水和原油中都含有氢核，为了区分二者的信号，选用不含氢核的特殊合成油作为模拟原油进行水驱油实验。

具体实验步骤如下：(1)将有代表性的砾岩储层岩心抽空，饱和地层水，用核磁共振测试饱和水状态下 T_2 分布；(2)饱和模拟原油，测试束缚水状态下 T_2 分布；(3)进行水驱油实验，驱替一定体积的地层水后，测试 T_2 分布；(4)重复实验步骤(3)，分析驱替不同体积地层水条件下的 T_2 分布。

2. 实验结果分析

实验可以得到多条 T_2 分布曲线，分别为饱和水状态的曲线、饱和模拟原油状态的曲线以及驱替不同体积地层水条件的曲线(图 2-20)。由于核磁共振探测的信号完全是地层水的信号，所以测试结果反映地层水在孔隙中的分布特征。饱和水状态 T_2 分布反映岩心孔喉分布特征；饱和油状态 T_2 分布反映束缚水在孔隙中分布特征；水驱油过程中地层水进入岩心排出模拟原油，此时水的信号增加，增加量与水驱排出的油量成正比；研究驱替不同体积地层水条件 T_2 分布就可以得到水驱油过程中微观孔隙的动用情况和变化规律。

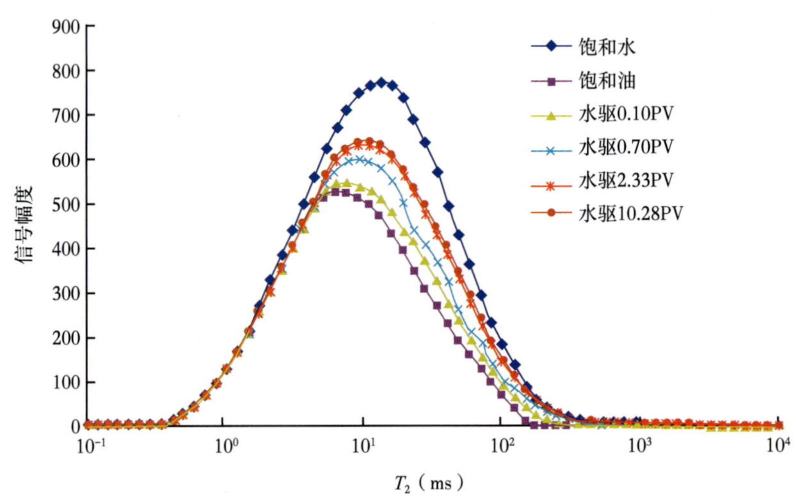

图 2-20　水驱油过程中 T_2 分布

图 2-21 分析了不同级别孔隙在水驱过程中采出程度的变化规律。水驱初期超大孔隙采出程度可以达到 35%，而小孔隙采出程度只有 12%，说明水驱过程中优先动用的是超大孔隙中的原油；采出程度随着注入孔隙体积倍数的增加而增加，中大孔隙采出程度增加幅度明显，而小孔隙增加幅度较小；在长期驱替后超大孔隙采出程度可以达到 97%，大孔隙采

出程度可以达到 65% 以上，而小孔隙采出程度仅有 45%，因此可以得到水驱开采过程中对采出程度起主要贡献的是中大孔隙的结论。

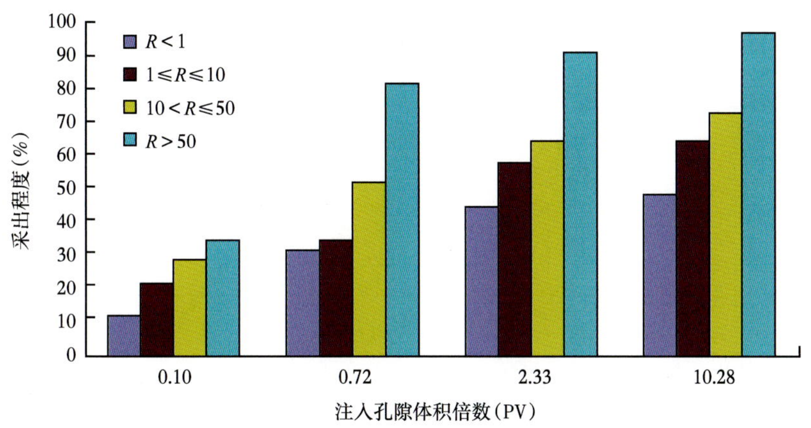

图 2-21　水驱过程中采出程度的变化

注：R 为毛细管半径，μm

二、微观剩余油分布特征

常用的微观剩余油分布研究方法有：含油薄片分析法、微观物理模拟法和数值模拟法。这 3 种方法都不能定量分析目前油藏条件下剩余油的微观分布特征。应用核磁共振技术测试 3 种不同状态下的岩心 T_2 分布（图 2-22）。状态 1 即初始状态：密闭冷冻岩心密封解冻直接测试，反映岩心中油水的信号量。状态 2 即饱和状态：将岩心进行抽真空，并饱和地层水测试，反映了岩心整体孔隙空间的信号。状态 3 即将岩心饱和锰水，剔除水的信号，即反映岩心中油的信号量。通过 3 种不同状态的测试，可以了解岩心的孔隙体积、含油体积和含水体积，该方法研究岩心含油饱和度具有操作简单、准确、快速的优点。通过对岩心进行 T_2 截止值标定，则可以求出束缚水饱和度和可动流体饱和度。

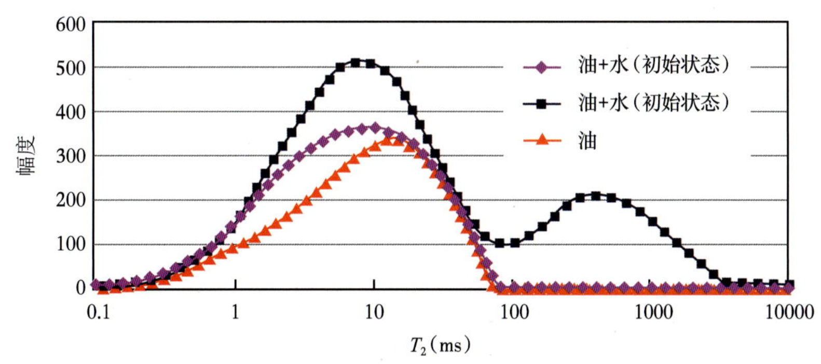

图 2-22　核磁共振测试含油饱和度状态图

用核磁共振测试分析了检 588 井 10 个样品，平均可动流体饱和度为 67.77%，目前平均含油饱和度为 47.47%，储层剩余油饱和度较高，说明二次开发有比较大的水驱调整潜力。

1. 剩余油在孔隙中分布规律

利用核磁共振方法测试岩心油水饱和状态 T_2 分布和油相 T_2 分布，并将 T_2 分布转换为孔喉分布，结果如图 2-23 和表 2-5 所示。

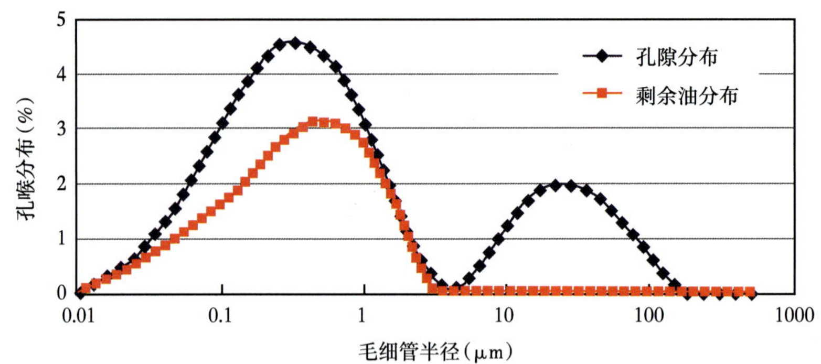

图 2-23　剩余油在孔隙中分布特征图

表 2-5　剩余油在不同孔隙中分布情况

毛细管半径 /μm	孔隙分布（%）	含油体积分数（%）	含油比例（%）
＜ 0.1	14.64	9.24	17.92
0.1~0.5	37.53	22.47	44.05
0.5~1	15.02	11.88	23.28
1~10	12.19	7.41	14.55
10~50	15.17	0.10	0.20
＞ 50	5.45	0	0

表 2-5 的结果显示岩心目前含油饱和度为 51.1%，剩余油主要分布在孔隙半径小于 10μm 的中小孔隙中。通过 T_2 截止值标定该岩心截止孔隙半径为 0.5μm，可动油主要分布在 0.5~10μm 孔隙中，目前剩余油中有 38% 可以采出，可采剩余油饱和度比较大。

2. 剩余油在孔隙中的赋存状态

七东 $_1$ 区克下组油藏历经 50 多年的开发，早期的地质人员根据较少的静、动态资料已认识到油藏不同区块存在显著的物性及含水差异。随着二次开发工作的全面展开，井网更加完善、取心资料更有代表性，为进一步精细认识油藏、描述油藏提供了丰富的资料。

针对该区克下组油藏的储层特征，建立激光共聚焦系列检测技术，实现了微观剩余油定量描述。综合分析确定区块的剩余油可以分为 3 种赋存状态 10 种类型：（1）束缚态：吸附在矿物表面的剩余油，共 3 类，包括孔表薄膜状、颗粒吸附状、狭缝状；（2）半束缚态：在束缚态的外层或离矿物表面较远的剩余油，共 3 类，包括角隅状、喉道状、孔隙中心沉淀状;(3)自由态：离矿物表面较远的剩余油，共4类，包括簇状、粒内状、粒间吸附状、淡雾状(图2-24)。目前该油藏剩余油以自由态(粒间吸附状、簇状)和半束缚态(角隅状、喉道状)为主。

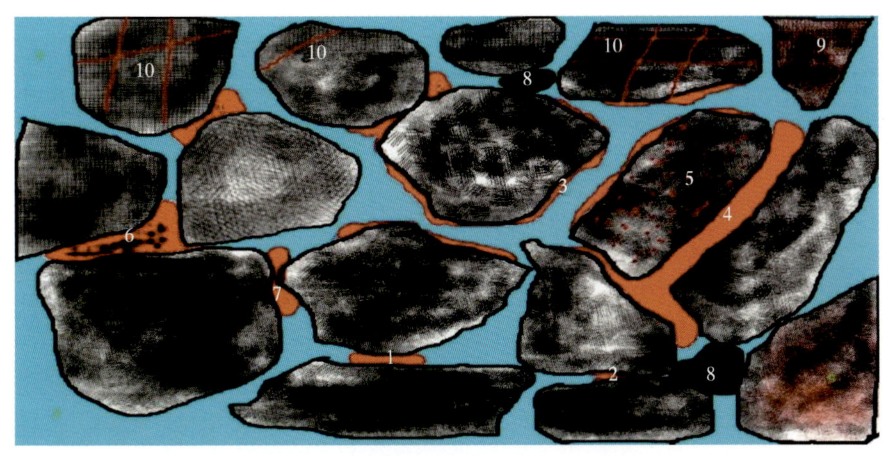

图2-24 剩余油赋存状态类型示意图

(1)喉道状;(2)角隅状;(3)孔表薄膜状;(4)簇状;(5)粒内状;(6)粒间吸附状;(7)淡雾状;(8)孔隙中心沉淀状;(9)颗粒吸附状;(10)狭缝状

3. 不同岩性内剩余油赋存状态

储层微观剩余油的赋存状态与孔隙结构的分布特征密切相关，基于常规测井曲线、恒速压汞孔喉尺寸分布图以及常规物性实验资料，研究七中区克下组不同小层的微观孔喉分布特征，进而确定剩余油的主要赋存空间。如图2-25所示，从取心井JES7204井不同小

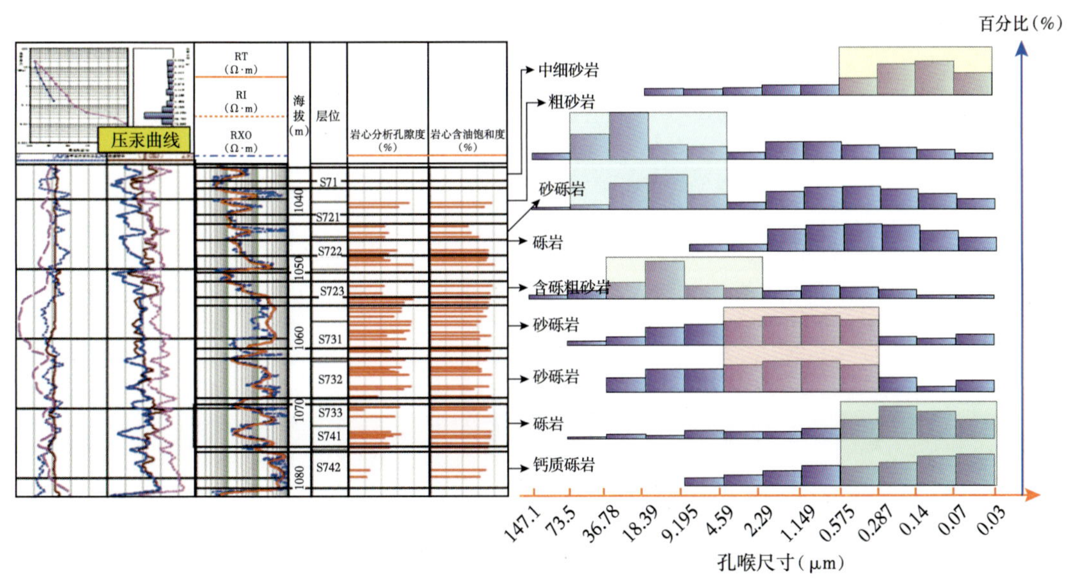

图2-25 JES7204井不同小层微观孔隙谱图

层微观孔喉谱图可以看出，中细砂岩、粗砂岩、砂砾岩、砾岩以及钙质砾岩等不同岩性的微观孔喉主要分布区间差异比较大，并且孔隙结构的分布特征也不尽相同。中细砂岩颗粒比较均匀，非均质性弱，但是大的孔喉所占的孔隙空间百分比较小，甚至为零，孔隙性和渗流性均比较差；粗砂岩孔喉尺寸的分布范围比较广，并且呈现双峰分布特征，虽然有比较小的孔喉空间，但是大孔喉所占孔隙空间百分比较大，整体呈现比较强的非均质性，孔隙性和渗流性则比较好；砂砾岩呈现单峰分布特征，中尺寸的孔喉空间占比比较小，小孔喉和大孔喉所占孔隙空间占比均较小，没有优势渗流通道，因而物性比粗砂岩差；砾岩的非均质性比较强，大孔喉所占孔隙空间的百分比很小，小孔喉所占百分比则很大，导致储层物性较差；而钙质砾岩由于地层普遍含钙，钙质胶结导致储层比较致密，小孔喉占孔隙空间的绝大部分，而中大孔喉基本上没有，因而物性最差。

从七中区克下组油藏中强水淹样品核磁共振剩余油饱和度分布特征图中可以看出，不同岩性强水淹后样品剩余油均主要富集在小于 2.29μm 的孔隙中，水驱主要动用孔隙半径大于 5μm 的孔隙原油，而砂砾岩、砾岩和含砾粗砂岩样品 1~5μm 孔隙体积中的原油比例明显相对较高，是二元复合驱的主要动用孔隙空间（图 2–26）。综上分析，双模态、复模态含砾粗砂岩、砂砾岩二元复合驱潜力比较大，而单模态中细砂岩储层的化学驱潜力则相对较小。

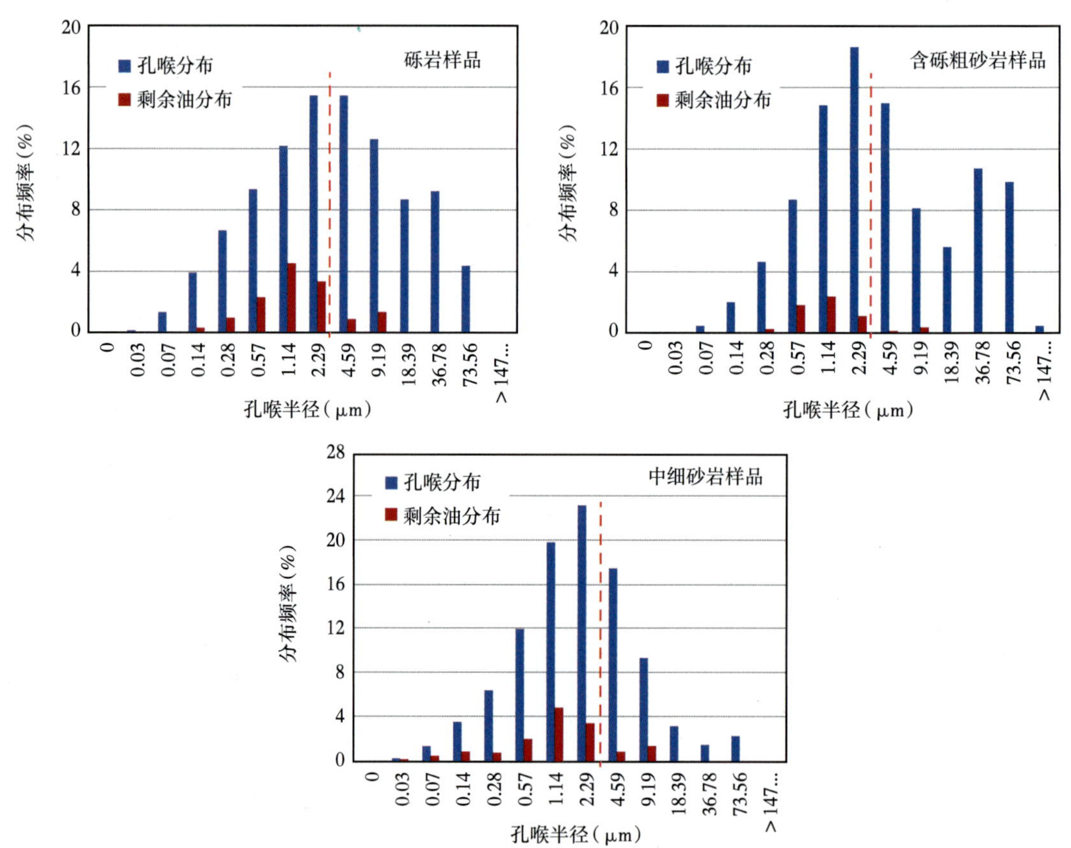

图 2–26　七中区克下组强水淹典型样品的核磁剩余饱和度分布特征

克下组纵向上不同岩性的孔喉分布谱图差异较大，结合铸体薄片和剩余油微观赋存状态（图 2-27）可以看出，细砂岩颗粒分选最好，非均质性最弱，孔喉分布范围在 0.03~18.39μm，集中分布区间为 0.03~0.575μm，剩余油赋存状态以孔表油膜和颗粒吸附状为主；中砂岩非均质性较弱，孔喉分布范围为 0.03~36.78μm，集中分布区间为 0.287~2.29μm，剩余油赋存状态同样以孔表油膜和颗粒吸附状为主；粗砂岩非均质性中等，孔喉分布范围为 0.03~147.1μm，集中分布区间为 9.195~73.5μm，剩余油赋存状态以颗粒吸附状、簇状和喉道状为主；砂砾岩非均质性较强，孔喉分布范围为 0.03~147.1μm，集中分布区间为 1.149~18.39μm，剩余油赋存状态以簇状、喉道状和角隅状为主；钙质砾岩非均质性最强，孔喉分布范围为 0.03~9.195μm，集中分布区间为 0.03~1.149μm，剩余油赋存状态以喉道状和角隅状为主。核磁共振微观水驱油结果表明，克下组不同岩性强水淹储层的剩余油主要分布在孔喉小于 2.29μm 的孔隙空间内，因此，对于七中区克下组油藏，剩余油有利赋存空间的岩性排序为：中细砂岩、中砂岩、砾岩、粗砂岩、砂砾岩、钙质砾岩。

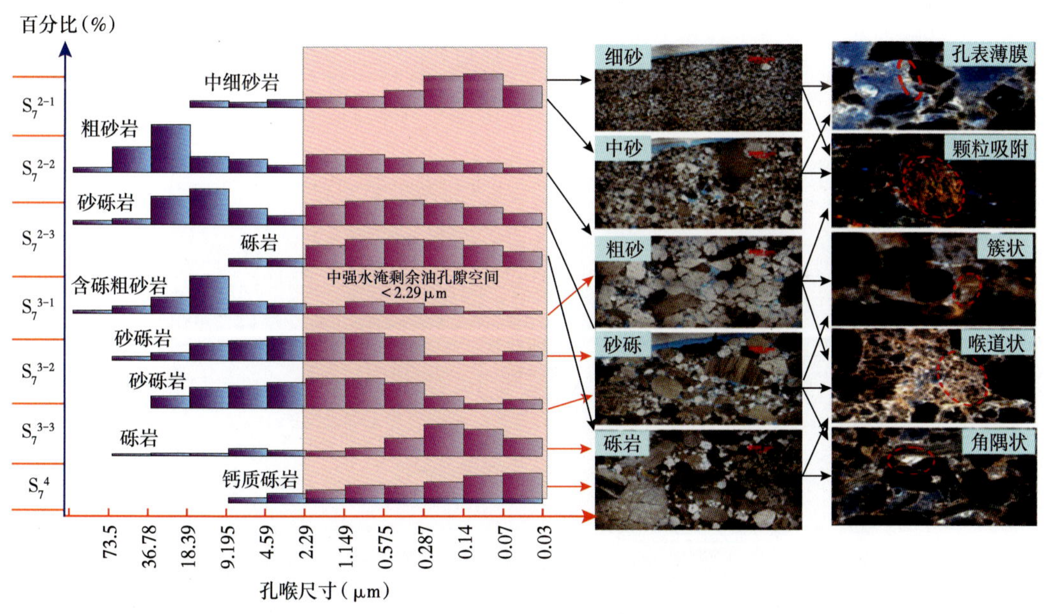

图 2-27 七中区克下组不同岩性孔喉剩余油赋存特征对比

第六节 分类储层剩余油定量评价

七中区克下组二元试验区平面物性差异大，北部区域主要以扇中辫流水道沉积为主，储层物性好，平均渗透率 94.8mD，以Ⅰ、Ⅱ类储层为主，孔隙体积占比 69.5%；南部区域主要以扇缘辫流水道—漫洪砂体沉积为主，储层物性差，平均渗透率 46mD。试验区北部试验区南部Ⅱ、Ⅲ类储层为主，孔隙体积占比 66.8%（图 2-28）。

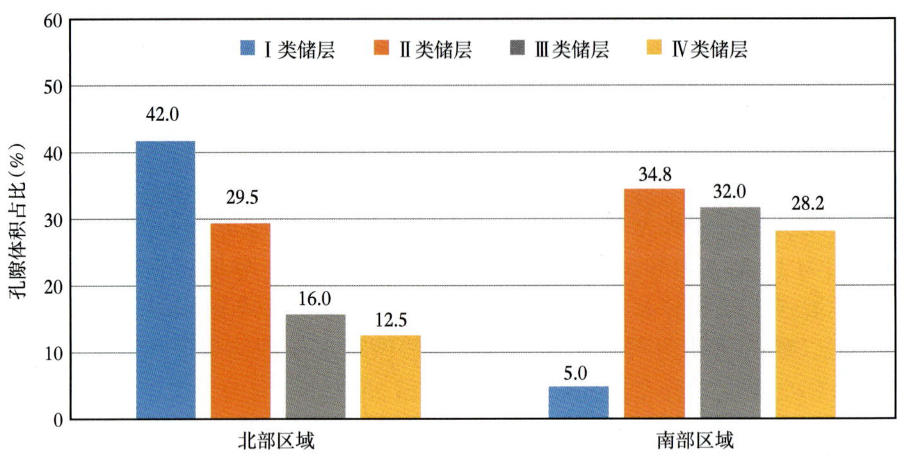

图 2-28　试验区分区各储层类型分区统计

砾岩油藏长期水驱后，特别是当油藏处于高含水期后，油藏储层孔隙中微观剩余油赋存状态呈现多样形式，主要赋存形式为簇状、颗粒吸附状、薄膜状和角隅状（图 2-29）。

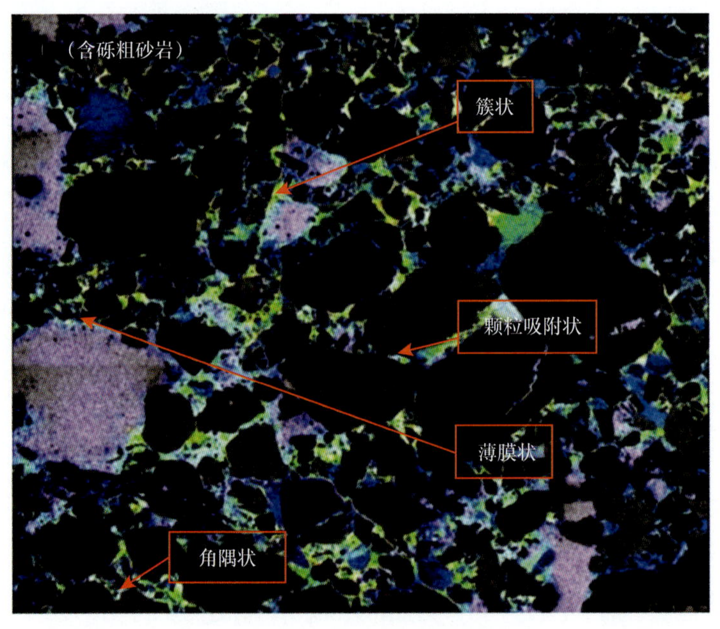

图 2-29　水驱后微观剩余油赋存状态

通过取心分析与数值模拟，评价分类储层剩余油进一步开采潜力。七中区二元复合驱试验区水驱后剩余油主要集中在Ⅱ类和Ⅲ类储层内，剩余储量占比 61.4%（图 2-30），剩余油赋存状态以颗粒吸附状和簇状为主（图 2-31）。微观上，剩余油主要分布在平均孔喉 5~10μm 的Ⅱ类储层，其次分布在平均孔喉 1~5μm 的Ⅲ类储层；宏观上，剩余油主要集中在 50~100mD 的Ⅱ类储层，其次集中在 30~50mD 的Ⅲ类储层，剩余储量占比达到 61.4%。

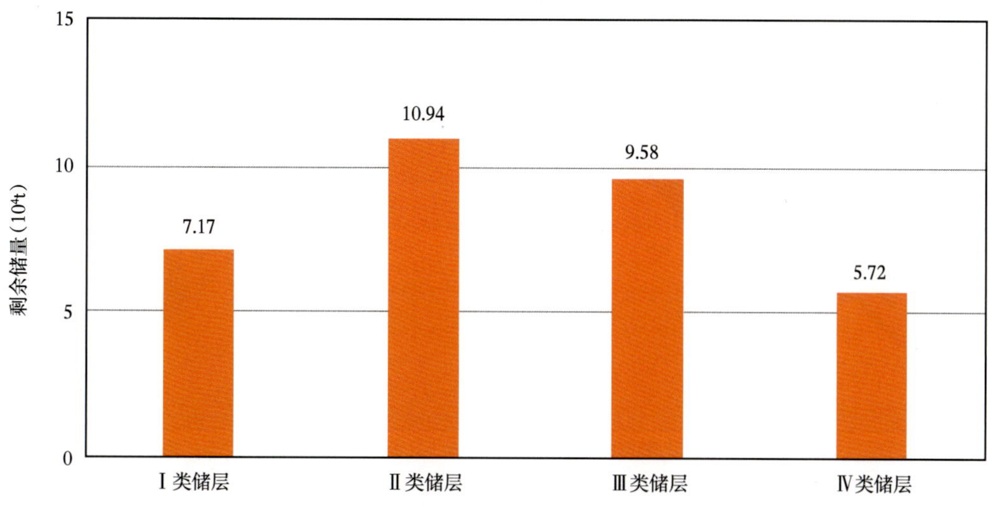

图 2-30 试验区不同类型储层剩余油潜力

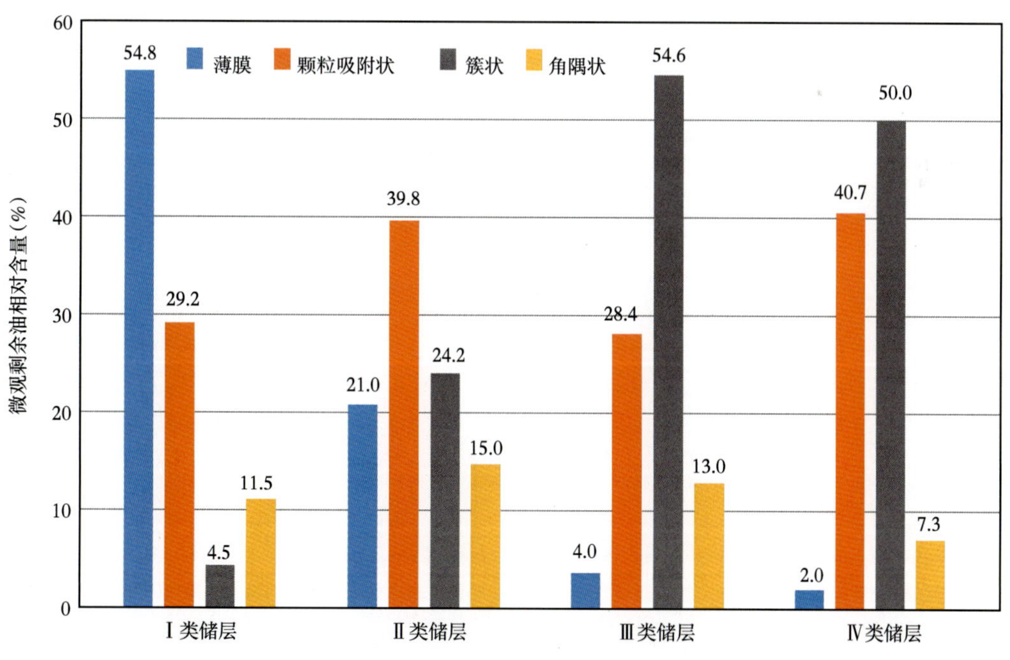

图 2-31 不同类型储层剩余油赋存状态

剖面底部剩余油少，中上部剩余油多（图 2-32），认为单一配方体系难以实现不同位置的剩余油的充分动用。

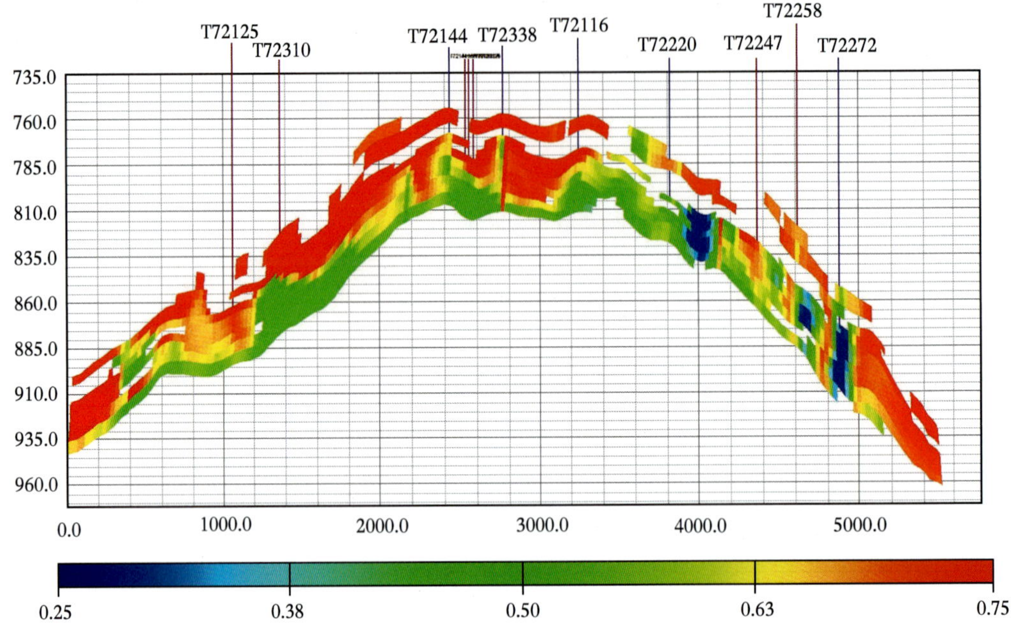

图 2-32　七中区克下组不同渗透率储层剖面剩余潜力

第三章 砾岩油藏化学乳化驱油体系影响因素分析

本章使用乳化设备对乳状液形成影响因素进行模拟研究，在单一变量条件下进行实验，研究表面活性剂、聚合物、油水比、剪切速率、原油组分对二元体系乳化的影响，通过测定乳状液类型、乳化力、乳化率、乳化综合指数等，确定二元体系乳化形成条件，为配方体系的乳化优化确定最佳配方方案。根据不同实验室乳化制备方法制备乳状液，确定乳化条件对乳状液形成的影响机制。

新疆油田七中区二元驱试验所使用表面活性剂中，纯 KPS 与原油匹配性能较好，乳化力最强；甜菜碱表面活性剂界面张力低，乳化稳定性好。复配型 KPS 乳化过程中，纯 KPS 组分发挥强乳化作用，甜菜碱组分发挥乳化稳定性作用。

HPAM 与表面活性剂相互作用，会改变体系的疏水性能，改变形成的乳状液类型并且降低乳化性能。振荡条件下，油水比主要通过影响乳状液的类型来影响乳化性能，油水比小于 5∶5 时形成 O/W 型乳状液，油水比大于 6∶4 时形成 W/O 型乳状液，油水比在 7∶3 时形成的乳状液黏度最高。

振荡作用下，黏土与模拟油形成乳状液乳化不均匀，乳化性能差。超声波剪切作用下，黏土与水相、模拟油乳化得到乳状液具有良好性能，乳状液黏弹性高，稳定性强，破乳时间长。黏土颗粒在高分散作用下为乳状液提供刚性界面膜，液滴絮凝后结构稳定，破乳困难。

通过实验以及层次分析法对新疆油田七中区二元驱油体系不同乳化因素影响权重进行分析，乳化因素对于乳化贡献：黏土含量＞剪切速率＞油水比＞表面活性剂浓度＞聚合物浓度，其影响权重分别为：0.27、0.25、0.19、0.15、0.13。

第一节 乳化驱油体系乳化影响因素分析

一、实验设计思路

针对砾岩油藏化学驱乳化因素繁多，无法控制主要影响因素导致难以配置稳定乳化驱油体系的问题，开展表面活性剂类型、聚合物、油水比、黏土、剪切速率、原油组分等单一变量乳化模拟实验，研究乳化影响因素对二元体系乳化的影响，通过测定乳状液类型、乳化力、乳化率、乳化综合指数等，确定二元体系乳化形成条件，为配方体系的乳化优化确定最佳配方方案。根据不同实验室乳化制备方法制备乳状液。

二、实验方法与步骤

1. 实验试剂

模拟油（由七中区原油和航空煤油配制，40℃黏度 9.7mPa·s）；聚合物（部分水解聚丙烯酰胺，HPAM，相对分子质量 1000 万），复配型石油磺酸盐（KPS，有效含量 30.2%），纯

KPS（有效含量 29.76%），NaCl、$CaCl_2$、$MgCl_2$、$CaSO_4$、$NaHCO_3$、高岭石、蒙皂石、伊利石、绿泥石、伊 / 蒙混层，模拟地层水及注入水参数如下表 3-1 所示。

表 3-1　乳化形成条件实验模拟水配方

类别	HCO_3^-	Cl^-	SO_4^{2-}	Ca^{2+}	Mg^{2+}	Na^+	矿化度
浓度（mg/L）	2050.98	6273.31	83.86	150.01	21.22	4665.2	13244.58

2. 实验仪器

高分辨场发射扫描电镜（FEI Verios 460，美国），冷冻干燥机（Christ ALPHA 2-4 LD plus，德国），Brookfield DV- Ⅱ锥板黏度计、Zeiss Axioimager 荧光生物显微镜、FY-31 型恒温箱、ISCO 计量泵、电子天平（YP30001）、岩心夹持器、阀门若干、中间容器若干、精密压力表、2XZ-8 高速真空泵、FS-1500T 超声波乳化分散机、100mL 具塞量筒若干、25mL 具塞试管若干、10mL 具塞试管若干、100mL 烧杯若干。

3. 实验方法

1）表面活性剂类型对乳化影响实验

配制表面活性剂浓度分别为 0.1%、0.2%、0.3%、0.4%、0.5% 的复配 KPS、纯 KPS 表面活性剂溶液，将模拟油与表面活性剂溶液在 40℃烘箱中预热 30min。分别将表面活性剂溶液与模拟油按照油水比为 1 : 1 加入 10mL 具塞试管中，在 2min 内手摇振荡 200 次，然后放置在 40℃恒温箱中观测乳状液稳定性变化。记录析水率随时间变化，测定乳状液黏度，对乳状液采集显微镜照片，分析乳状液粒径变化。采用紫外分光光度计分析乳化力变化，计算乳化综合指数。

2）表面活性剂类型对二元体系乳化影响

配制表面活性剂浓度分别为 0.1%、0.2%、0.3%、0.4%、0.5%，聚合物浓度为 1000mg/L 的复配 KPS、纯 KPS、二元体系溶液，将模拟油与二元体系在 40℃烘箱中预热 30min。分别将二元体系与模拟油按照油水比为 1 : 1 加入 10mL 具塞试管中，在 2min 内手摇振荡 200 次，然后放置在 40℃恒温箱中观测乳状液稳定性变化。记录析水率随时间变化，测定乳状液黏度，对乳状液采集显微镜照片，分析乳状液粒径变化。采用紫外分光光度计分析乳状液乳化力变化，计算乳化综合指数。

3）剪切速率乳化影响实验

配制 KPS 浓度 0.3%、聚合物浓度 1000mg/L 的二元体系，通过岩心剪切进行乳状液制备。选取气测渗透率为 110mD 人造砾岩岩心，进行抽真空、饱和水。将二元体系与模拟油按照 1 : 1 比例均匀注入岩心内，出口端采集样品，驱入 3PV 后改换下一速度继续驱替。按照驱替速度分别为 0.2、0.5、1、3、5、7、10m/d 测试 7 种速度下乳状液的黏度、粒径等参数。

4）油水比对乳化过程影响实验

配制 1000mg/LHPAM+0.3% 复配 KPS 二元体系，将二元体系与模拟油放置在 40℃恒温箱中预热 30min。将预热好的二元体系与模拟油按照体积比 1 : 9、2 : 8、3 : 7、4 : 6、5 : 5、

6∶4、7∶3、8∶2、9∶1 加入至 10mL 具塞试管中，在 40℃条件下手摇振荡 200 次，然后放置在 40℃恒温箱中观测乳状液稳定性变化。记录析水率随时间变化，测定乳状液黏度，对乳状液采集显微镜照片，分析乳状液粒径变化。采用紫外分光光度计分析乳状液乳化力变化，计算乳化综合指数，岩心剪切乳状液模拟实验装置如图 3-1 所示。

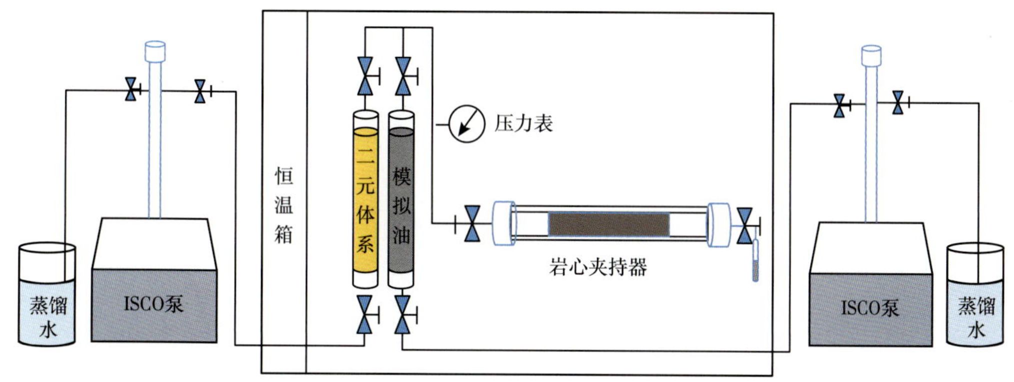

图 3-1 岩心剪切乳状液模拟实验装置图

5）黏土含量对乳状液形成影响

按照新疆油田七中区储层中黏土含量配制黏土混合物，将黏土通过超声波分散于溶液中，按照油水比 5∶5 制备乳状液。黏土质量分数分别为 2%、4%、6%、8%、10%。放置在 40℃恒温箱中观测乳状液稳定性变化。记录析水率随时间变化，测定乳状液黏度，对乳状液采集显微镜照片，分析乳状液粒径变化。采用紫外分光光度计分析乳状液乳化力变化，计算乳化综合指数（表 3-2、图 3-2）。

表 3-2 七中区克下组全岩分析数据表

非黏土矿物绝对含量（%）	石英	31.3
	斜长石	23.4
	钾长石	33.4
	方解石	1.1
	铁白云石	2.1
	菱铁矿	2
黏土矿物绝对含量（%）		6.7

6）二元体系相互作用表征

研究复配型 KPS、纯 KPS 表面活性剂在不同浓度下表面形貌变化，配制浓度分别为 0.01%、0.05%、0.1%、0.3%、0.5%、1%、5% 的 KPS、纯 KPS 表面活性剂溶液，在液氮中冷冻 20min，放入真空冷冻干燥机中，在 -83℃中冷冻干燥 48~72h，进行 SEM 扫描。

将相对分子质量 1000 万部分水解聚丙烯酰胺配置为浓度分别为：1000mg/L、2000mg/L、

3000mg/L、4000mg/L、5000mg/L 的聚合物溶液，在液氮中冷冻 20min，放入真空冷冻干燥机中，在 −83℃中冷冻干燥 48~72h，进行 SEM 扫描。

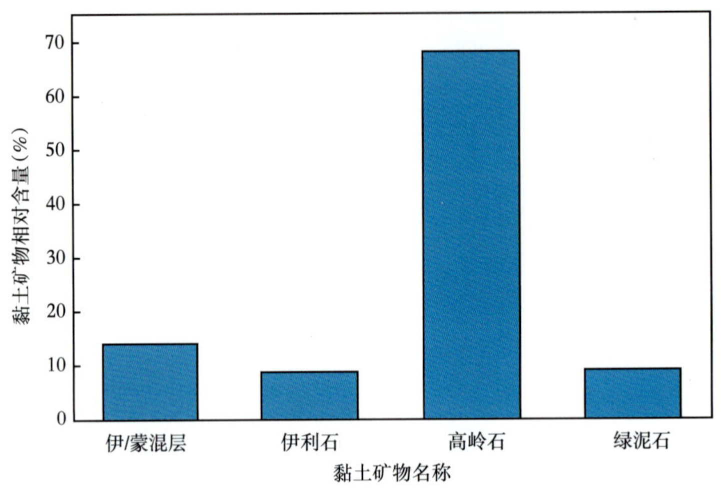

图 3-2　七中区黏土矿物相对含量

以相对分子质量 1000 万部分水解聚丙烯酰胺、复配型 KPS、纯 KPS 为研究对象，研究不同表面活性剂在不同浓度下对二元体系聚集态影响。配制聚合物浓度为 1000mg/L，表面活性剂浓度分别为 0.05%、0.1%、0.2%、0.3%、0.4%、0.5% 的 KPS、纯 KPS 二元体系，在液氮中冷冻 20min，放入真空冷冻干燥机中，在 −83℃中冷冻干燥 48~72h，进行 SEM 扫描。

4. 数据计算

乳化形成条件实验数据处理参考中国石油企业标准 Q/SY 1583—2013《二元复合驱用表面活性剂技术规范》以及 GB/T 11543—2008《表面活性剂中、高粘度乳液的特性测试及其乳化能力的评价方法》，以析水率和乳化稳定性评价乳状液。

$$S_{\mathrm{w}}=\frac{V_{\mathrm{w}_1}}{V_{\mathrm{w}}}\times 100 \tag{3-1}$$

$$S_{\mathrm{te}}=1-S_{\mathrm{w}} \tag{3-2}$$

式中：V_{w1} 为乳状液恒温静置后析出水的体积，mL；：V_{w} 为乳化体系中加入水的总体积，mL；S_{w} 为析水率，%；S_{te} 为乳化稳定性，%。

对配制好的乳状液，通过萃取的方法将乳状液中的油萃取至石油醚中，利用紫外分光分度计测量萃取液中的油质量，计算参与乳化的油总量，乳化力由以下式（3-3）计算：

$$f_{\mathrm{e}}=\frac{m_{\mathrm{o}_1}}{m_{\mathrm{o}}} \tag{3-3}$$

式中：f_{e} 为乳化力；n_{o_1} 为乳状液中萃取出的油质量，g；m_{o} 为参与乳化的总油量，g。

乳化综合指数按式(3-4)计算：

$$S_{ei}=\sqrt{f_e \times S_{te}} \tag{3-4}$$

式中，S_{ei} 为乳化综合指数，%。

三、表面活性剂类型对乳化的影响

1. KPS 复配体系对乳化影响

1)乳化稳定性变化

表面活性剂作为乳化剂，对于乳化有重要作用。表面活性剂降低界面张力，从而降低乳状液体系的界面能，使乳状液趋于稳定。图 3-3 是在油水比为 1∶1 条件下，KPS 复配体系乳状液随时间变化。

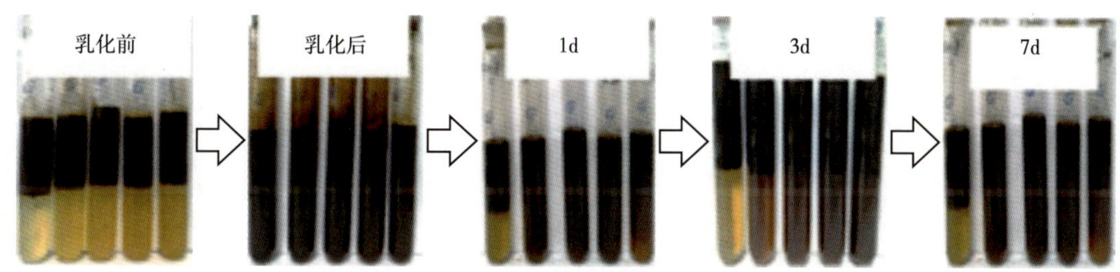

(a)不同浓度KPS溶液与模拟油乳化

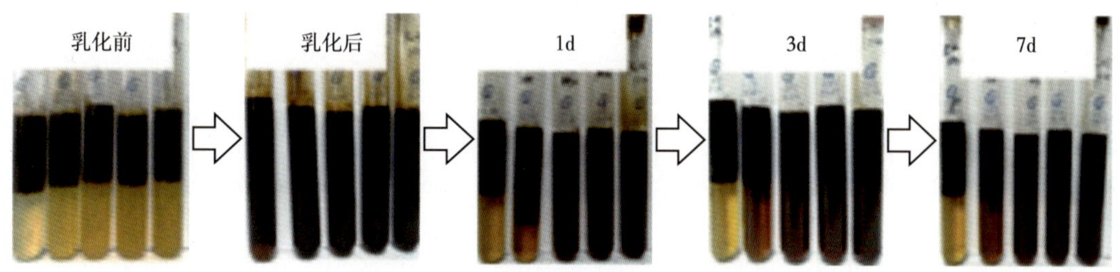

(b)不同浓度KPS二元体系与模拟油乳化

图 3-3 不同浓度 KPS 复配体系乳状液变化

从单独的表面活性剂溶液与模拟油形成的乳状液变化来看，表面活性剂浓度在 0.1%~0.3% 范围内，乳状液稳定性随着表面活性剂浓度增加逐渐增强。表面活性剂浓度在 0.3%~0.5% 范围内，随着表面活性剂浓度增加，乳状液稳定性逐渐减弱。相同条件下，表面活性剂浓度变化，会影响乳状液滴界面膜强度(图 3-4)。

表面活性剂对溶液界面性质的改变与体系胶束量无关，起主要作用的是非胶束态的表面活性剂分子。在一定的剪切作用下，乳化形成，液滴间处于相对稳定状态，表面活性剂分子均匀分布在乳化油滴油水界面，增大表面活性剂浓度可以增加界面上分布的表面活性剂分子数量，增加油水界面膜的强度，提升乳状液的稳定性；当界面上分布的表面活性剂分子达到饱和时，继续增加表面活性剂浓度，多余的表面活性剂分子分散于油水相中，表面活性剂水解产生的电荷会压缩乳状液滴表面的界面双电层，降低乳状液的稳定性。由于水解电荷的存在，会改变液滴之间的静电斥力，打破原有平衡，进一步降低乳状液的稳定性，因此表面活性剂浓度对乳化的影响与剪切强度有关，在手摇条件下，KPS 复配体系浓度为 0.3% 时乳化稳定性最强。从乳化后静置分层后水相颜色可以发现，KPS 复配体系乳化后水相由浅黄色的透明液体变为棕褐色透明液体，说明复配体系随着表面活性剂浓度增大，具有一定的增溶原油作用。

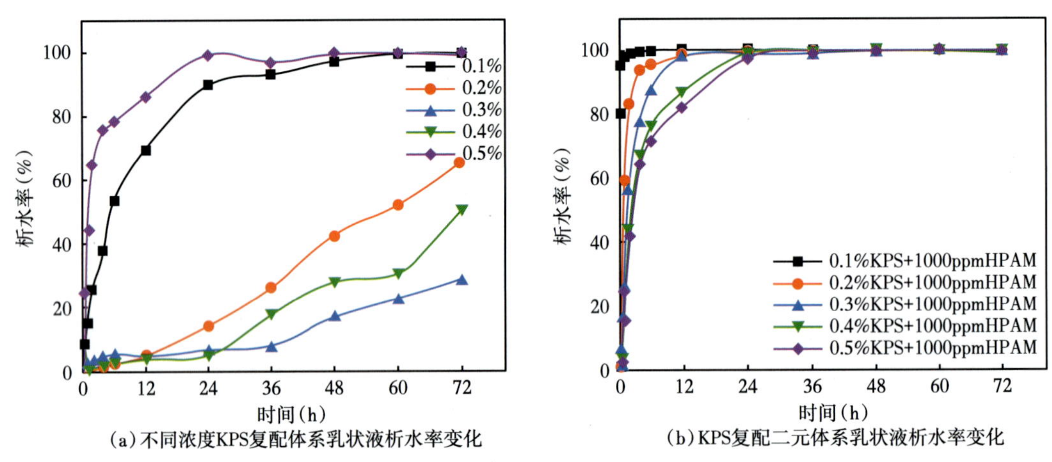

图 3-4　不同 KPS 复配体系浓度乳状液析水率变化

表面活性剂中加入聚合物形成二元体系，在表面活性剂浓度为 0.1%~0.4% 范围内，与单一表面活性剂乳状液相比，二元体系与模拟油形成的乳状液稳定性明显降低，表面活性剂浓度为 0.5% 时，与单一表面活性剂乳状液相比，二元体系与模拟油形成的乳状液稳定性更好。由于聚合物具有许多支链，能够对表面活性剂分子之间胶束化过程进行影响，部分表面活性剂分子与聚丙烯酰胺分子链形成胶束，导致非胶束态表面活性剂分子减少，乳状液中发挥乳化稳定性的表面活性剂分子量降低，由于所用聚丙烯酰胺为阴离子型聚丙烯酰胺，在乳状液体系中，阴离子的存在会压缩乳状液液滴界面双电层，促使乳状液液滴聚并，降低了乳状液的稳定性。因此在二元体系中乳状液稳定性较差，随着表面活性剂浓度增加，电性变化导致对界面层的影响减弱，水相中聚合物未固定的游离型表面活性剂分子增加，能够发挥出界面活性并参与乳化过程的表面活性剂分子增多，因此乳状液稳定性会变强。

2）乳状液粒径变化

从不同浓度 KPS 乳状液显微镜照片中可以看出，低浓度 KPS 溶液与模拟油更易形成 W/O 型乳状液，KPS 浓度高于 0.4% 时，生成的乳状液以 O/W 型为主（图 3-5）。KPS 二元体系与模拟油主要生成 O/W 型乳状液。乳状液的相转变也是导致乳状液稳定性剧烈变化的原因，O/W 型乳状液稳定性明显低于 W/O 型乳状液。乳状液类型的变化解释了 KPS 溶液 + 模拟油乳状液稳定性在 KPS 浓度大于 0.3% 时开始降低，也解释了为什么 KPS 二元体系 + 模拟油乳状液稳定性明显差于 KPS 溶液与模拟油形成的乳状液。

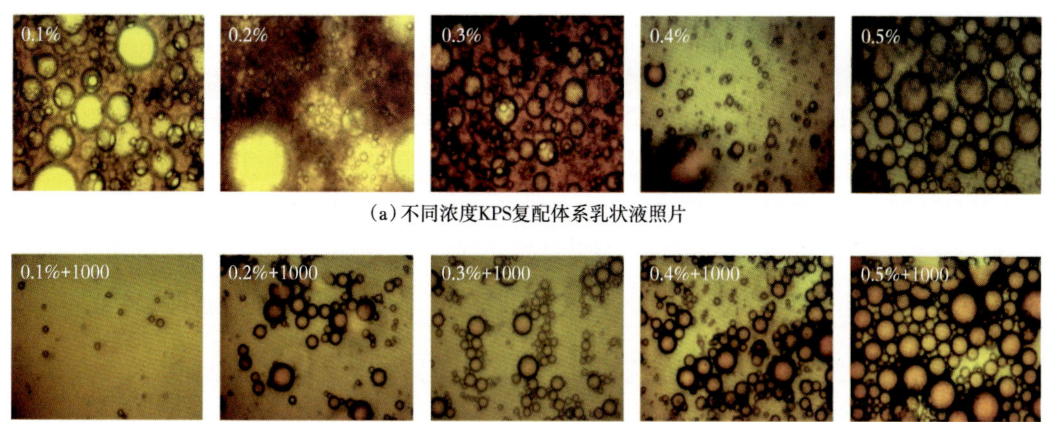

(a)不同浓度KPS复配体系乳状液照片

(b)不同浓度二元体系乳状液照片

图 3-5　不同浓度 KPS 乳状液显微镜照片（×400）

复配 KPS 与模拟油形成的乳状液粒径分布比较均匀稳定，平均粒径在 6μm 左右，而复配 KPS 二元体系与模拟油形成的乳状液粒径随表面活性剂浓度增大而增大，显微镜照片视野中乳化液中油滴数目也逐渐增多（图 3-6）。

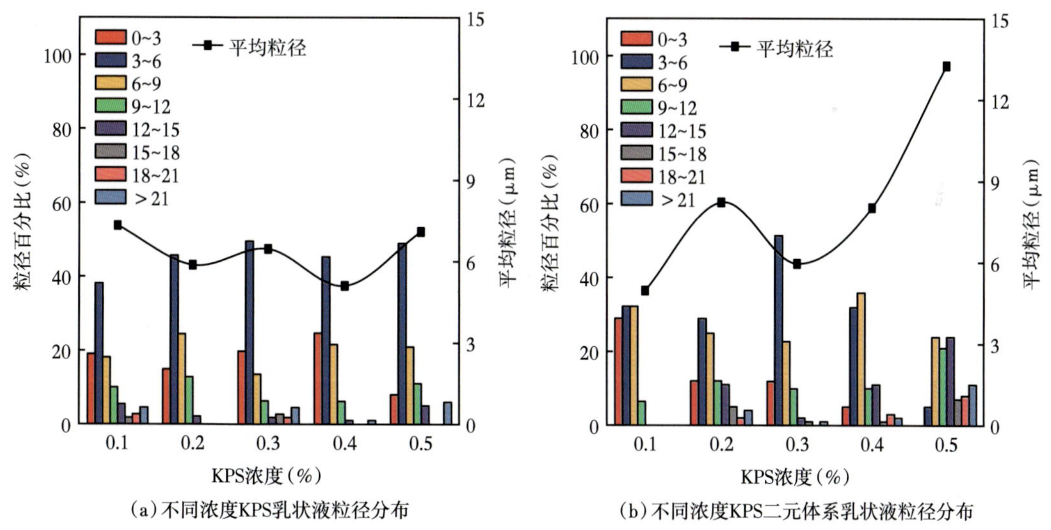

(a)不同浓度KPS乳状液粒径分布

(b)不同浓度KPS二元体系乳状液粒径分布

图 3-6　不同浓度 KPS 和 KPS 二元体系乳状液粒径分布

3）乳化能力变化

从乳化参数可以看出，KPS 二元体系与模拟油形成的乳状液稳定性与乳化力均低于 KPS 与模拟油形成的乳状液（表 3-3）。从乳化综合指数变化上来看，KPS 溶液所形成的乳状液具有更高的乳化综合指数，因此对 KPS 复配体系而言，二元体系的乳化性能低于表面活性剂溶液乳化性能。

表 3-3 KPS 复配体系乳化参数表

参数	KPS 复配体系与模拟油					二元体系与模拟油				
	0.1%	0.2%	0.3%	0.4%	0.5%	0.1%	0.2%	0.3%	0.4%	0.5%
析水率（%）	15	0	3	1	44	98	60	26	25	25
稳定性（%）	85	100	97	99	56	2		74	75	75
乳化力	0.62	0.64	0.64	0.71	0.65	0.08	0.56	0.64	0.60	0.55
乳化综合指数（%）	72	80	79	84	60	4	47	69	67	64

由图 3-7 看出，二元体系乳状液黏度明显低于不同浓度 KPS+ 原油乳状液黏度，乳状液的黏度变化和表面活性剂浓度呈正相关关系。

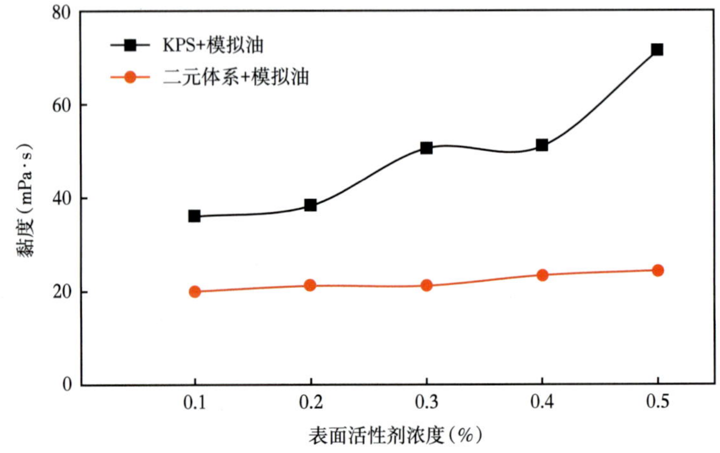

图 3-7 不同 KPS 浓度乳状液黏度变化

2. 纯 KPS 体系对乳化的影响

1）乳化稳定性变化

纯 KPS 具有较好的乳化作用，石油磺酸盐来源于石油，与模拟油有较好的匹配性，其分子结构具有较好的亲油性，能够分布在油水界面膜上，从而降低界面张力，在剪切作用下产生较好的乳化效果。从乳化照片可以看出，不同浓度的表面活性剂都有较好的乳化效果。纯 KPS 与模拟油作用破乳后，水相颜色明显变深，说明纯 KPS 对于原油具有良好的增溶作用（图 3-8）。

由纯 KPS 溶液与模拟油形成的乳状液稳定性变化来看，表面活性剂浓度在 0.1%~0.3% 范围内，乳状液稳定性随着表面活性剂浓度增加逐渐增强。浓度为 0.3%~0.5% 范围内，随着表面活性剂浓度增加，乳状液稳定性逐渐减弱。不同浓度纯 KPS 乳状液析水率变化幅度有较大差异，纯 KPS 浓度升高后，乳状液析水率增加速度缓慢，曲线斜率降低（图 3-9）。纯 KPS 溶液与模拟油形成乳状液的稳定性强于 KPS 复配体系，主要是因为 KPS 复配体系中加入表面活性剂后改变了原油体系的亲油亲水性能，从而降低了乳状液的稳定性。纯

KPS 二元体系与模拟油形成乳状液稳定性明显低于纯 KPS 体系，说明聚合物对于石油磺酸盐乳化稳定性能具有较大影响。

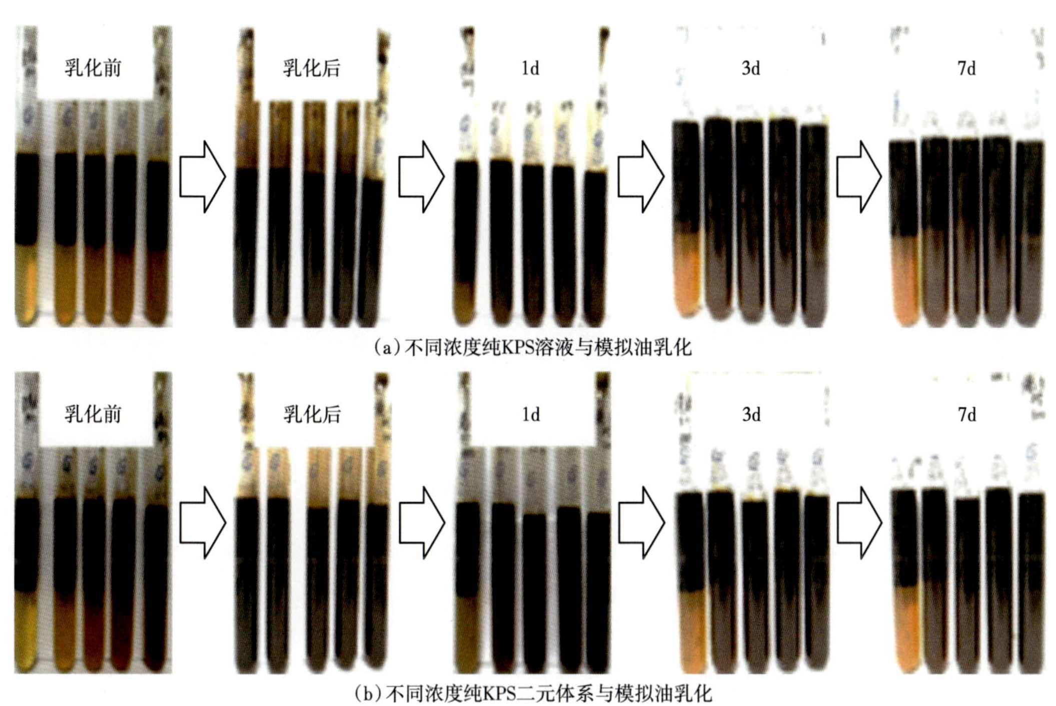

图 3-8　不同浓度纯 KPS 对乳化影响

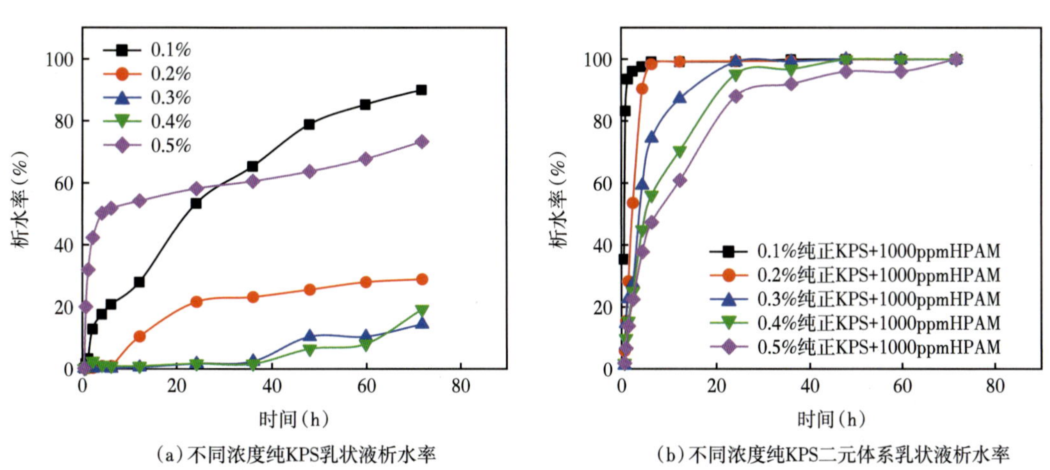

图 3-9　不同浓度纯 KPS 与纯 KPS 二元体系乳状液析水率变化

2）乳状液粒径变化

从图 3-10 可以看出，纯 KPS 溶液与模拟油通过振荡乳化后形成的主要是 W/O 型乳状液，因此稳定性较好，而纯 KPS 二元体系与模拟油振荡后形成的乳状液主要为 O/W 型乳状液。

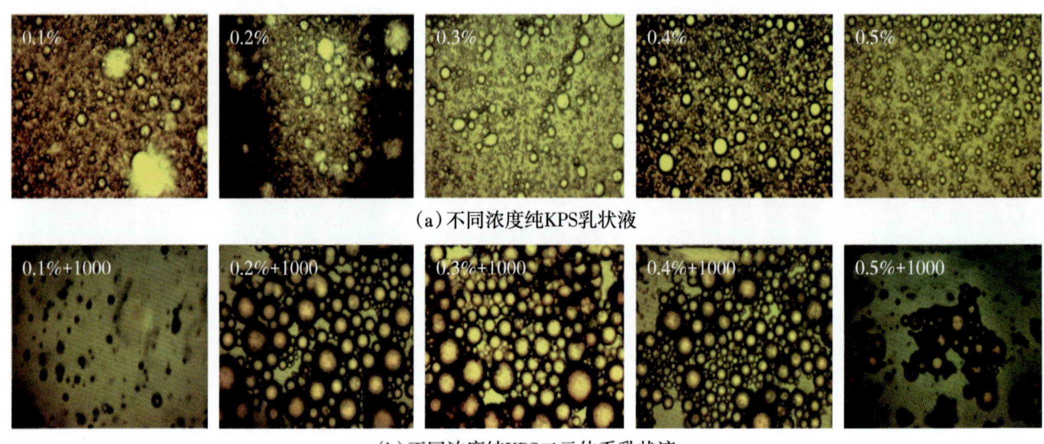

(a) 不同浓度纯KPS乳状液

(b) 不同浓度纯KPS二元体系乳状液

图 3-10　不同浓度纯 KPS 和纯 KPS 二元体系乳状液显微镜照片（×400）

如图 3-11 所示，纯 KPS 乳状液粒径变化比较平稳，随着浓度增加，乳状液粒径逐渐从以 0~3μm 为主变为以 3~6μm 为主，随着表面活性剂浓度增加，乳状液粒径有增大趋势。在二元体系中，乳状液粒径随着表面活性剂浓度变化明显，纯 KPS 浓度为 0.1%~0.3%，乳状液粒径随着表面活性剂浓度增加而增加，粒径分布范围越来越大，平均粒径最大可达 12.21μm；浓度为 0.3%~0.5% 时，乳状液粒径随着表面活性剂浓度逐渐降低，且乳状液粒径的分布区间逐渐降低，小粒径乳状液占比逐渐增大，表面活性剂浓度为 0.5% 时乳状液粒径降低为 4.07μm。

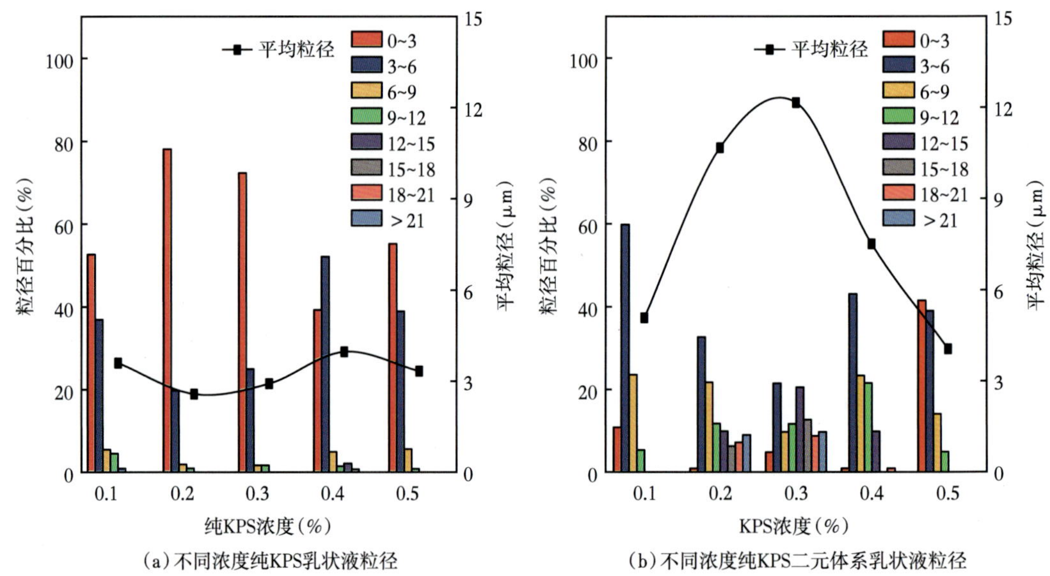

(a) 不同浓度纯KPS乳状液粒径

(b) 不同浓度纯KPS二元体系乳状液粒径

图 3-11　不同浓度纯 KPS 和纯 KPS 二元体系乳状液粒径分布

3）乳化能力变化

纯 KPS 与模拟油乳化性能好于 KPS 复配体系，相同浓度条件下，纯 KPS 比复配后 KPS 体系的乳化稳定性更强，乳化力也优于复配后 KPS，乳化参数见表 3-4。

表 3-4 纯 KPS 乳化参数表

项目	纯 KPS 溶液与模拟油					二元体系与模拟油				
	0.1% KPS	0.2% KPS	0.3% KPS	0.4% KPS	0.5% KPS	0.1% KPS	0.2% KPS	0.3% KPS	0.4% KPS	0.5% KPS
析水率（%）	3	0	0	1	32	94	28	22	15	14
稳定性（%）	97	100	100	99	68	6	72	78	85	86
乳化力	0.64	0.64	0.72	0.72	0.64	0.56	0.63	0.64	0.64	0.59
乳化综合指数（%）	79	80	85	84	66	19	67	70	74	72

从乳状液黏度上来看（图 3-12），纯 KPS 二元体系乳状液黏度低于纯 KPS 溶液，说明产生乳化后聚合物在扩大波及体积的作用弱于乳状液；黏度变化均在表面活性剂浓度为 0.3% 时出现拐点，但表面活性剂浓度变化对于乳状液黏度影响不明显。

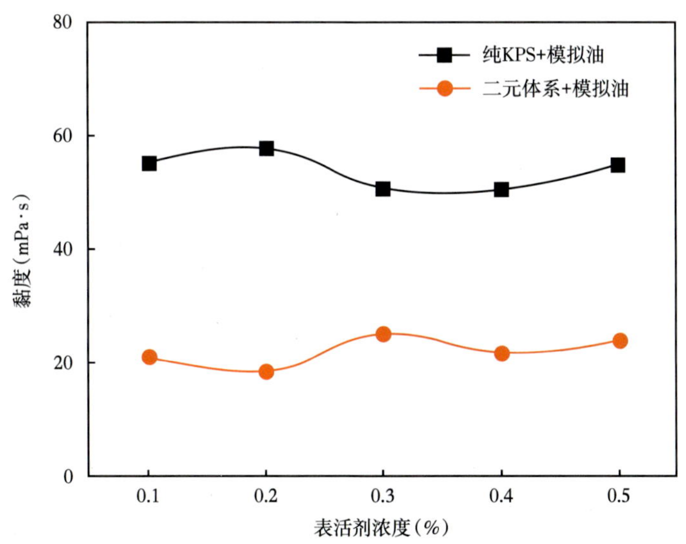

图 3-12 不同浓度纯 KPS 和纯 KPS 二元体系乳状液体系黏度变化

3. 不同类型表面活性剂对乳化影响分析

对于乳化稳定性：纯 KPS ＞ KPS 复配体系；在表面活性剂浓度大于 0.3% 时，乳化力：纯 KPS ＞ KPS 复配体系。石油磺酸盐来自原油，其结构与原油具有很强的匹配性，因此在乳化过程中能够发挥出较好的乳化作用，同时石油磺酸盐对原油具有较强的增溶作用，不同表面活性剂体系乳化能力见表 3-5。

表 3-5　不同表面活性剂体系乳化能力对比

项目		表活剂溶液与模拟油					二元体系与模拟油				
		0.1% KPS	0.2% KPS	0.3% KPS	0.4% KPS	0.5% KPS	0.1% KPS	0.2% KPS	0.3% KPS	0.4% KPS	0.5% KPS
乳化力	KPS 复配体系	0.62	0.64	0.64	0.71	0.65	0.08	0.56	0.64	0.6	0.55
	纯 KPS	0.64	0.64	0.72	0.72	0.64	0.56	0.63	0.64	0.64	0.59
乳化综合指数（%）	KPS 复配体系	72	80	79	84	60	4	47	69	67	64
	纯 KPS	79	80	85	84	66	19	67	70	74	72

4. 聚合物表面活性剂相互作用及对乳化影响机理

不同表面活性剂对乳化影响实验结果表明，表面活性剂浓度与聚合物对乳化的影响很大。表面活性剂浓度超过临界胶束浓度后，表面活性剂分子转向液体内部，形成胶束结构，胶束的内部为非极性微区，胶束结构具有增溶油相的作用，从图 3-13 中可以看到随着浓度增大，表面活性剂扫描电镜下出现明显颗粒状结构，这些主要是表面活性剂分子聚集态改变形成的胶束结构。表面活性剂形成胶束后，溶液中存在着胶束与游离表面活性剂分子之间的动态平衡，增大表面活性剂浓度相当于增加了胶束与游离表面活性分子之间的交换能力，表面活性剂电离后带有电性，对乳状液滴的静电斥力增加，导致体系稳定性降低。

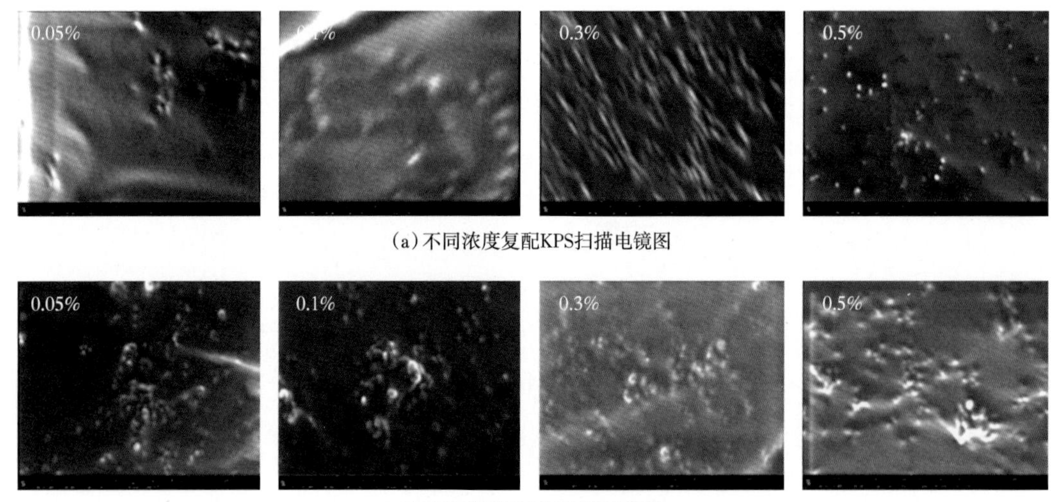

(a) 不同浓度复配KPS扫描电镜图

(b) 不同浓度纯KPS扫描电镜图

图 3-13　不同浓度表面活性剂扫描电镜图（×100000）

从图 3-14 中可以看出，聚合物溶于水后，聚合物高分子链充分舒展缠绕形成空间网状结构，增加液体黏弹性。浓度较低时聚合物主链以直链为主，在 1000mg/L 的图像中可以看到直链上具有许多圆球状“凸起”结构，这主要是未缠绕的聚合物支链收缩形成的。随着聚合物浓度增加，主链表面“凸起”结构逐渐消失，聚合物链出现分支并逐渐长大。

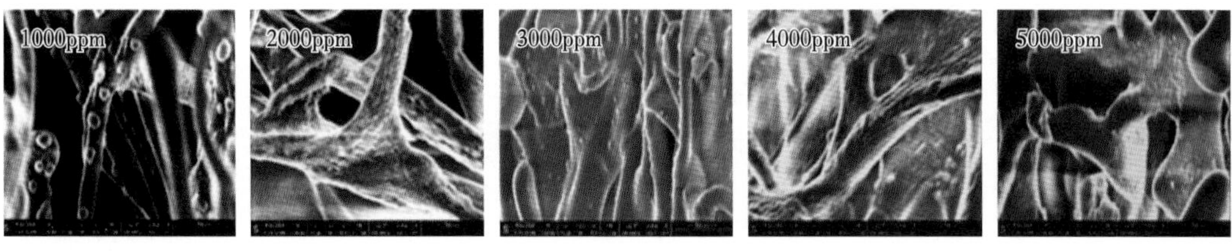

图 3-14　分子量 1000 万不同浓度 HPAM 扫描电镜图（×100000）

在聚丙烯酰胺中加入表面活性剂形成二元体系后，从图 3-15 可以看出在扫描电镜下二元体系的形貌较聚合物以及表面活性剂形貌有较大改变。从扫描电镜图像来看，聚合物间的空间网状结构变得混乱，在链状结构的表面、断面处都有颗粒状结构存在，这主要是表面活性剂与聚合物相互作用的结果，二元体系作用下，表面活性剂分布于聚合物链表面以及分子链连接处，形成新的结构。

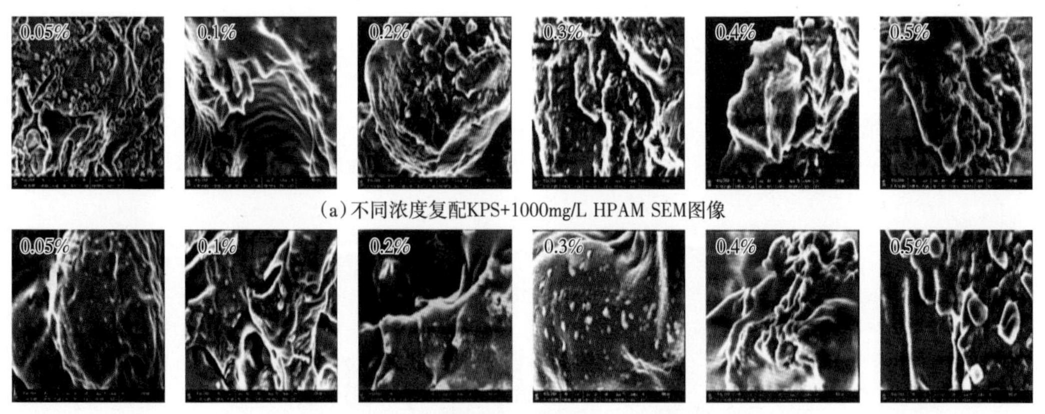

图 3-15　表面活性剂与 1000mg/L HPAM 二元体系扫描电镜图（×200000）

S.Biggs（2021）等人研究了阴离子表面活性剂与聚丙烯酰胺之间的相互作用，提出了代表性的三阶段模型能够很好解释聚合物与表面活性剂的作用机理（图 3-16）。第一阶段包含聚合物的溶解、表面活性剂与聚合物间的共胶束行为，聚合物分子在溶解过程中分子链内以及分子链间会缔合，形成疏水微区，部分聚丙烯酰胺分子中的亲水链段也被包裹在疏水微区之中，促使分子链收缩、卷曲；加入表面活性剂后，溶液内部的表面活性剂疏水基受到疏水力的作用进入聚合物疏水微区并与聚合物疏水基形成聚集体，导致聚合物疏水链间的缔合作用被削弱，聚合物亲水基被释放，使聚合物链舒展。第二阶段随着表面活性剂浓度持续增加，新加入的表面活性剂与聚合物其他疏水基之间形成新的聚集体，造成疏水基侧链数量下降，聚合物由链内缔合转向链间缔合，形成更稠密的空间网状结构。第三阶段是在第二阶段的基础上继续增加表面活性剂浓度，表面活性剂形成大量胶束结构，聚合物分子间链上疏水基减少，空间网状结构被破坏，链与链主要通过分子间作用力结合（刘卫东等，2021）。

图 3-16 聚表二元体系作用三个阶段模型（栾和鑫等，2021; 刘卫东等，2021）

乳化实验中二元体系中聚合物与表面活性剂的结合主要处于第一和第二阶段，在该阶段聚合物与表面活性剂之间的结合降低了表面活性剂胶束之间的疏水性能，表面活性剂与聚合物缔合物整体的疏水性减弱，亲水性能增加，因此二元体系乳化后主要形成 O/W 型乳状液。

四、油水比对乳化的影响

通过实验研究不同油水比对乳化的影响，从实验照片可以看出，经过乳化作用后，不同油水比体系都会产生很好的乳化效果，但随着时间延长，各体系稳定性差异较大。稳定后油水比大于 9∶1 的体系下相颜色均有不同程度变深，说明原油增溶于胶束后再溶于水相中（图 3-17）。

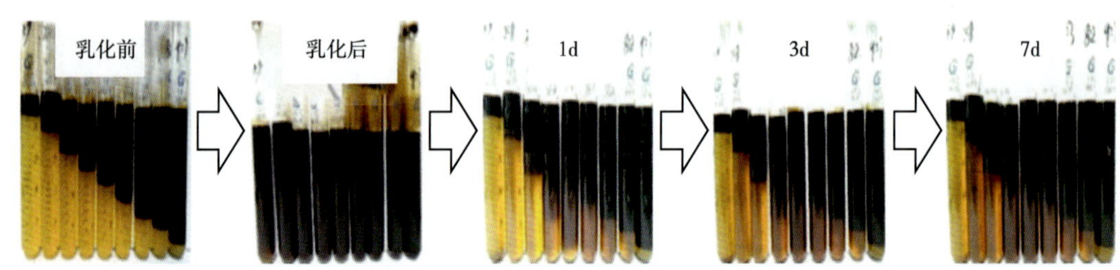

图 3-17 不同油水比乳状液乳化照片

相同二元体系与模拟油作用下，油水比越大，乳状液析水率越低，稳定性越强。如图 3-18 所示，在油水比 9∶1 时乳状液的稳定性最强。结合乳状液黏度变化可以看出（图 3-19、图 3-20），油水比较低时形成的乳状液黏度都较低，当油水比达到 7∶3 时乳状液黏度达到最大值，之后随着油水比增加，乳状液黏度降低。在油水比低于 6∶4 时主要形成水包油乳状液，油水比高于 6∶4 后主要形成油包水乳状液。形成 O/W 型乳状液时，由于水相黏度较低，形成的水外相乳状液黏度较低，乳状液滴热运动速率大，油珠间碰撞几率增大，因此稳定性差。油水比升高形成 W/O 型乳状液后，油外相黏度较大，乳化油滴粒径变小，水滴在模拟油中分散更均匀；油相中几乎没有盐的电离作用，消除了盐离子电离导致的静电斥力和静电引力，所以乳状液更为稳定。

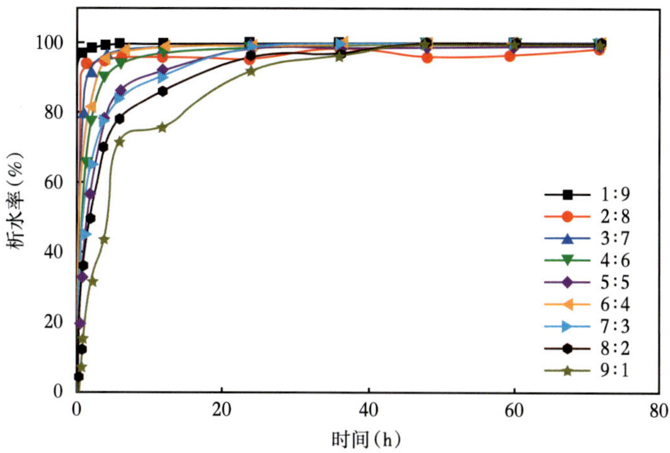

图 3-18 不同油水比乳状液析水率变化

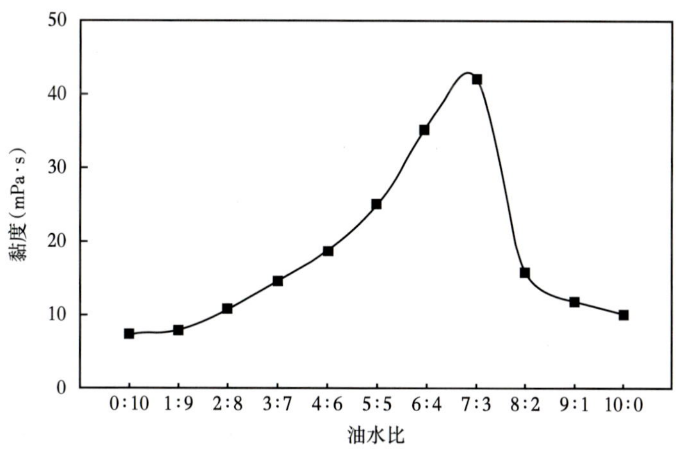

图 3-19 振荡法不同油水比乳状液黏度变化

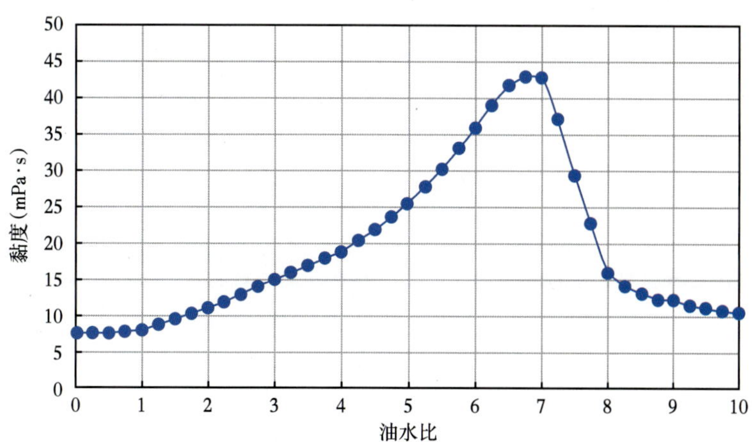

图 3-20 振荡法不同油水比乳状液黏度拟合

对乳状液黏度随油水比变化进行拟合，可以得到不同油水条件下，乳状液黏度表达式如式（3-5）：

$$f(x)=\sum_{i=1}^{n} a_i e^{\left(-\frac{x-b_i}{c_i}\right)^2} \tag{3-5}$$

对于振荡法，n=5，其中，a_i、b_i、c_i 为常数（不同乳化作用下取值不同），其取值如表 3-6 所示：

表 3-6　振荡法不同油水比乳状液黏度拟合 a_i、b_i、c_i 取值

i	1	2	3	4	5
a_i	−2681	5.495	2704	9.834	11.75
b_i	0.567	0.1715	0.5675	1.664	0.0404
c_i	0.2601	0.3054	0.2606	5.273	0.9398

从不同油水比乳状液的乳化参数变化可以看出，在振荡法条件下，油水比主要影响乳状液的稳定性。如表 3-7 所示，油水比为 5∶5 时为转相分界点，在油水比小于 5∶5 后形成 O/W 型乳状液，乳化综合指数随着油水比升高逐渐升高；油水比大于 5∶5 后，乳状液转相，乳化综合指数随着油水比升高逐渐升高（图 3-21）。

表 3-7　不同油水比体系乳化参数表

油水比	1∶9	2∶8	3∶7	4∶6	5∶5	6∶4	7∶3	8∶2	9∶1
析水率（%）	96	94	80	55	33	46	45	36	16
稳定性（%）	4	6	20	45	67	54	55	64	84
乳化力	0.59	0.59	0.60	0.61	0.64	0.61	0.58	0.59	0.57
乳化综合指数（%）	15	19	35	52	65	57	56	61	69

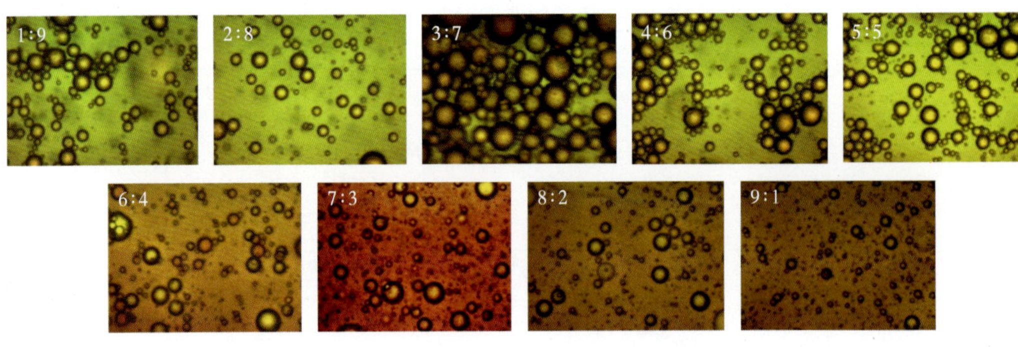

图 3-21　不同油水比乳状液显微镜照片（×400）

从乳状液粒径变化可以看出，形成油包水型乳状液后粒径明显降低。粒径分布范围变小，均以 0~6μm 为主，形成油包水型乳状液后，随着油水比升高，乳状液滴粒径逐渐减小（图 3-22）。

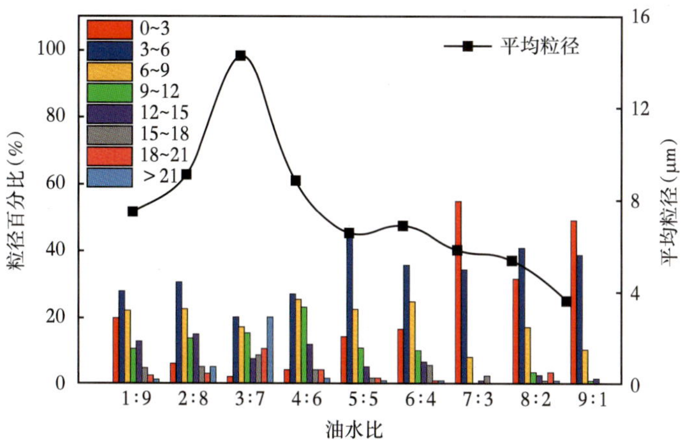

图 3-22 不同油水比乳状液粒径分布图

五、黏土对乳化的影响

在三次采油过程中，储层中的黏土、砂粒等会随着驱替作用进入油水相中，这些固体颗粒在油水界面吸附形成刚性界面膜，从而改变乳状液的稳定性。从不同质量分数黏土乳化照片可以看出，在振荡条件下，黏土在乳化过程中能够发挥一定的乳化作用，促使原油乳化，但由于振荡法对黏土的分散作用不够，导致黏土迅速团聚沉降（图 3-23）。

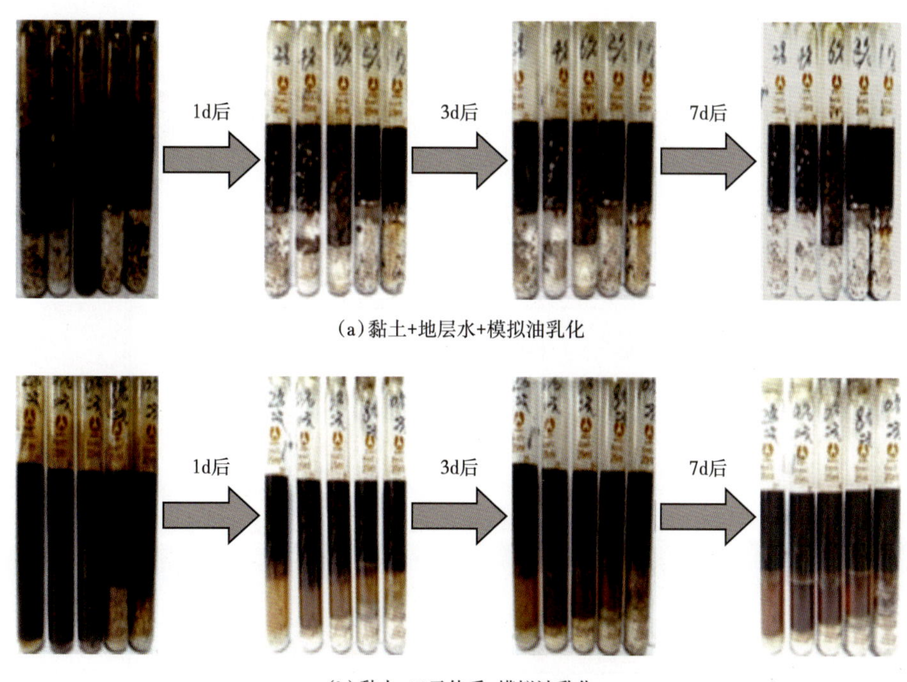

（a）黏土+地层水+模拟油乳化

（b）黏土+二元体系+模拟油乳化

图 3-23 振荡法不同质量分数黏土乳状液

新疆油田七中区克下组储层岩性主要以含砾粗砂岩、砂砾岩、砂质砾岩为主；储层矿物以石英、长石为主；黏土矿物绝对含量6.7%，以高岭石为主，相对含量67.8%。在分散条件下，黏土矿物具有一定的乳化能力，但从稳定性来看，乳状液稳定性都较差。黏土+模拟水+模拟油乳化体系只有在黏土质量分数为6%时才具有较强的稳定性，这主要是因为含量较低时（低于6%），黏土在水中先进行水化作用，导致黏土颗粒表面带有电荷，由于分散度大，导致静电斥力小，黏土颗粒之间的分子引力增加，因此在乳化过程中黏土颗粒间的主要作用是相互吸引团聚，而不能有效分布于油水界面，因此导致乳状液稳定性较差。黏土质量分数较高时，黏土颗粒间碰撞和聚并的几率增大，黏土间主要发生絮凝作用，产生絮凝体，导致乳状液稳定性变差。

加入二元体系后，由于黏土的吸附性能，对表面活性剂和聚合物进行物理和化学吸附，黏土微粒间电性降低（刘帅等，2021），表面活性剂降低了油水界面张力，黏土+二元体系+模拟油乳状液稳定性明显增强。加入二元体系后，聚丙烯酰胺以及石油磺酸盐在黏土表面吸附，聚丙烯酰胺可以在一定程度上发挥防膨作用，阻止黏土的膨胀，所以加入二元体系后黏土乳状液以及和模拟油形成的乳状液黏度都会降低（图3-24、图3-25）。

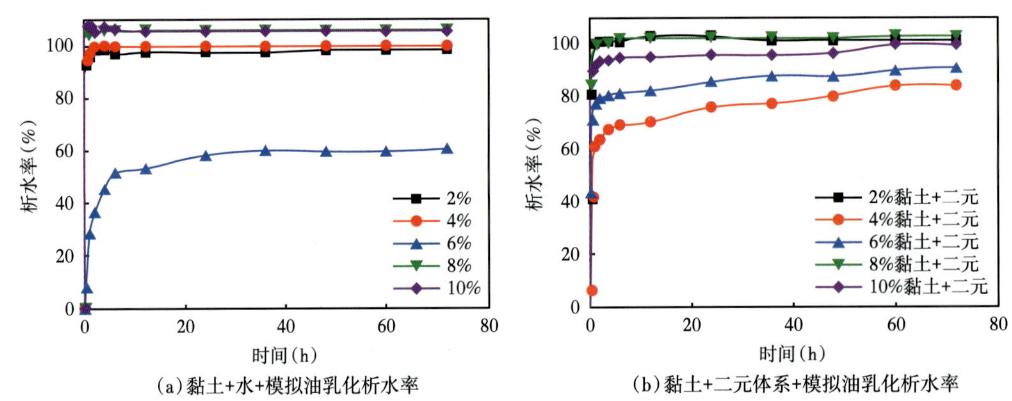

图3-24　振荡法制备不同黏土含量乳状液析水率变化

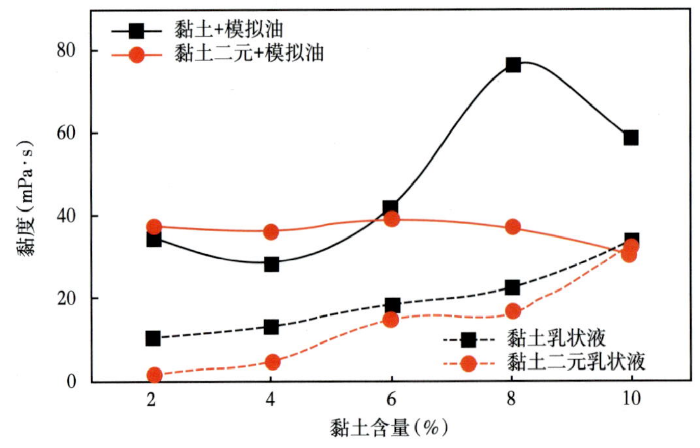

图3-25　振荡法不同黏土含量乳状液黏度变化

从显微镜照片中可以看出，未加入二元体系时，黏土与模拟油主要形成O/W型乳状液，在乳化油滴周围分布着许多大小不一的黏土颗粒，黏土颗粒主要分布在水相中，而不是分布在油水界面层，因此不能发挥乳化稳定剂的作用。加入二元体系以后，乳状液类型主要为O/W型，在显微镜照片中也可以看到大量黏土颗粒，黏土发生了一定团聚作用，但在二元体系的影响下，颗粒较小而且分布更为均匀，所以二元体系黏土+模拟油乳状液的稳定性普遍好于未加入二元体系的样品（图3-26）。

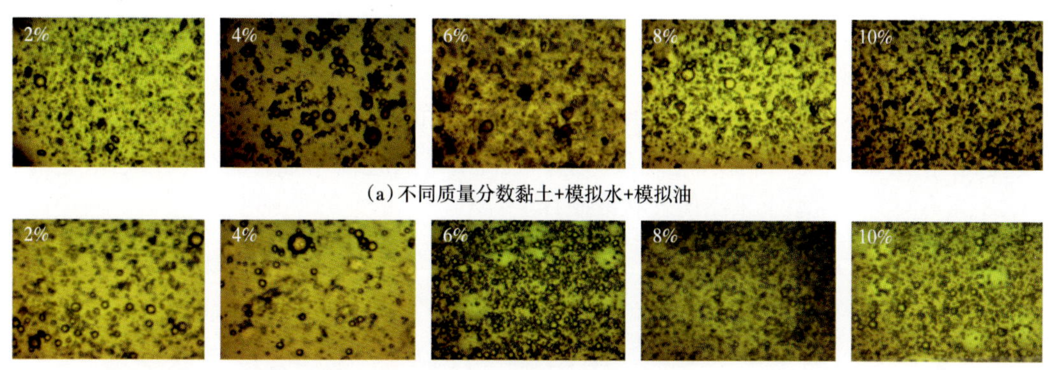

（a）不同质量分数黏土+模拟水+模拟油

（b）不同质量分数黏土+二元体系+模拟油

图3-26 振荡法不同质量分数黏土乳状液显微镜照片（×400）

黏土与模拟油乳化形成的乳状液粒径（图3-27）变化表明，随着二元体系的加入，乳状液粒径明显变小，说明在乳化条件下，二元体系降低界面张力作用对乳状液粒径起决定性作用。

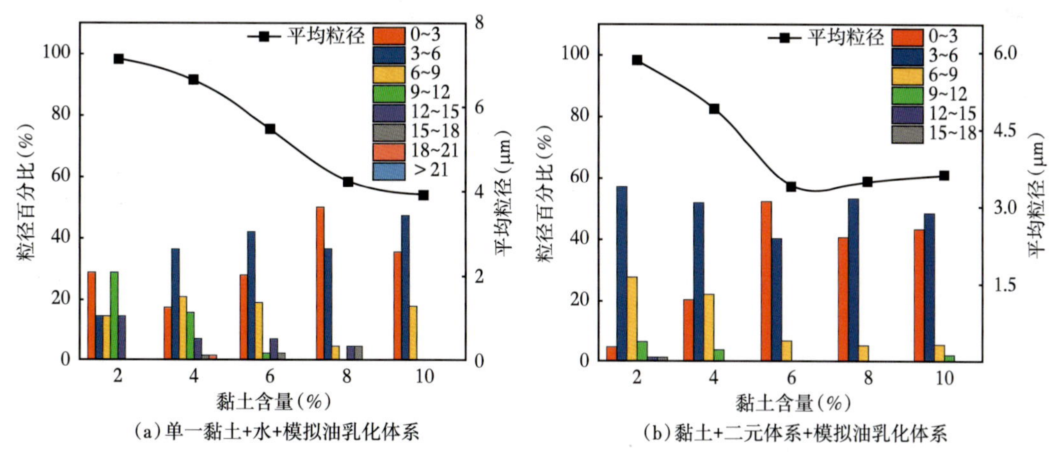

（a）单一黏土+水+模拟油乳化体系

（b）黏土+二元体系+模拟油乳化体系

图3-27 振荡法不同质量浓度黏土乳状液粒径分布

通过研究不同浓度黏土乳化参数变化可以发现，手摇振荡法所制备出的乳状液在稳定性方面具有较大的波动。从乳化力可以看出，黏土质量分数在2%时形成的乳状液的乳化力在整个浓度区间内均为最高，说明低剪切速率下，黏土乳化分散作用对于乳化效果的影响最大（表3-8）。

表 3-8 振荡法不同质量浓度黏土乳状液乳化参数

参数	黏土悬浊液＋模拟油					二元体系＋黏土＋模拟油				
	2%	4%	6%	8%	10%	2%	4%	6%	8%	10%
析水率（%）	95.2	96	28.8	98	99	95	60.8	77.6	96	92
稳定性	4.8	4	71.2	2	1	5	39.2	22.4	4	8
乳化力	0.71	0.48	0.40	0.55	0.08	0.96	0.53	0.64	0.72	0.63
乳化综合指数（%）	18	14	53	10	3	22	45	38	17	22

六、剪切速率对乳化影响

在剪切速率低于 0.5m/d 时，采出液中乳化现象不明显，样品基本为油水分离状态，在速度提高到 1m/d 后，开始有乳化现象产生，且随着驱替速度增加，乳化现象越来越明显，图 3-28 为不同剪切速率下采出的乳状液照片。

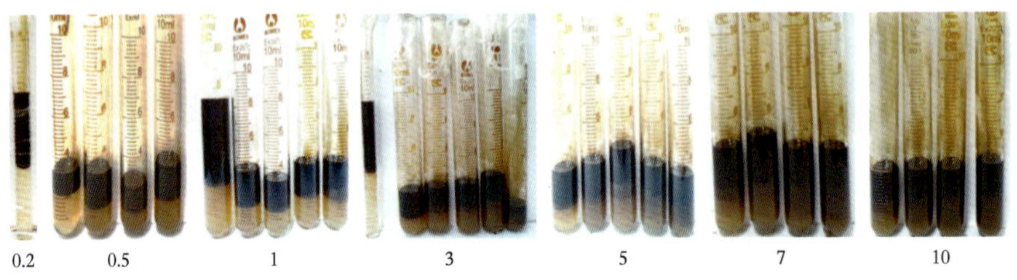

图 3-28 不同剪切速率下采出乳状液照片

从图 3-29 中可以看出，产生乳化现象后，乳状液黏度和压力梯度都有明显变化，曲线的斜率会突然升高，这两个点分别出现在注入速度 1m/d 和 7m/d。

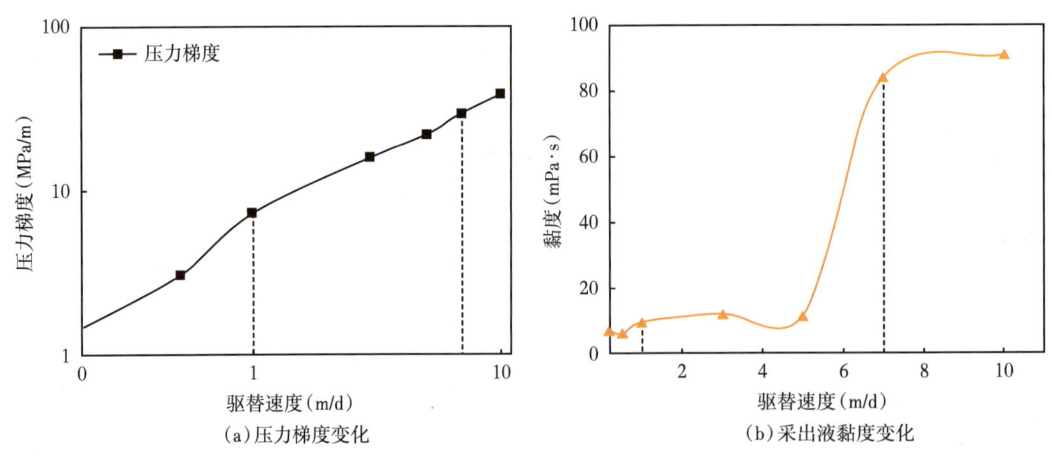

图 3-29 不同驱替速度压力梯度及采出乳状液黏度变化

不同采出乳状液显微镜照片如图 3-30 所示，在较低注入速度时由于未能形成有效乳化，在驱替速度为 0.2~0.5m/d 内，主要形成 W/O 型乳状液且乳化强度极低。随着注入速度增加，开始形成 O/W 型乳状液，且视野内乳状液液滴数目增多，堆积开始变得紧密。当注入速度达到 7m/d 后，乳状液滴粒径小且分布密度增大，不同油滴间开始出现絮凝，采出液黏度激增。

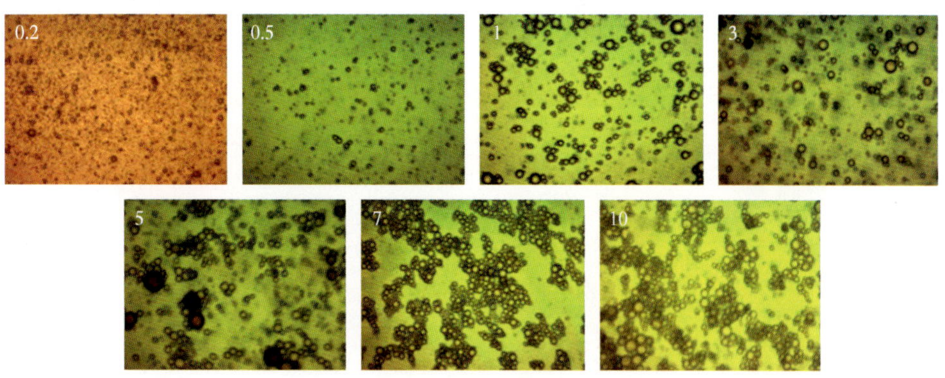

图 3-30 不同驱替速度乳状液显微镜照片（×400）

开始形成少量油包水乳状液时，液滴粒径都较小，主要分布在 0~6μm 区域内，且以 0~3μm 为主，开始出现稳定水包油乳状液时，乳状液粒径分布开始变广，此时乳状液稳定性差，乳化液相体积占比低，随着速度增加，乳状液粒径逐渐变小，达到 10m/d 时主要以 3~6μm 为主（图 3-31）。

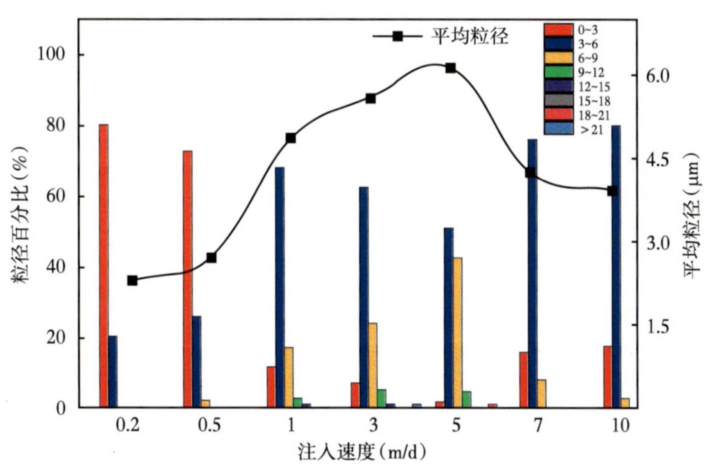

图 3-31 不同驱替速度乳状液粒径分布

七、原油组分对乳化稳定性影响

通过对原油组分的乳化性能进行研究，以确定原油中不同组分在乳化过程中发挥的作用。从乳化照片来看，不同组分间乳化差异较大（图 3-32）。

从析水率变化来看，烷烃乳化稳定性最差，芳香烃与不同浓度二元体系乳化后析水率变化与原油接近，非烃在表面活性剂浓度低时乳化稳定性差；而随表面活性剂浓度升高，非烃乳状液稳定性明显上升（图 3-33）。

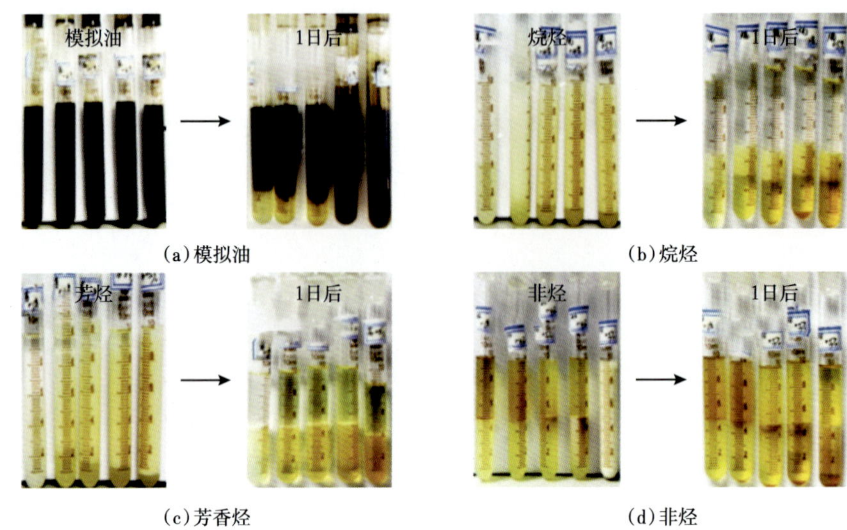

(a)模拟油　(b)烷烃

(c)芳香烃　(d)非烃

图 3-32　不同组分乳状液照片

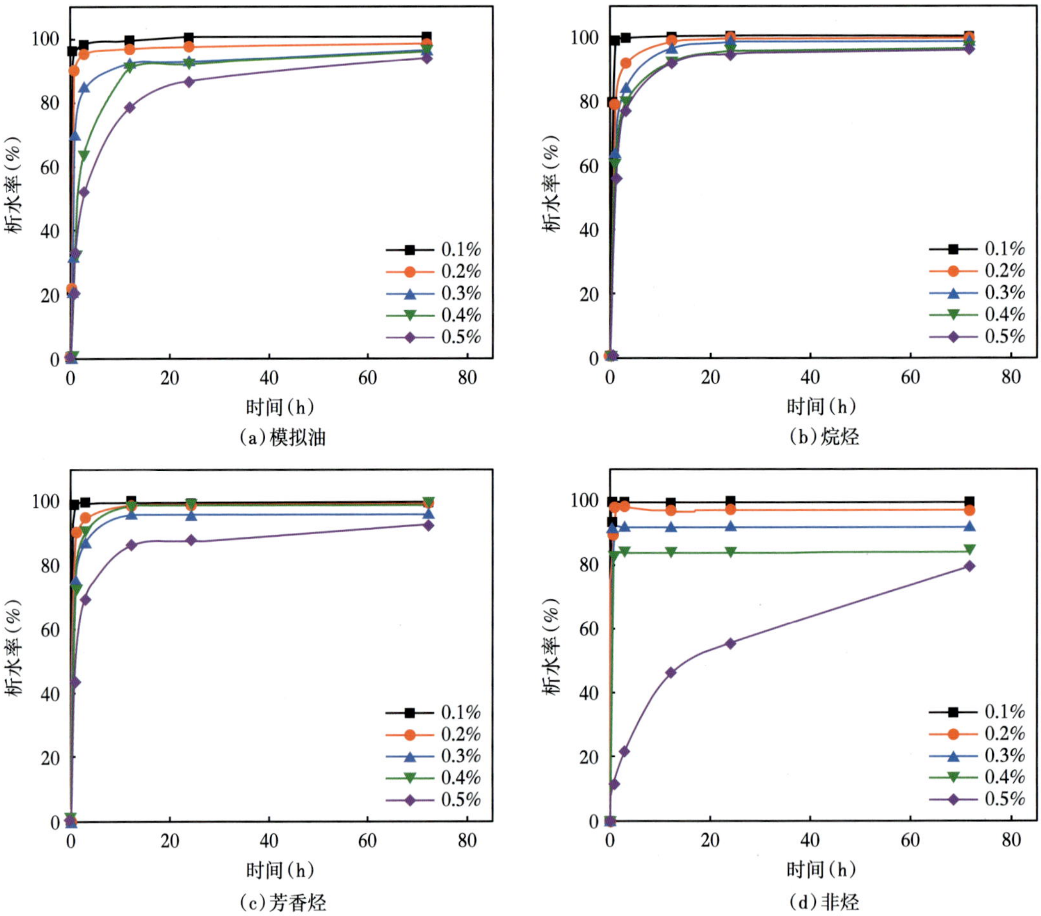

(a)模拟油　(b)烷烃

(c)芳香烃　(d)非烃

图 3-33　不同原油组分与二元体系乳状液析水率变化

烷烃组分中主要以烷烃相、环烷烃相等饱和非极性组分相为主，极性最低；芳香烃组分中主要以长碳链烷烃相、质量分数较小的芳香烃相为主；非烃组分中主要以芳环相、长链羧酸类相、酚类相、酯类相等为主，极性最强。胶质、沥青质分子吸附在油水界面时，由于其强极性，形成的界面结构有序，界面膜强度大，因此乳状液稳定性高。

第二节 乳化影响因素权重分析

层次分析法可以将定性与定量分析相结合，将复杂问题分解为多层次、多因素体系，对不同因素之间的重要性作出判断，建立多因素影响层次判断矩阵，计算特征向量，并进行一致性检测，最后得出不同因素影响权重，各特征值量化标准如表 3-9 所示。

表 3-9 各因素比较量化标准

标度	含义
1	表示两个因素同样重要
3	表示两个因素相比，一个比另一个稍微重要
5	表示两个因素相比，一个比另一个明显重要
7	表示两个因素相比，一个比另一个强烈重要
9	表示两个因素相比，一个比另一个极端重要
2、4、6、8	上述相邻判断的中间值

运用模糊数学层次分析法，针对新疆油田七中区二元乳化条件实验室结果进行各因素对乳化影响权重分析。针对单因素实验，通过乳状液的黏度和稳定性对乳化的贡献度进行判定，通过比较，各因素对乳化影响如表 3-10 所示。

表 3-10 不同乳化因素对乳化影响判断矩阵表

因素	黏土	剪切速率	油水比	表面活性剂浓度	聚合物
黏土	1	0.5	2	3	2
剪切速率	2	1	1	1	2
油水比	0.5	1	1	2	1
表面活性剂浓度	0.33	1	0.5	1	2
聚合物浓度	0.5	0.5	1	0.5	1

建立判断矩阵：

$$
\boldsymbol{P}=\begin{bmatrix} 1 & \frac{1}{2} & 2 & 3 & 2 \\ 2 & 1 & 1 & 1 & 2 \\ \frac{1}{2} & 1 & 1 & 2 & 1 \\ \frac{1}{3} & 1 & \frac{1}{2} & 1 & 2 \\ \frac{1}{2} & \frac{1}{2} & 1 & \frac{1}{2} & 1 \end{bmatrix}
$$

计算特征向量：$\boldsymbol{A}_0$=（1.43，1.32，1，0.8，0.66），对应特征向量归一化得：$\boldsymbol{A}$=（0.27，0.25，0.19，0.15，0.13）

计算判断矩阵最大特征值：

$$
\boldsymbol{P}_{\mathrm{W}}=\begin{bmatrix} 1 & \frac{1}{2} & 2 & 3 & 2 \\ 2 & 1 & 1 & 1 & 2 \\ \frac{1}{2} & 1 & 1 & 2 & 1 \\ \frac{1}{3} & 1 & \frac{1}{2} & 1 & 2 \\ \frac{1}{2} & \frac{1}{2} & 1 & \frac{1}{2} & 1 \end{bmatrix}\begin{pmatrix} 0.27 \\ 0.25 \\ 0.19 \\ 0.15 \\ 0.13 \end{pmatrix}=\begin{pmatrix} 1.50 \\ 1.40 \\ 1.02 \\ 0.85 \\ 0.66 \end{pmatrix}
$$

判断矩阵最大特征值：

$$
\lambda_{\max}=\frac{1}{5}\left(\frac{1.50}{5.21}+\frac{1.40}{5.21}+\frac{1.01}{5.21}+\frac{0.85}{5.21}+\frac{0.66}{5.21}\right)=5.4 \tag{3-6}
$$

对判断矩阵一致性进行检测，

$$
\mathrm{CR}=\mathrm{CI}/\mathrm{RI} \tag{3-7}
$$

式中，CR 为判断矩阵随机一致性比率；CI 为判断矩阵一般一致性指标；RI 为判断矩阵平均随机一致性指标。其中：

$$
\mathrm{CI}=\frac{\lambda_{\max}-n}{n-1} \tag{3-8}
$$

带入数据计算得到 CI=0.1006，对于 1~9 阶矩阵，判断矩阵平均随机一致性一般取以下值（表 3-11）：

表 3-11 矩阵平均随机一致性判断指标

n	1	2	3	4	5	6	7	8	9
RI	0	0	0.58	0.9	1.12	1.24	1.32	1.41	1.45

判断矩阵一致性 CR=CI/RI=0.090 ＜ 0.1，说明权数分配合理，判断矩阵具有满意一致性。因此，$\boldsymbol{A}$=（0.27，0.25，0.19，0.15，0.13）可以作为各个评价要素的相应权数，即乳化过程中黏土、剪切速率、油水比、表面活性剂浓度、聚合物浓度相应的权重分别为 0.27、0.25、0.19、0.15、0.13。因此，在实验室条件下针对新疆七中区二元驱乳化条件认为在乳化过程中，对于乳化贡献：黏土含量＞剪切速率＞油水比＞表面活性剂浓度＞聚合物浓度。

第四章　砾岩油藏化学乳化驱油理论

目前国内各大油田将表面活性剂能否达到超低界面张力作为复合驱技术的重要指标。国内很多学者在室内岩心驱替过程中发现，表面活性剂的乳化作用对提高采收率有很大作用。根据乳状液形成机理和毛细管数理论，乳状液既能提高波及体积又能提高洗油效率，并可降低非牛顿流体界面能。表面活性剂的乳化作用使得原油乳化成粒径小于岩石孔喉直径的水包油型乳状液随驱替介质运移，而大于孔喉直径的乳状液能对孔喉产生封堵作用，改善储层非均质性，起到提高波及体积的作用，但有关驱油体系的乳化强度对提高采收率影响的报道较少。

乳化携油是 KPS 大幅度提高采收率的又一重要机制，当 KPS 溶液进入微通道后迅速发生原位乳化，形成 W/O 乳状液。随着驱替的进行，发生了乳状液的转型，形成 O/W 乳状液。KPS 是个“多”面手，在多孔介质中，水包油型乳液是以滞留占位扩大波及体积为主，在裂缝—基质 / 多孔介质（双重孔隙结构）下是以大液滴的堵塞为主，双连续相乳液是以携带洗油作用来提高采收率（混溶）。这揭示了 KPS 具有“胶束增溶，乳化携油”提高采收率双重机制，奠定了砾岩油藏大幅度提高采收率的技术基础。

本章明确了超低界面张力不是大幅度提高采收率的充分必要条件。砾岩油藏中存在一个合理的毛细管数，而非毛细管数越多采收率越高，当二元复合体系达到临界黏度后，界面张力为 10^{-2} mN/m 数量级的体系形成的乳状液对提高采收率具有重要作用。低界面张力适度且具备乳化的驱油体系提高采收率最高，通过实验证明乳化对采收率极限贡献率为 8 个百分点。

本章建立多因素乳化指数图版，揭示乳化与剩余油匹配关系。自主形成乳化综合指数行业标准，由乳化力和乳化稳定性表征，可有效评价乳化性能。要实现砾岩油藏二元复合驱大幅度提高采收率，必须将驱油体系乳化控制在合理的范围内。剩余油饱和度较低时，需要较高乳化指数；剩余油饱和度较高时，需要较低的乳化指数。本章揭示了乳化的内在影响，建立了基于乳化的流度控制理论方程。原毛细管数理论实际上就是毛细管数与流度的关系，流度主要是聚合物起控制作用。本次研究发现驱油体系在地下运移过程中体系黏度逐步下降时，乳化前缘对驱油体系起到了黏度补偿作用，能够保持驱替黏度的相对稳定性。建立化学驱动态阻力计算模型，量化了乳化前缘主流线与分流线渗流阻力，建立了理论控制方程。

本章创新发展了砾岩油藏复合驱理论，改变了传统理论对流度和界面张力的认识。流度控制、低界面张力和可控乳化的新理论体现了体系广谱性更强、效果更好、油墙聚并能力更强的特点。

第一节　乳化胶束增溶及乳化携油提高采收率机制

一、模型化合物胶束增溶作用

首先选用与 KPS 分子结构相似的十二烷基苯磺酸钠 SDBS 作为模型化合物研究对油的

增溶与乳化作用，图 4-1 为 40℃温度条件下溶液的表面张力随 SDBS 浓度的变化曲线。可以发现，随着 SDBS 浓度不断增加，表面张力不断下降，表明表面活性剂分子在气 / 液界面发生吸附；当吸附达到饱和时，表面张力达到最低，且随着浓度的增加基本不再改变，表明溶液中有胶束形成。对曲线转折点前后进行线性拟合可以得到表面活性剂的临界胶束浓度值（CMC），约为 0.0013mol/L 。其值与文献所给出的 25℃下 SDBS 的 CMC 为 0.0012mol/L 十分接近，可见温度对 CMC 的影响不大，而微弱的上升趋势可以解释为温度升高胶束的稳定性减小，表面活性剂不易进入胶束中，致使 CMC 升高。另外升高温度会破坏憎水基周围的水结构，妨碍胶束形成，也使 CMC 升高。

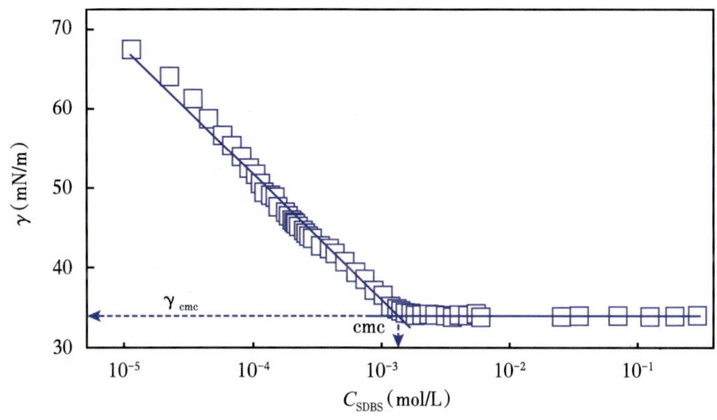

图 4-1 表面张力（γ）随 SDBS 溶液浓度（C_{SDBS}）的变化曲线（蒸馏水配制，T=40℃）

1. 模型胶束形貌的形成区间

为了确定不同浓度的 SDBS 纯水溶液形成的形貌区间，利用电导率仪测试了在 40℃下 SDBS 溶液电导率随浓度的变化。图 4-2 描述了一系列不同浓度的 SDBS 溶液的电导率，从图中可以看出溶液的电导率随浓度的升高而增大，但是在测定的整个浓度范围内电导率增大的比率不同。

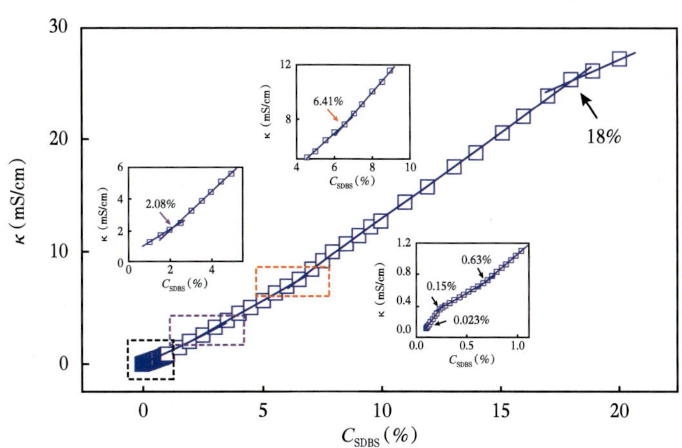

图 4-2 SDBS 溶液电导率（κ）随浓度 (C_{SDBS}) 的变化曲线（纯水体系，T=40℃）

根据曲线斜率的不同，可以将其分为 7 个区域。分别为

区域Ⅰ：$C \leqslant 0.023\%$，溶液的电导率随 SDBS 浓度的增加升高很快，因为此时体系中的 SDBS 是以单体分子的形式存在，能够电离出自由的阴阳离子，电导率增加很快。

区域Ⅱ：$0.023\% < C \leqslant 0.15\%$，溶液电导率增加的速率有所减小，表明此时形成了球形胶束，溶液中的反离子因受到胶束层的束缚而减少，曲线斜率有所下降。

区域Ⅲ：$0.15\% < C \leqslant 0.63\%$，曲线斜率增大，结合下文的电镜图可知该浓度范围内形成的仍为球形胶束，而电导率增加速率上升，可能是因为 SDBS 浓度增大，胶束间的相互作用增强，胶束间的距离减小，为了平衡胶束间的排斥力，胶束层所束缚的阴离子相应减少，溶液中的自由离子增多。

区域Ⅳ：$0.63\% < C \leqslant 2.08\%$，浓度继续增加，球形胶束之间相互靠近，最终形成短棒状胶束。曲线斜率微弱增加表明此时球形胶束向棒状胶束转变，当球形胶束生长成棒状胶束时，降低了可以结合反离子聚集体的比表面积，释放出胶束表面的反离子，电导率增加速率上升。

区域Ⅴ：$2.08\% < C \leqslant 6.41\%$，曲线斜率的增加表明胶束形貌的转变导致溶液中的反离子增加，电导率增加速率继续上升。

区域Ⅵ：$6.41\% < C \leqslant 18\%$，曲线斜率的增加表明棒状胶束向蠕虫状胶束的转变，相对于棒状胶束，蠕虫状胶束可结合反离子的比表面积减少，电导率增加速率继续上升。

区域Ⅶ：$C > 18\%$，此时已经形成液晶相，电离出的自由离子受到束缚，电导率增加缓慢。

2. 模型化合物胶束大小

为了考察 SDBS 浓度对其形成的胶束粒径的影响，利用马尔文激光粒度仪在 40℃下测试 SDBS 在纯水中的胶束尺寸随浓度的变化。图 4-3 描述了 6 个典型浓度下，SDBS 胶束聚集体尺寸的变化。

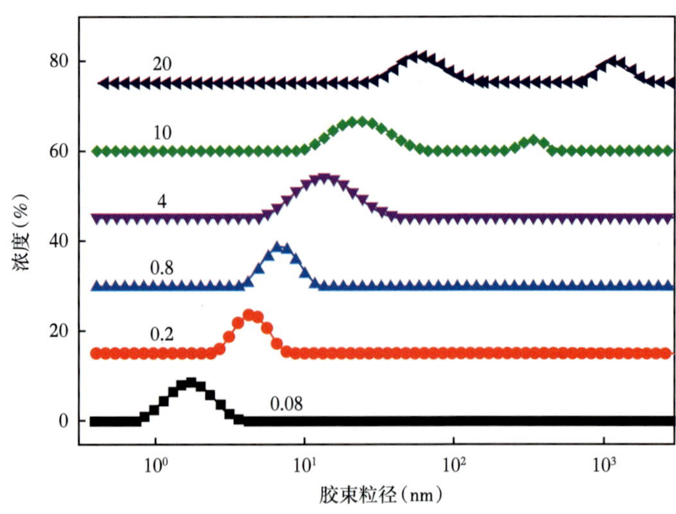

图 4-3　胶束粒径随 SDBS 溶液浓度的变化曲线（动态光散射法测定，T=40℃）

可以看出，随着 SDBS 浓度（*C*）的增加，其粒径有所增加：

当 *C*=0.08% 时，胶束尺寸 *d*=1.7nm；当 *C*=0.2% 时，*d*=4.2nm；当 *C*=0.8% 时，*d*=6.7nm；继续增大 *C*=4%，*d*=13.5nm；当 *C*=10% 时，*d*=23.3nm；当 *C*=20% 时，*d* 增大至 55.7nm。

值得注意的是，在高浓度下（＞ 10%），聚集体尺寸出现了双峰，说明此时体系内形成的并不是单一的胶束，可能有多种形貌的胶束共存；换言之，此时的溶液内，胶束尺寸具有多分散性。

3. 模型化合物胶束的形貌

为了直接观察不同浓度下胶束的形貌，利用冷冻透射电镜（Cryo-TEM）观察了 40℃ 下胶束的形貌。根据所确定的胶束形貌区间分别选取一个浓度点进行测试（图 4-4），可以看出：当 *C*=0.08% 以及 *C*=0.2% 时，电镜视野中未发现胶束，此时形成的均为球形胶束，由于形成的球形胶束直径在 4nm 左右，透射电镜无法观测到尺寸这么小的胶束。

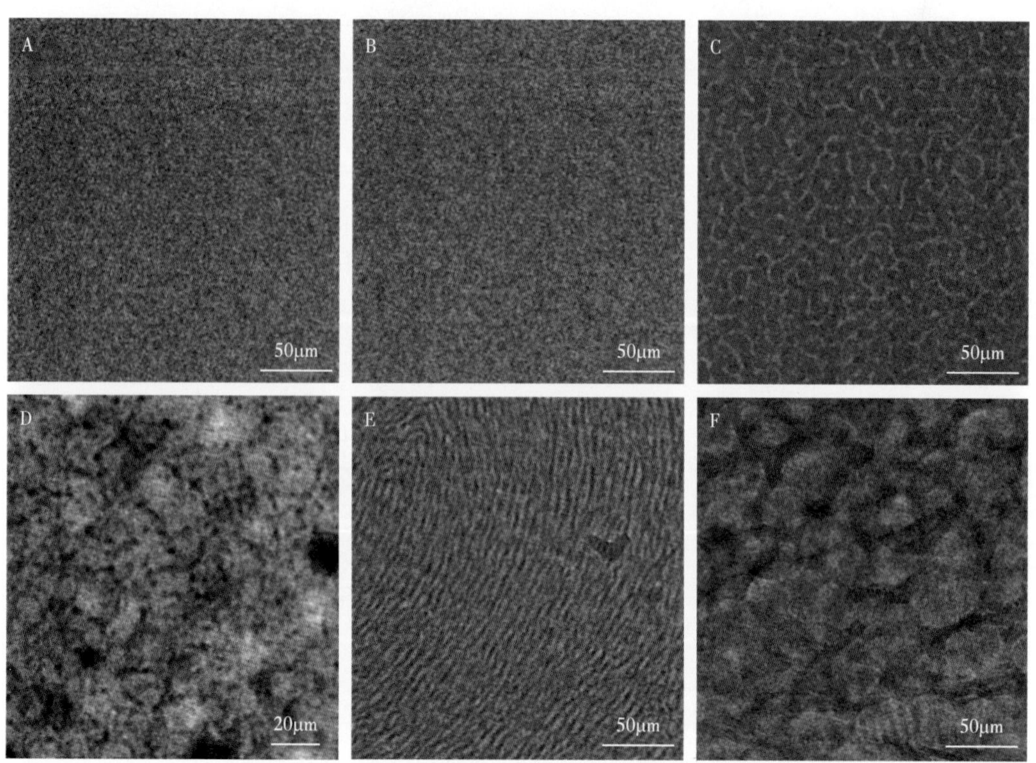

图 4-4 利用 Cryo-TEM 观察不同浓度下的 SDBS 胶束的形貌（*T*=40℃）

A.0.08%；B.0.2%；C.0.8%；D.4%；E.10%；F.20%

当 *C*=0.8% 时，形成短棒状胶束；*C*=4% 时，开始有少量的蠕虫状胶束形成；*C*=10% 时，形成了有序的蠕虫状胶束；*C*=20% 时形成了液晶相。结合偏光显微镜结果（图 4-5）可以看出在 *C* ＞ 18% 时体系已经转变为液晶相。

综上可知，表面活性剂的浓度会引起胶束形貌的转变。

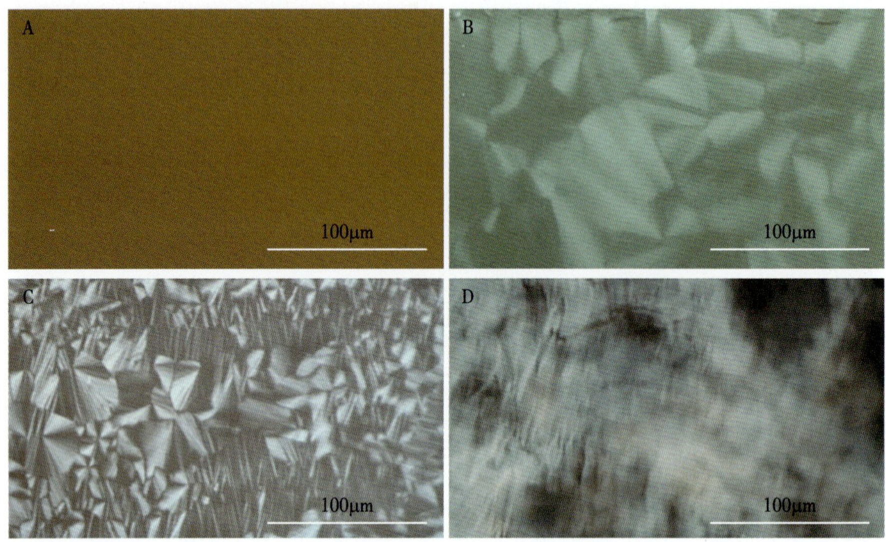

图 4-5　不同浓度下的 SDBS 溶液的偏光显微镜图（T=40℃）

A.18%；B.20%；C.25%；D.30%

4. 模型化合物 SDBS 胶束的精细结构

为了更进一步测定胶束的微结构，利用小角中子散射仪在 40℃下分别测试了不同浓度、不同含油量的 SDBS 溶液，图 4-6 为所测试的 SDBS 溶液的小角中子散射曲线。可以看出随着溶液浓度的增加，曲线在低 q 值（通常是＜ 0.10Å^{-1}）的斜率逐渐增大且出现了峰。

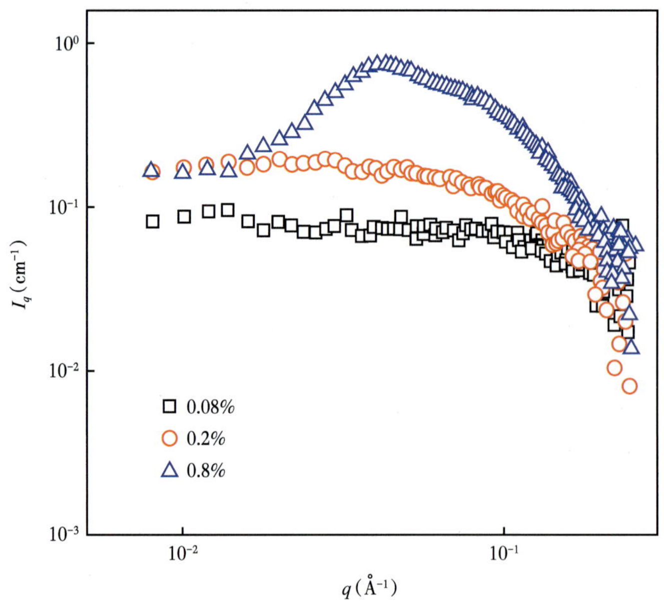

图 4-6　不同浓度下的 SDBS 溶液的小角中子散射曲线（T=40°C）

在低 q 值范围内，曲线符合 $I_{(q)} \sim q^{-D}$（D 称为分形维数），即曲线在低 q 值范围内的斜率，球形胶束在该区域内 D=0，而棒状胶束的 D=−1，盘状胶束的 D=−2。可以看出 C=0.08% 和 C=0.2% 时均形成的是球形胶束，而 C=0.8% 时形成短棒状胶束。而对于浓度增大曲线出现峰这是因为溶液浓度增大，形成的胶束增多，胶束间的距离减小，相互作用增强。

5. 模型化合物 SDBS 胶束的聚集数

图 4-7 为 40°C 下纯水体系中芘在不同浓度的 SDBS 溶液中的荧光强度衰减曲线。对曲线的长时间标度区进行线性拟合，可得到 SDBS 胶束的聚集数（表 4-1）。

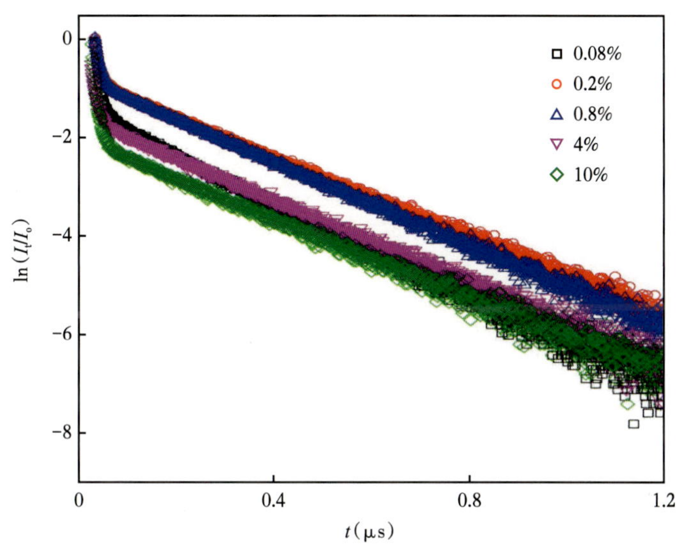

图 4-7 芘在不同浓度的 SDBS 溶液中的荧光强度衰减曲线（纯水体系，Py=1×10^{-4}mol/L，T=40℃）

表 4-1 SDBS 在不同浓度下的胶束聚集数

C_{SDBS}（%）	n（截距）	N（聚集数）
0.08	1.448	15
0.2	0.830	37
0.8	0.816	177
4	1.556	1768
10	2.039	5825

从表 4-1 可以看出，随着 SDBS 溶液浓度的增加，胶束聚集数也相应增大：当 SDBS 浓度 C=0.08% 时，胶束聚集数为 15；SDBS 浓度 C=0.2% 时，胶束聚集数为 37；当 C=0.8% 时，聚集数陡然增大到 177；而当 C 增加到 4% 时，聚集数更是增大到 1768；当 SDBS 浓度 C=10% 时，胶束聚集数为 5825。这是因为表面活性剂浓度较低时，形成的均为球形胶束，胶束聚集数变化并不大；而继续增加表面活性剂的浓度，原来较规整的球形胶束不能再融入表面活性剂单体，因此更多的表面活性剂通过缠绕、扭曲在原来的球形胶束

上聚集，形成不规整的棒状、层状结构，导致胶束聚集数测定结果较高。

6. 模型化合物胶束增溶实验表征

图 4-8 为 10g 0.2%SDBS 溶液增溶不同量白油其粒径变化图，从图中可以看出，0.2%SDBS 胶束直径约为 3.5nm，当加入 5mg 白油时，其直径增加至 30nm，继续增溶白油至 15mg，其直径高达 250nm。从宏观上看，当增溶 5mg 时溶液保持澄清透明，当白油量为 15mg 时，溶液已变得浑浊，可能形成了乳液。

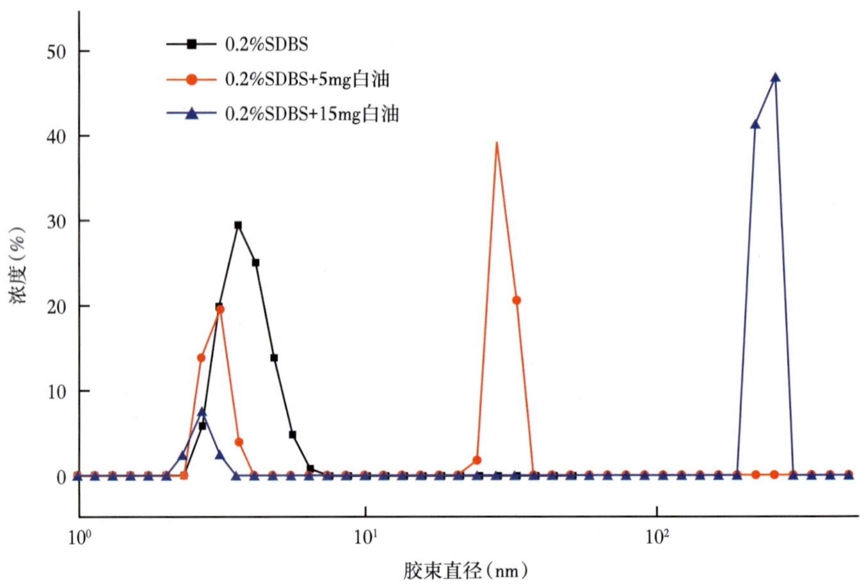

图 4-8 10g 0.2%SDBS 溶液增溶不同量白油的粒径图（纯水体系，T=40℃）

二、胶束对白油的增溶量测定

图 4-9 为在 SDBS 溶液中逐渐加入白油后溶液的照片，从图中可以看出，随着加入的白油量增加，溶液从澄清逐渐变得浑浊，当白油量＞ 4mg 时，溶液肉眼可见的开始变得浑浊，说明此时表面活性剂溶液已经超过了增溶极限。为了准确的测定 SDBS 溶液的增溶极限，采用紫外可见分光光度法测定这一系列溶液的透光率。

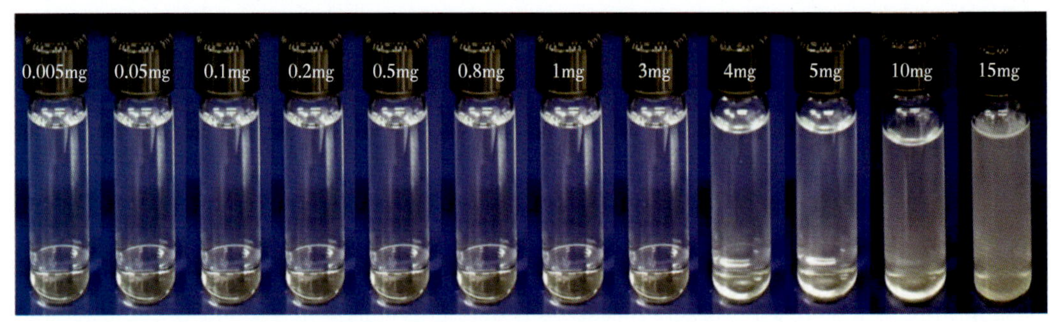

图 4-9 SDBS 溶液加入不同量白油的照片（纯水体系，T=40°C）

为了确定白油在 SDBS 胶束中的增溶量，利用紫外—可见分光光度计在 40°C 测试了 5g 0.2%SDBS 溶液加入不同量白油后的透光率，即溶液透光率随白油加入量的变化曲线（图 4-10），可以看出溶液的透光率随着白油量的增加而逐渐减小。从实验现象来看，当加入少量白油时溶液比较澄清，继续增加白油的量，当白油含量超过表面活性剂的增溶极限时，溶液开始变得浑浊，呈乳白色。从曲线上看，当白油含量小于 4.6 mg 时，溶液透光率基本保持不变；当超过 4.6mg 时，溶液透光率迅速下降，根据其转折点可以得出 5g 0.2%SDBS 胶束对白油的最大增溶量为 4.6mg，由此可以计算 1m^3 0.2% 表面活性剂溶液可以增溶 0.92kg 白油。

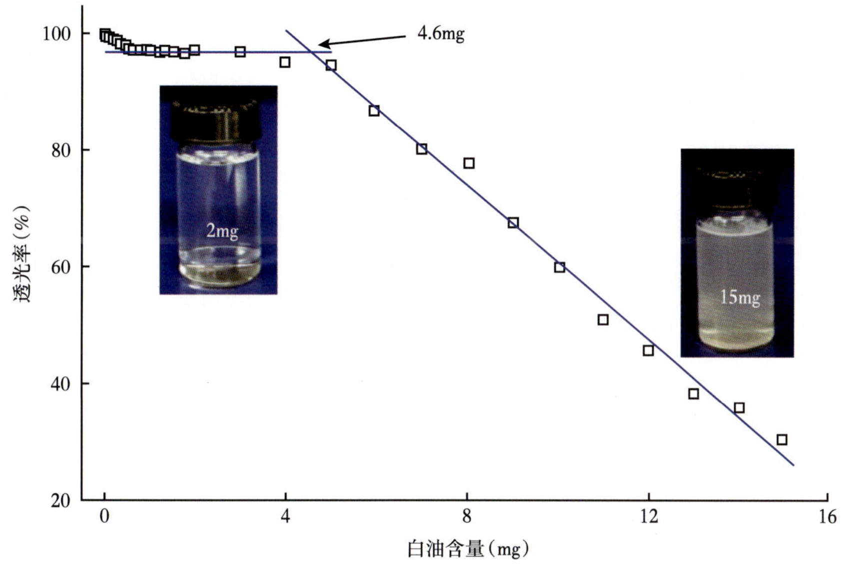

图 4-10 0.2%SDBS 溶液透光率随白油含量的变化曲线（纯水体系，T=40℃）

三、增溶物在胶束中增溶位置的测定

1. 白油在胶束增溶位置研究

为了确定白油在 SDBS 胶束中的增溶位点，采用核磁氢谱来分析增溶物对表面活性剂烃链中氢原子的化学位移的影响，从而反映出其增溶位置（图 4-11），可以看出 5g 0.2%SDBS 溶液加入不同量的白油后其氢原子的化学位移并没有发生明显变化。白油并不是单一小分子，其组分复杂，主要由饱和烷烃组成，白油本身存在的—CH_2 与表面活性剂的—CH_2 重叠在一起，难以分析其对表面活性剂烃链中氢原子化学位移的影响。为此，进一步选择了白油中含有的组分芳烃类（苯酚）和烷烃类（己烯）作为增溶物，利用核磁共振分析仪 NMR 研究其增溶位置。

为了确定增溶物在 SDBS 胶束中的增溶位置，利用 NMR 分别测定了含不同量的苯酚或己烯的 1% SDBS 的 ^{1}H NMR 谱图（溶剂为 D_2O）（图 4-12）。设不含增溶物的 SDBS 各基团质子的化学位移为 δ_0，含有不同量苯酚或己烯的 SDBS 各基团质子的化学位移为 δ，则化学位移的变化量 $\Delta\delta=\delta_0-\delta$。图 4-13 分别为苯酚（a）和己烯（b）浓度对 $\Delta\delta$ 的影响。

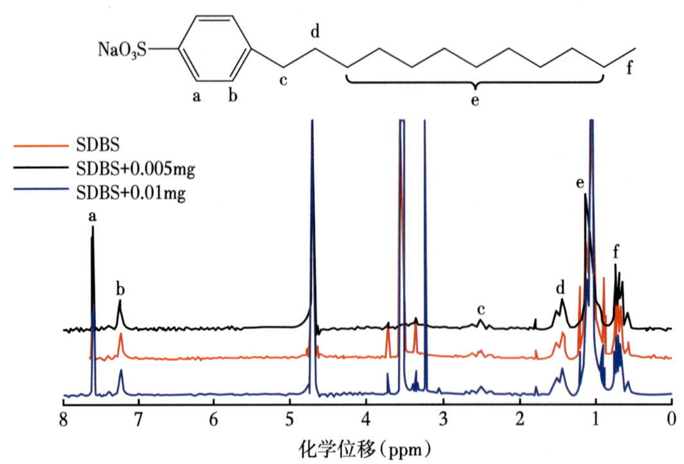

图 4-11　0.5g 0.2%SDBS 溶液增溶不同量白油后的核磁谱图

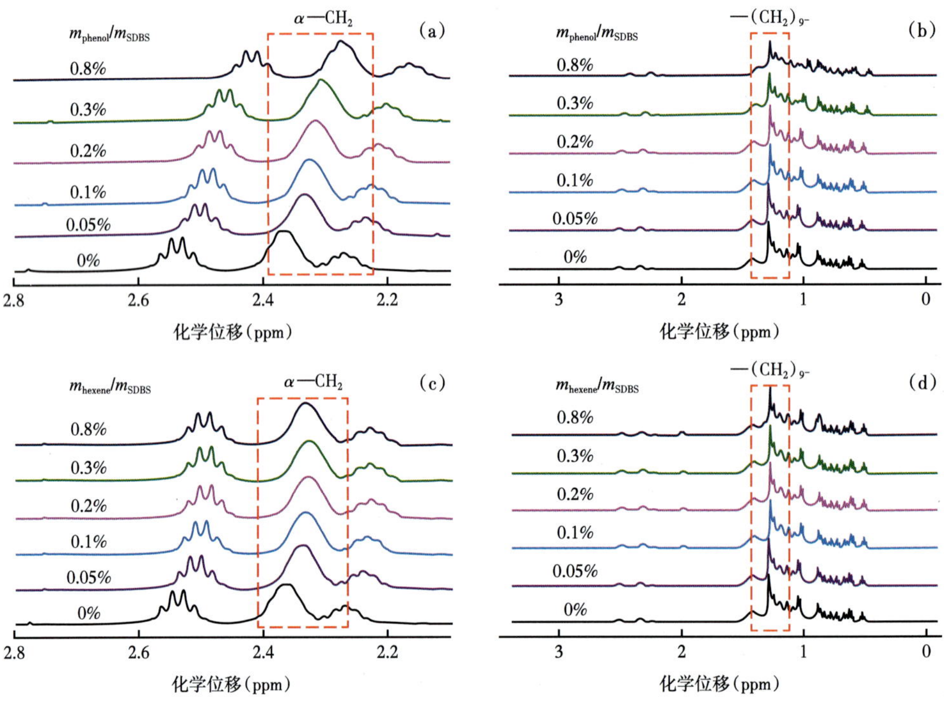

图 4-12　(a)苯酚 1%SDBS 体系的 ^{1}H NMR 谱 α—CH_2;(b)苯酚 1%SDBS 体系的 ^{1}H NMR 谱—(CH_2)$_{9}$-;(c)己烯 1%SDBS 体系的 ^{1}H NMR 谱 α—CH_2;(d)己烯 1%SDBS 体系的 ^{1}H NMR 谱—(CH_2)$_{9}$-

从图 4-13(a)可以看出苯酚在 SDBS 胶束中的增溶使得 SDBS 各基团质子的化学位移均下降，这是由于 SDBS 各基团的质子受到靠近它的苯酚分子中的苯环的抗磁屏蔽作用(苑光宇等，2018)，导致各基团的 δ 随增溶物浓度增加，向高场移动。其中 α—CH_2 的化学位移下降幅度最大，—(CH_2)$_{9}$- 的化学位移基本没有变化，为此可以推断苯酚主要增溶在胶束的栅栏层并靠近亲水头基部分(王德民，2019)。从图 4-13(b)可以得到己烯增溶在

SDBS 胶束中对 SDBS 各基团质子的化学位移基本没有产生影响，这表明己烯进入胶束内核，处于内核的增溶物对各基团质子的影响十分微弱，Δδ 基本没有变化。虽然难以分析白油在 SDBS 胶束中的增溶位置，但是通过对白油组分己烯和苯酚在 SDBS 胶束中的增溶位置的研究，可以推断白油这种非极性物质增溶在胶束内核。

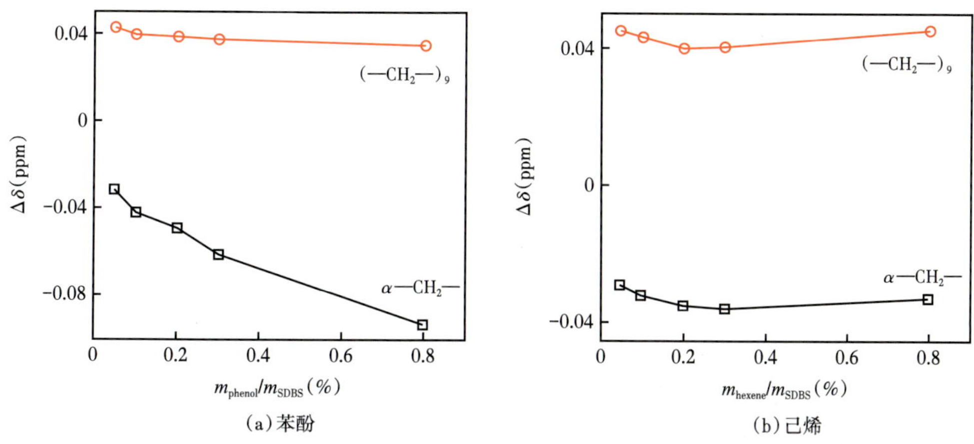

图 4-13　增溶的苯酚、己烯对 SDBS 各基团质子的 Δδ 的影响

2. 原位自乳化研究

表面活性剂的乳化驱油机理一直广受争议，由于多孔介质的“不可视”性，水油两相在多孔介质中的乳化过程尚不明确，微流控技术的发展为探究这一过程提供了新的思路。利用微流控技术，以透明的玻璃芯片模拟多孔介质，对表面活性剂的乳化驱油过程进行了可视化研究，利用搭建的微流控装置，进行了初步的注入实验。首先将微流控芯片固定在显微镜下的恒温热台上，设置热台温度为 40℃，然后以注射泵向微通道中注入白油用以模拟受困油，待通道中全部注满白油后，以另一注射泵向微通道中注入荧光标记的水相，油水两相接触后分别在白光和 470 nm 激发光下观察，拍照（图 4-14）。

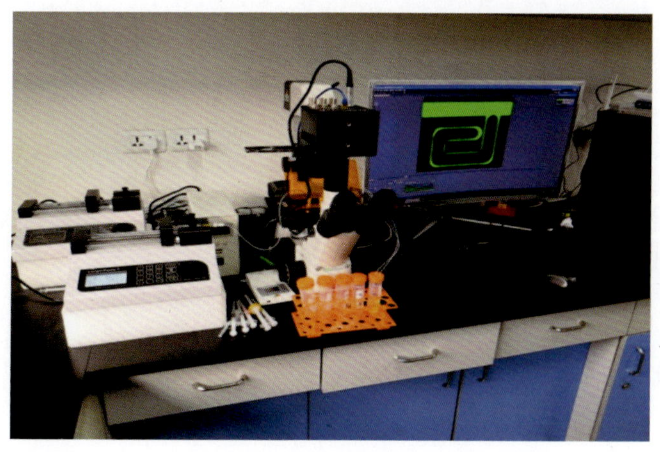

图 4-14　微流控装置整体图

为了考察不同表面活性剂浓度对乳化效果的影响，采用 SDBS 浓度分别为 0.2% 和 4% 的表面活性剂水溶液并以荧光素进行染色（荧光素浓度为 1×10^{-4} mol/L），分别进行了注入实验。

如图 4-15 所示，在注入流速均为 0.1 μL/min 且其他条件均相同的情况下，表面活性剂浓度较高组在 3 h 时已发生明显的乳化现象，而表面活性剂浓度较低组则未见明显乳化。因此，为了更快的观察到乳化现象，从而利于成像分析，在后续实验中均采用高表面活性剂浓度（即 SDBS 浓度为 4%）溶液进行注入实验。

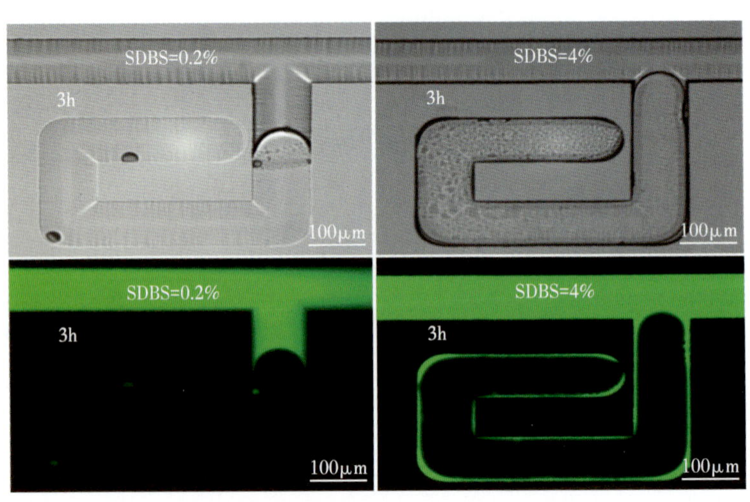

图 4-15　不同表面活性剂浓度下的乳化效果图

通过对不同时刻的微通道进行拍照，对乳化现象的产生及演化情况进行了考察（图 4-16），当表面活性剂溶液以 0.1 μL/min 的流速进入微通道后，乳化现象迅速发生，3min 时已能观察到明显的乳化层，20 min 时已能观察到明显的油包水液珠，乳化范围随时间推移不断扩大，3h 时已扩展至封闭通道末端，而油包水液珠也在这一过程中逐渐变大，以至于连接成块。

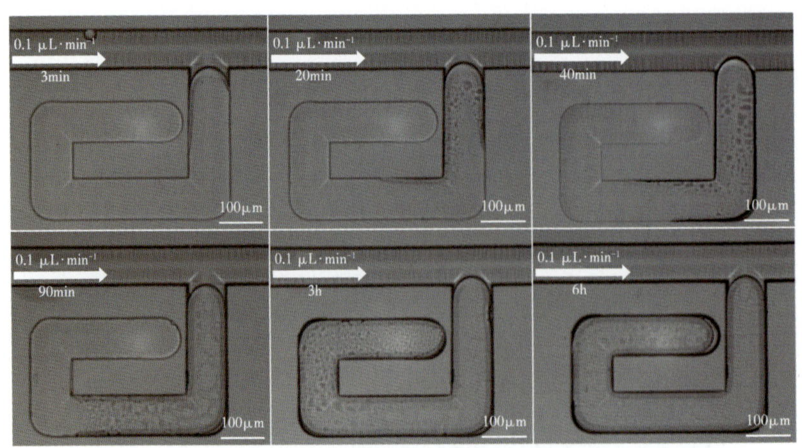

图 4-16　乳化效果演化图（明场）

通过荧光素对水相进行标记，可明显的区分油水两相（图 4-17），在激发波长为 470nm 的荧光条件下可明显的观察到水相的绿色荧光，水相进入封闭通道后，是沿通道壁向末端扩散的，并且在油相中能观察到荧光标记的油包水液珠（块），且在不同时刻，油包水液珠的形状和大小均不相同。

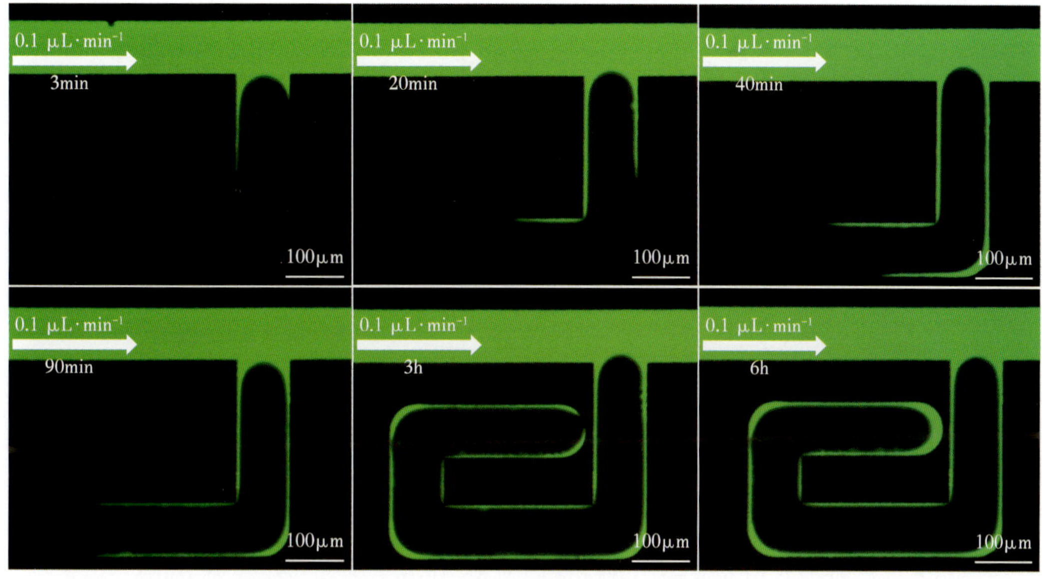

图 4-17 乳化效果演化图（绿场）

以 40min 时拍摄的图像为例（图 4-18），可观察到通道壁上有明显的荧光，说明表面活性剂溶液是沿通道壁向末端扩散的，油相中分布着尺寸不一的油包水液珠（块），初期形成的液珠尺寸较大，如图 4-18 中白色虚线圈所示，这是由于油包水液珠逐渐发展并连接成块导致的，而后期形成的液珠尺寸较小，如图 4-18 中红色虚线圈所示，这是由于刚形成的油包水液珠没有经历足够的时间使其发展变大。

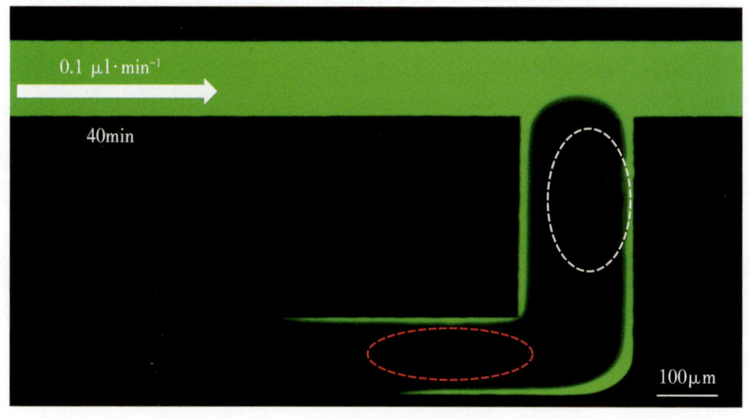

图 4-18 40 min 时的乳化效果图（绿场）

在水相注入一定时间后，通过对封闭通道内水相和油相所占体积进行测量并计算，可对表面活性剂溶液的驱油情况进行量化（图 4-19），在注入表面活性剂溶液 12h 后，约有 14% 的受困油被驱出（封闭通道末端显示绿色荧光区域即为被驱出的受困油所占体积）。

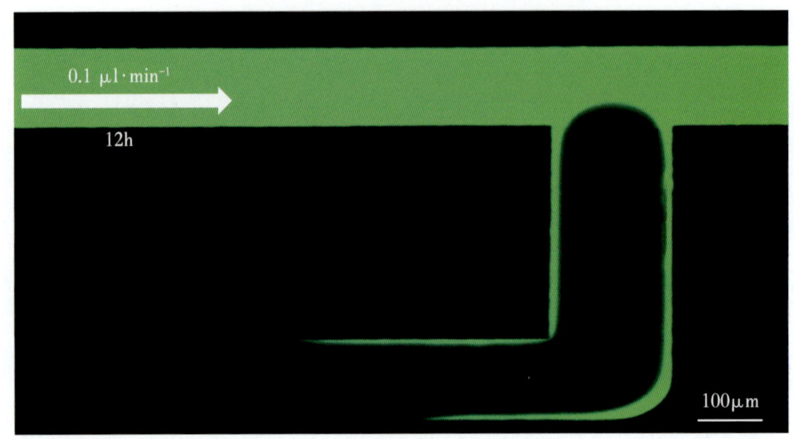

图 4-19　12 h 时的驱油效果图（绿场）

为了对乳化情况进行进一步量化，收集流出液于显微镜下进行观察（图 4-20），镜下可观察到大小不一的球形水包油液珠，液珠直径为 5~30μm，平均直径约为 10μm。

图 4-20　流出液显微成像图

同时以 TX500C 界面张力仪测定了不同浓度的 SDBS 溶液与白油在 40℃ 时的界面张力（图 4-21），油水两相间的界面张力值随表面活性剂浓度升高而逐渐降低，但整体仍维持在较高的水平（SDBS 浓度为 4% 时，IFT 仍高达 0.5），该实验表明，即使油水两相的界面张力处于较高水平，仍能发生明显的乳化现象。

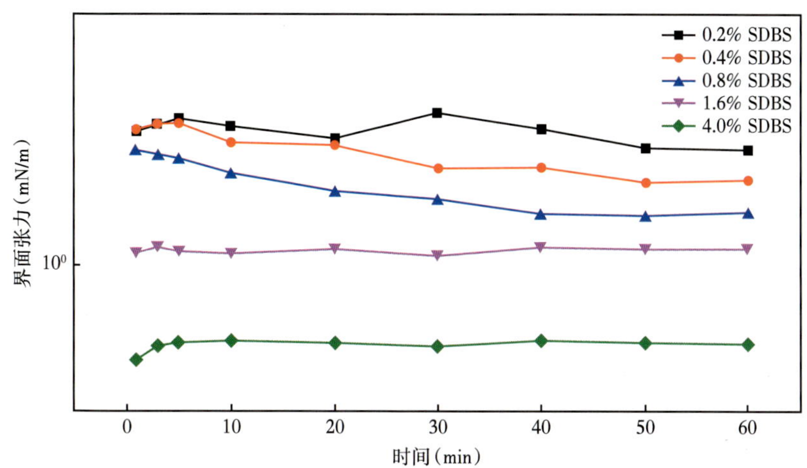

图 4-21　不同浓度 SDBS 溶液与白油的界面张力

四、增溶与乳化作用

将环烷基石油磺酸盐进行了精细组分分离，分为 KPS 单磺、KPS 双磺和 KPS 总磺。

为了考察表面活性剂浓度对其形成的胶束粒径的影响，利用马尔文激光粒度仪在 40 ℃下测试表面活性剂在盐水中的胶束尺寸随浓度的变化。图 4-22 是 KPS 胶束大小随其浓度变化的示意图，也显示随着浓度的增加，其大小也随之增加。表 4-2 为 KPS 系列表面活性剂胶束大小。

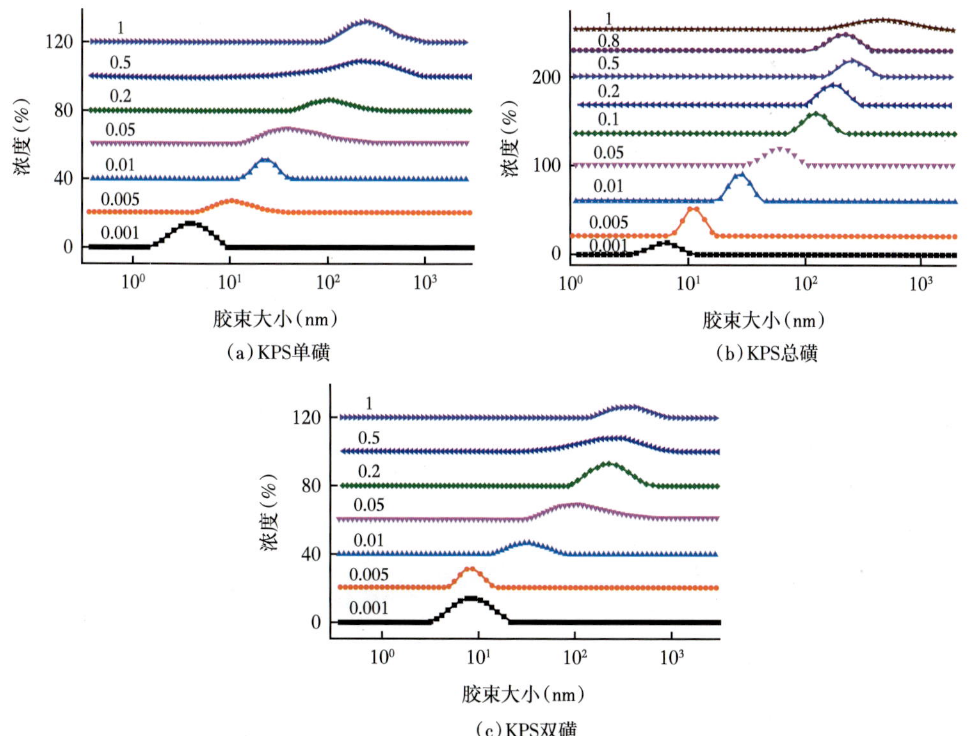

图 4-22　KPS 系列表面活性剂胶束大小与其浓度关系示意图（T=40℃，14000mg/L NaCl）

表 4-2　KPS 系列表面活性剂胶束大小

表面活性剂粒径	不同浓度下的粒径 d(nm)									
	0.0004	0.0006	0.001	0.005	0.01	0.05	0.08	0.2	0.5	1
KPS 单磺	—	—	4.04	10.94	22.28	40.38	76.56	109.67	239.17	282.27
KPS 双磺	—	—	6.42	10.78	27.33	59.33	118	167	256	460
KPS 总磺	—	—	8.24	8.65	31.04	93.83	135.45	218	251.11	351.48

为了考察KPS和HABS胶束的聚集数，采用动态荧光仪测试两类表面活性剂的聚集数，由于当表面活性剂浓度为0.2%时溶液已变浑浊，为了保证测试结果的准确性，分别选择0.001%、0.01%、0.1%、0.2%的表面活性剂进行测试（图 4-23）。

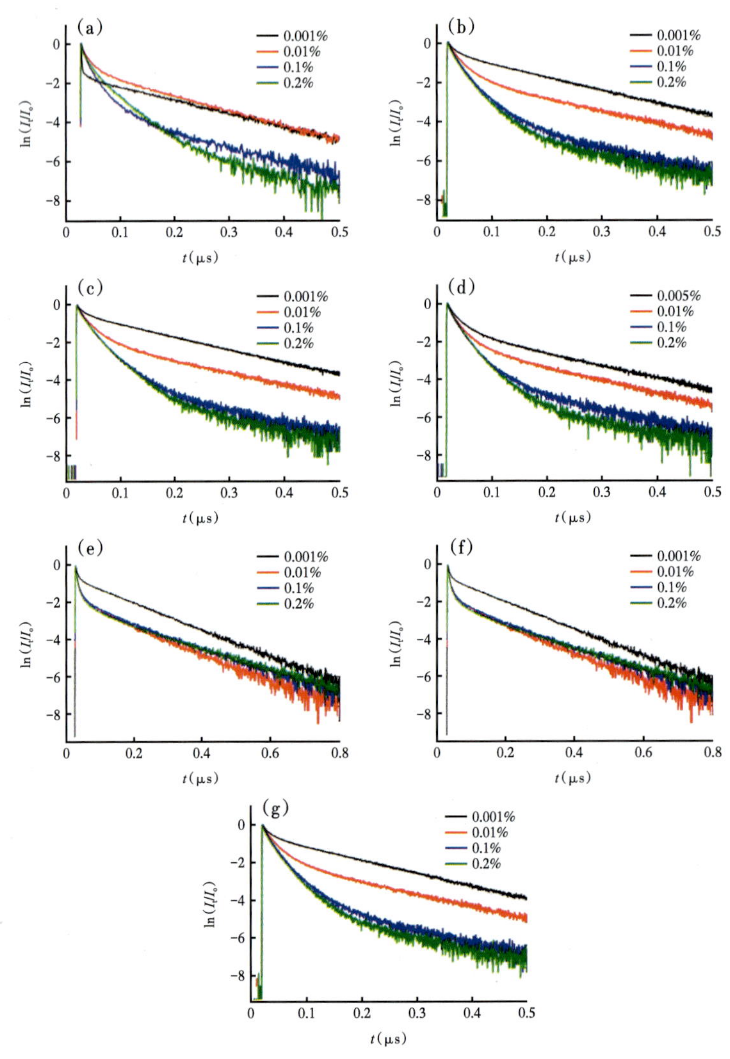

（a）HABS-14；（b）HABS-16；（c）HABS-18；（d）HABS-20；（e）KPS 单磺；（f）KPS 双磺；（g）KPS 总磺

图 4-23　芘在不同浓度的 KPS 溶液中的荧光强度衰减曲线（T=40℃，14000mg/L NaCl）

图 4-24 为 40 °C 下盐水体系中芘在不同浓度的 KPS 溶液中的荧光强度衰减曲线，对曲线的长时间标度区进行线性拟合，可得到 HABS 和 KPS 胶束的聚集数（表 4-3）。

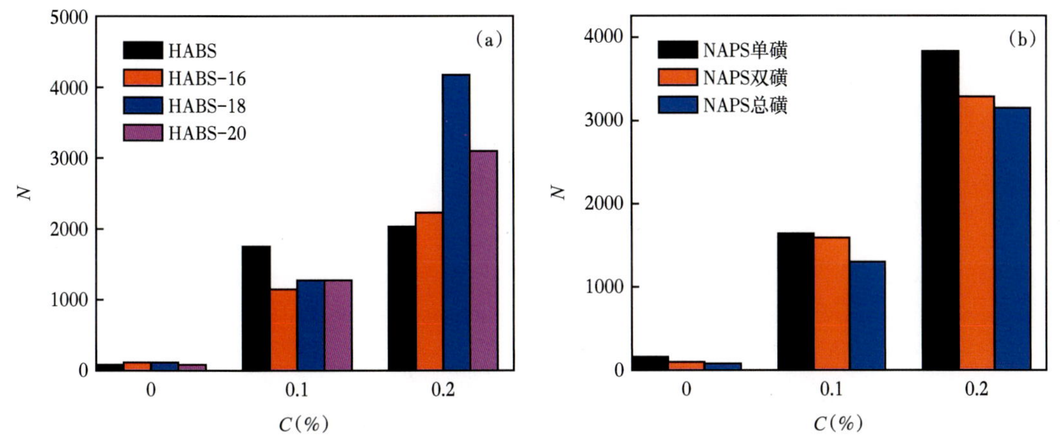

图 4-24 聚集数与表面活性剂浓度的关系示意图（T=40°C，14000mg/L NaCl）

表 4-3 不同浓度 HABS 和 KPS 胶束的聚集数

表面活性剂种类	C（%）	n（截距）	N（聚集数）
KPS 单磺	0.001	0.56	24
	0.01	1.61	170
	0.1	1.66	1650
	0.2	1.92	3829
KPS 双磺	0.001	0.63	36
	0.01	1.23	118
	0.1	1.6	1593
	0.2	1.64	3273
KPS 总磺	0.001	0.55	41
	0.01	1.03	101
	0.1	1.36	1312
	0.2	1.57	3136

从表 4-3 可以看出，随着 KPS 溶液浓度的增加，胶束聚集数也相应增大。这可能因为表面活性剂浓度较低时，形成的均为球形胶束，胶束聚集数变化不大；而继续增加表面活性剂的浓度，原来较规整的球形胶束不能再融入表面活性剂单体，因此更多的表面活性剂通过缠绕、扭曲在原来的球形胶束上聚集，形成不规整的棒状、层状结构，导致胶束聚集数测定结果较高。此外，两类表面活性剂在盐水中的溶解性均不好，溶液没有完全溶解可

能会使测试结果存在误差。

类似的，利用搭建的微流控装置，进行了KPS溶液与正构烷烃（C_{12}）的乳化实验（图4-25）。首先将微流控芯片固定在显微镜下的恒温热台上，设置热台温度为40℃，然后以注射泵向微通道中注入C_{12}用以模拟受困油，待通道中全部注满C_{12}后，以另一注射泵向微通道中注入荧光标记的KPS溶液（0.2%），油水两相接触后分别在白光和470 nm激发光下观察，拍照。

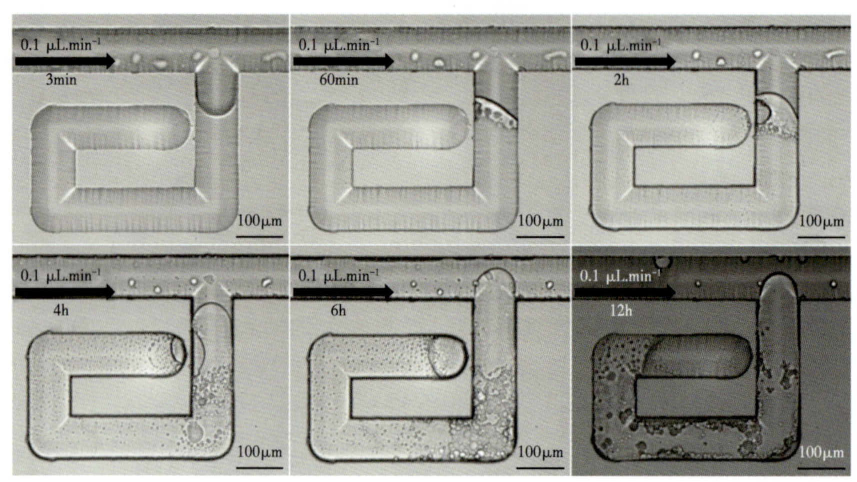

图4-25　乳化效果演化图（明场）

当KPS溶液进入微通道后迅速发生乳化（图4-26），60min时已能观察到明显油包水液珠，乳化范围随时间推移不断扩大，2h时已扩展至封闭通道末端，而油包水液珠也在这一过程中逐渐变大，以至于连结成块。以荧光素对水相进行标记，在荧光条件下可明显观察到油相中荧光标记的油包水液珠（块）。

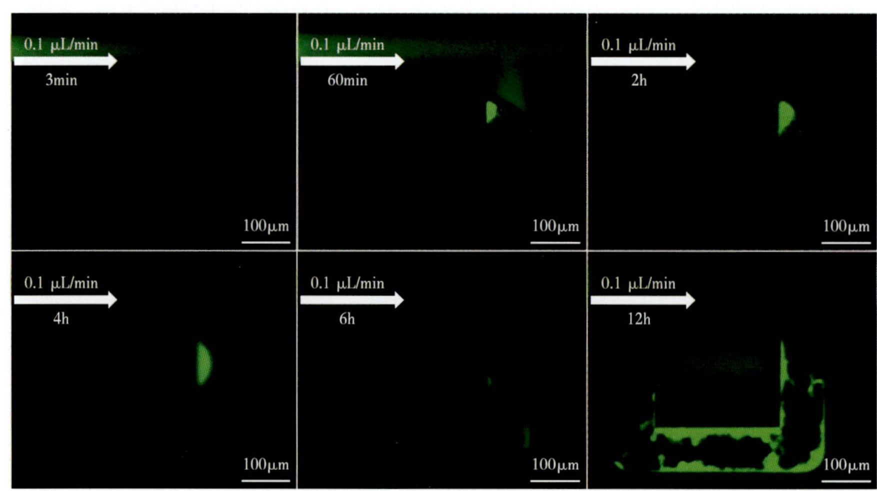

图4-26　乳化效果演化图（绿场）

在注入 KPS 溶液一定时间后，通过对封闭通道内水相和油相所占体积进行测量并计算，可对表面活性剂溶液的驱油情况进行量化（图 4-27），在注入 KPS 溶液 12 h 后，封闭通道内约有 30% 的受困油被驱出（封闭通道末端显示绿色荧光区域即为被驱出的受困油所占体积）。

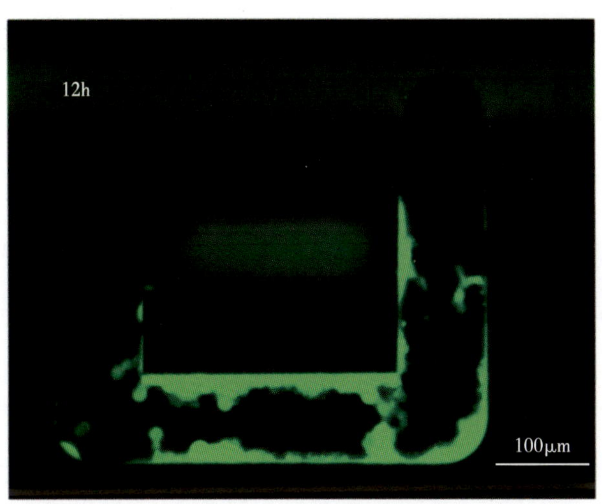

图 4-27　12 h 时的驱油效果图（绿场）

以 TX500C 界面张力仪测定了 0.2% 的 KPS 溶液与 C_{12} 在 40℃的界面张力（图 4-28），测试到 120min 时，界面张力值稳定在 0.55mN/m 左右，该实验表明，即使油水两相的界面张力处于较高水平，仍能发生明显的乳化现象。

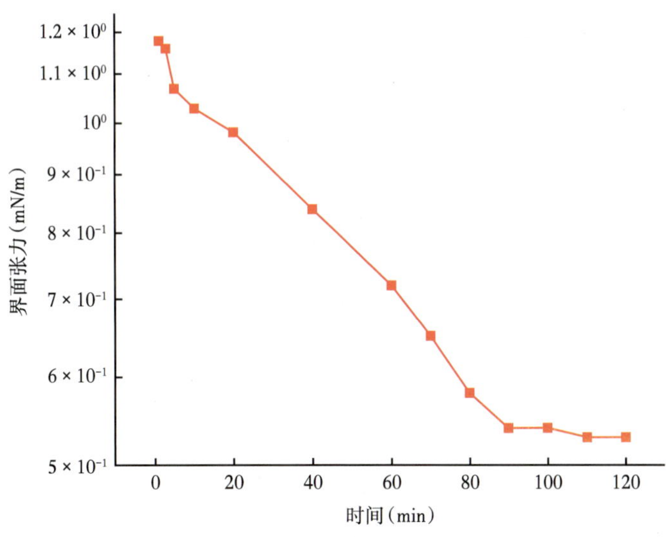

图 4-28　KPS 溶液（0.2%）与 C_{12} 的界面张力

此外为了验证在二元体系中表面活性剂注入岩心后，先增溶原油成为溶胀胶束，随着增溶原油数量的逐步增大，溶胀胶束变为微乳液，最后微乳液液滴聚并，变成乳状液这一过程，收集了岩心驱替过程中不同时段的采出液，并通过动态光散射测定不同时段采出液的粒径（图 4-29）。

图 4-29　不同时段的采出液照片

从出第一滴油开始在出口接样，1-7 号样品依次是每 10min 的样品

从图 4-30 可以看出驱油刚开始收集的采出液比较浑浊，从图中看 1—5 号采出液都存在多个峰，分布不均一，且粒径高达几百纳米，推断 1—5 号采出液应该是油水混合形成

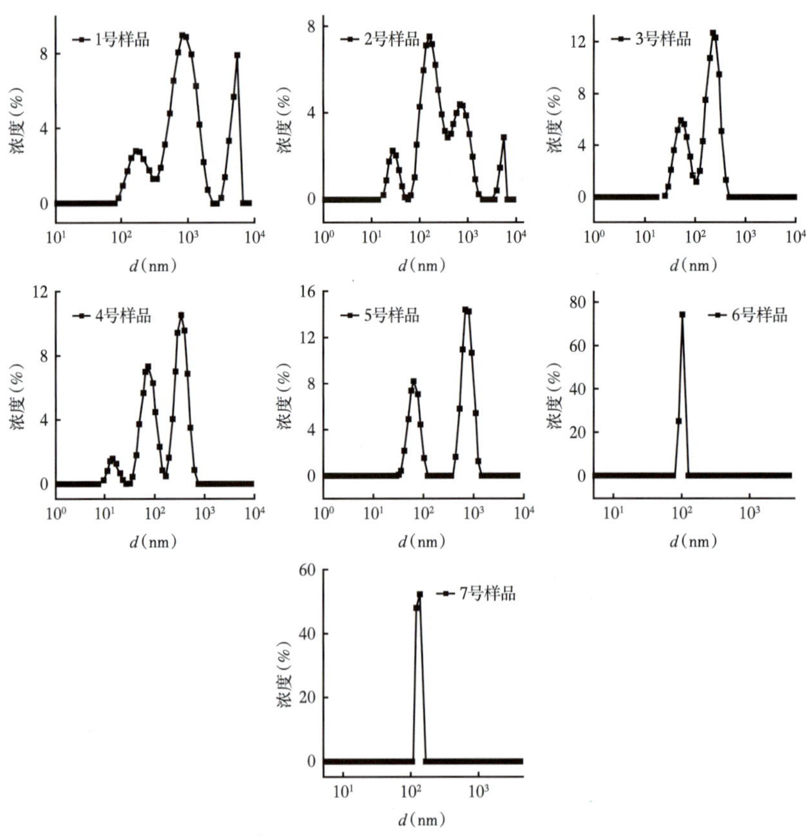

图 4-30　1-7 号采出液的粒径图

的乳状液。而 6 号和 7 号采出液为驱油快结束时收集的，此时油基本已经驱出完毕，所以溶液比较澄清，粒径图中也只存在单峰，但溶液中应该含有少量油滴及杂质，所以粒径在 100nm 左右。

第二节　乳化与剩余油匹配规律

一、乳状液性能评价

二元复合驱过程中乳化油滴的产生方式大致可分为两种：一种是原先静止不动的残余油被拉断形成小油滴；另一种是运动过程中的一个油滴分散成两个较小的油滴。室内二元复合驱驱油实验表明，在注水驱油过程中，几乎没有油滴产生，原油在二元复合驱过程中的乳化（特别是初期阶段）以残余油分散成可移动的小油滴为主要形式，乳化油滴产生越多，驱油效果越好。这是由于在二元复合驱时，油水间界面张力的降低和驱替体系黏度的增大，水驱残余油被拉断、分散，形成油滴随驱替液进入流通孔道，油滴的不断产生促进了残余油启动，提高了二元复合驱驱油效率；另外由于油水两相在孔隙中的流动阻力大大高于二元复合体系的单相流动，加之油滴运动过程中产生的贾敏效应增加孔道中的渗流阻力，从而改善整个孔隙空间的流场分布，降低高渗透孔道内流体的流动速度，二元体系将进入到被油所占据的空间，驱替出那里的残余油，即油滴的大量产生将有利于调节驱油过程中的产液剖面、有效地扩大波及体积。

二元复合体系与原油的乳化作用包括乳化的难易程度、所形成乳状液的类型以及稳定性。二元复合体系与原油的接触方式、复合体系组分及含量等因素均会影响复合体系与原油的乳化作用。为了查找二元复合体系影响乳化的相关因素，在室内配制不同二元体系样品，分别进行不同聚合物浓度配制的二元体系乳化性、不同分子量配制的二元体系乳化性、不同表面活性剂类型配制的二元体系乳化性、不同表面活性剂浓度配制的二元体系乳化性以及不同水油比二元体系乳化性实验研究。重点开展了二元体系乳化强度评价、乳状液稳定性研究、乳状液粒径分布以及乳状液微观形态研究。从研究结果看，不同聚合物分子量和浓度、不同表面活性剂浓度以及不同水油比配制的二元体系对体系乳化增溶形成的类型、程度以及稳定性都有着不同程度的影响。

1. 实验方法

1）实验设备

采用自主研发乳化仪，在油藏条件下研究影响乳化因素：油水比、聚合物浓度、界面张力等，克服了传统高速剪切乳化无法模拟地层条件的弊端。

该仪器中间部位为多孔介质，并配套恒温循环水浴，可在地层温度压力（40℃）下，模拟储层的渗透率、孔隙度，并且乳化速度可通过速度档调节，模拟地层中不同位置的乳化速度。这样可模拟地层中的真实剪切，否则传统高速剪切装置（5000r/min）与地层实际情况相差甚远（图 4-31）。

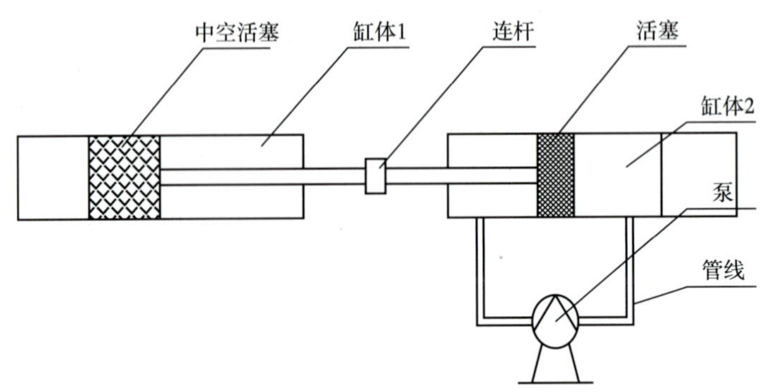

图 4-31　自主研发乳化仪结构示意图

2）实验方案

配制不同表面活性剂浓度、不同聚合物浓度的二元体系，与原油按照不同的比例混合形成乳状液，研究影响乳状液的因素，实验条件见表 4-4。

表 4-4　不同二元体系乳化能力的测定

相对分子质量	聚合物浓度（mg/L）	表面活性剂浓度（%）	水油比
1000 万，1500 万，2500 万	800，1000，1500	0.2，0.3，0.4	7∶3，5∶5，3∶7

2. 实验步骤

（1）将二元体系按方案中的要求配好，将二元体系与原油按一定比例加入乳化剂的单筒中，根据二元体系在地层深部的运移速度，设定乳化剂的速度；（2）所有体系乳化相同的时间，取出微观拍照；（3）取部分乳状液采用纳米粒度及 Zeta 电位分析仪进行粒度分析；（4）取部分乳状液放入小刻度量筒中，在恒温箱中放置，读取析水率变化；（5）取部分乳状液用多重光散射稳定仪进行稳定性分析。

3. 实验结果与分析方法

从乳状液黏度、乳状液微观形态、乳状液粒径分布、乳状液析水率等方面分析二元体系与原油形成乳状液的稳定性。此外，采用专业的乳状液稳定分析仪来追踪乳状液从形成之初至稳定的变化过程并测定各乳状液的稳定性指数，从而为分析不同二元体系组分含量、“水”油比等因素对乳状液稳定性的影响（图 4-32）。

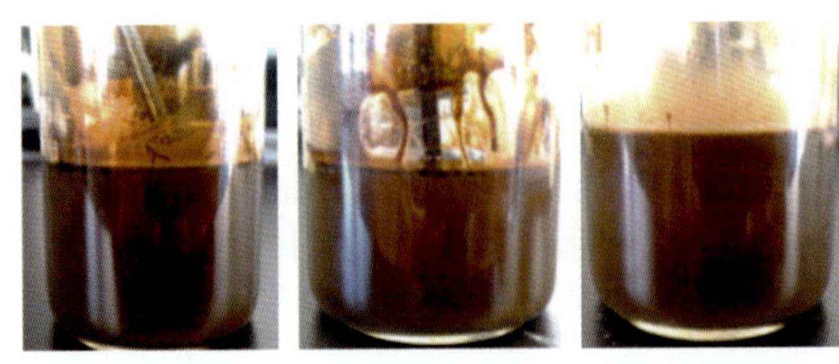

图 4-32　不同乳状液（二元 1500 万，1500mg/L+0.3%，水油比依次为 7∶3，5∶5，3∶7）

1）乳状液黏度分析

由表 4-5 看出不同聚合物配制二元体系的乳化状况规律较为相似，都能完全乳化，但黏度随着聚合物种类、聚合物分子量以及“水”油比的不同而不同。

表 4-5 不同二元体系不同“水”油比例下形成乳状液黏度表

水油比	3∶7	5∶5	7∶3
1000 万，1500mg/L 黏度（mPa·s）	77.87	36.27	24.53
1500 万，1500mg/L 黏度（mPa·s）	157.5	68	36.27
2500 万，1500mg/L 黏度（mPa·s）	203.73	114.13	74.67

乳状液的黏度与乳状液中分散相的体积分数及乳状液的粒径有关：

$$\eta=\left(1+\frac{b\phi}{1-a^{\phi}}\right)^{2}$$

其中，a、b 为与粒径有关的值；ϕ 为分散相的体积分数，在此实验中也就代表了“水”油比。

实验得到的结果符合上述规律，随着聚合物分子量的增大，二元体系与原油形成乳状液的黏度增加；相同二元体系与原油乳化，随着含油饱和度的增加乳状液的黏度增大（图 4-33）。

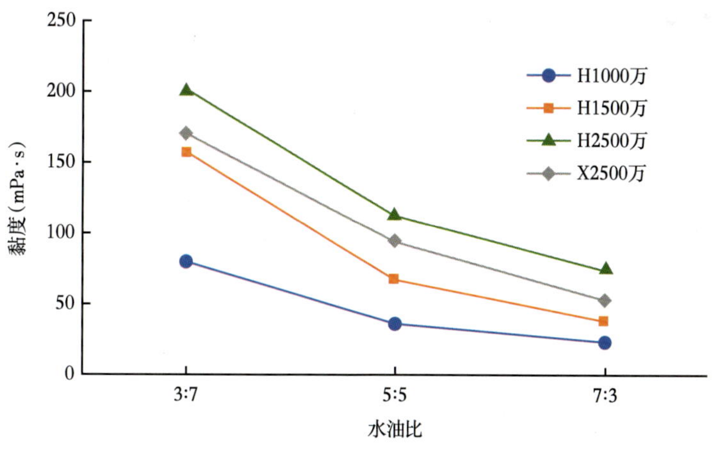

图 4-33 二元溶液黏度随水油比的变化

分析乳状液的黏度可知，不同水油比形成的乳状液相差很大，从几十到几百（mPa·s）不等，水油比小的黏度高。聚合物浓度均为 1500mg/L 时，相对分子质量越小，形成的乳状液黏度越低。

2）乳状液的微观形态分析

利用电子显微镜在放大 1000 倍条件下，观察乳状液的形态，研究乳状液所属类型及乳状液微观结构（图 4-34、图 4-35）。

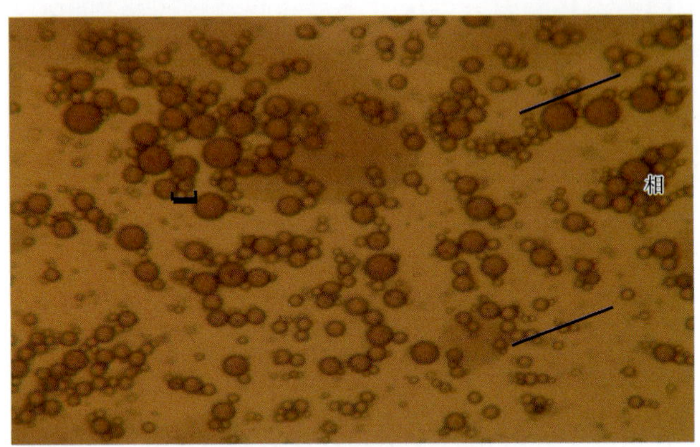

图 4-34　水包油型乳状液微观形态

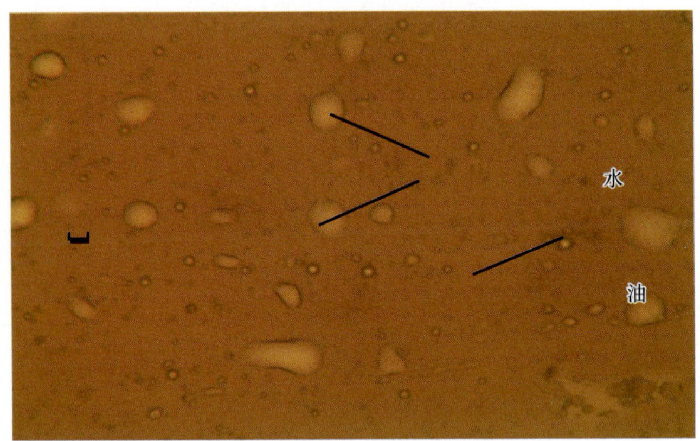

图 4-35　油包水型乳状液微观形态

二元（聚合物相对分子质量 2500 万，二元浓度 1500mg/L+0.3%）与油按照不同的比例形成乳状液，利用电子显微镜在放大 1000 倍条件下，观察其微观结构。水油比为 7∶3 时，形成稳定 O/W 型乳状液；水油比为 5∶5 时，稳定 O/W 型乳状液；水油比为 3∶7 时，主要为 W/O 型乳状液（图 4-36）。

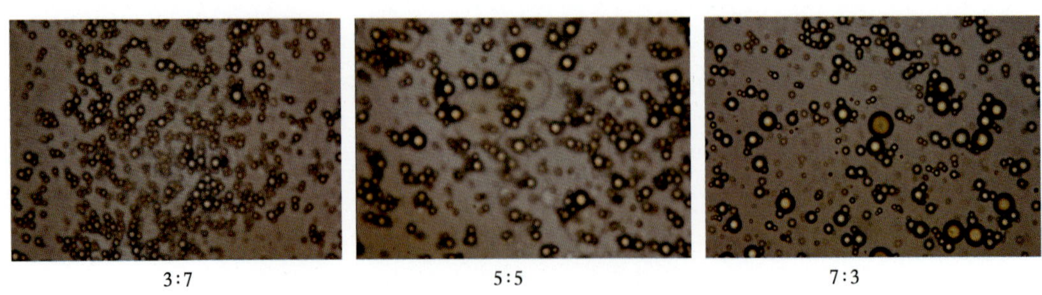

图 4-36　水油比不同条件下形成乳状液的微观形态

3）乳状液的粒径分析

原油乳状液是液—液分散体系，乳状液液滴粒度特征是乳状液的重要标志之一，粒度特征的主要参数包括粒径及粒径分布。粒度特征既可从微观上确定原油乳状液分散相的组成特点，又可从宏观上描述原油乳状液絮凝和聚结等过程。同时，原油乳状液的整体性质，如黏度、黏弹性等，也与其粒度特征密切相关。

采用纳米粒度及 Zeta 电位分析仪测定乳状液粒径，由激光发射器射出的一束一定波长的激光，激光通过颗粒时发生衍射，其衍射光的角度与颗粒的粒径相关，颗粒越大，衍射光的角度越小。不同粒径的粒子所衍射的光会落在不同的位置，因此，通过衍射光的位置可反映出粒径大小。另一方面，通过适当的光路配置，同样大的粒子所衍射的光会落在同样的位置，所以叠加后的衍射光的强度反映出粒子所占的相对多少，通过分布在不同角度上的检测器测定衍射光的位置信息及强度信息，然后计算出粒子的粒度分布。通过粒径随时间的变化观察聚合物、表面活性剂以及水油比对乳状液的影响（图 4-37）。

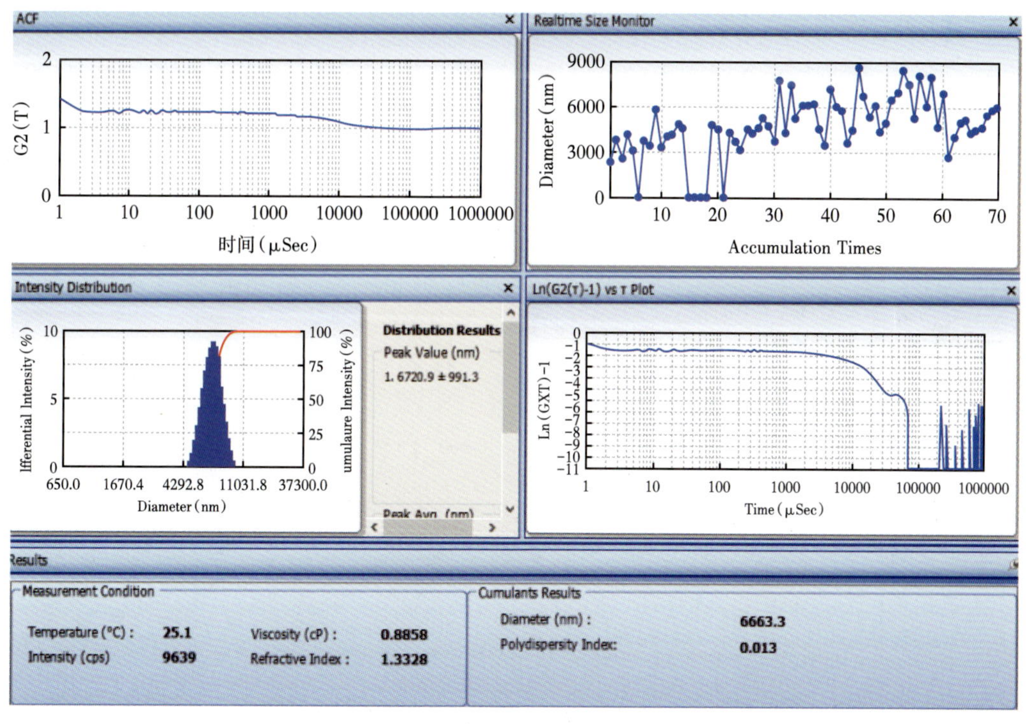

图 4-37 ZATA 电位测试图

根据粒径测量原理测量各方案形成乳状液的粒径大小及分布范围，并画出不同水油比、不同聚合物浓度及不同表面活性剂浓度下乳状液粒径随时间变化图，分析各方案乳状液的稳定性。

从图 4-38 中看出随着水油比的增加，乳状液的粒径变大速度加快，并且乳状液的稳定性变差。出现这种现象的原因可以解释为随着水油比的增大，含水率增加，总的界面面积增加，而且水滴在挤压油水界面时也使界面面积增加，单位界面面积上天然乳化剂的吸附量变小，界面膜强度减弱，水滴聚并阻力减小，更易聚并导致原油乳状液易于破乳。

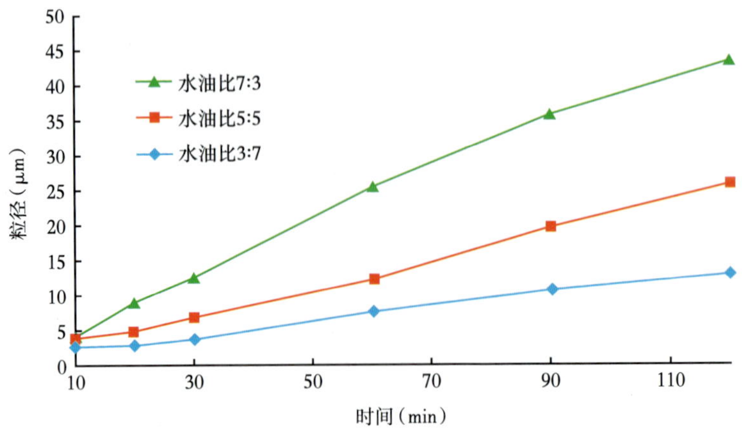

图 4-38　不同水油比乳状液粒径对比（聚合物相对分子质量 1500 万，二元浓度 1500mg/L+0.3%）

图 4-39 是水油比 3∶7 时产生的乳状液，属于油包水型乳状液。随着聚合物浓度的增加，乳状液粒径增大速度越来越快，这说明聚合物的加入能减弱 W/O 型乳状液稳定性。这主要是由于聚合物使水相黏度弹性增强，水滴分裂所需的能量加大，从而乳状液易发生聚并、絮凝，乳状液破乳快。

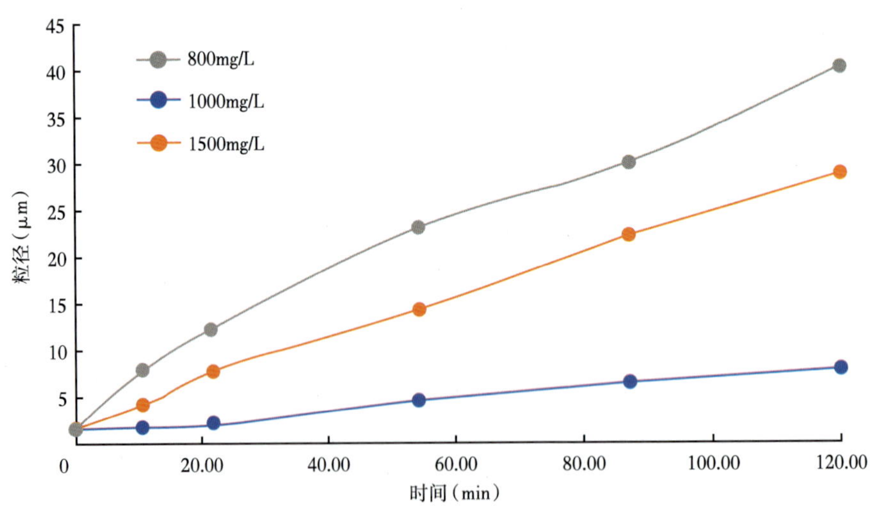

图 4-39　水油比 3∶7 时不同聚合物浓度乳状液粒径（聚合物相对分子质量 1500 万，表面活性剂浓度 0.3%）

聚合物浓度一定时，表面活性剂浓度越高，乳状液越稳定，析水率越少。这是由于当表面活性剂浓度较低时，界面上吸附的分子较少，界面膜的强度较差，形成的乳状液不稳定。表面活性剂浓度增高至一定程度后，界面膜则由比较紧密排列的定向吸附的分子组成，形成的界面膜强度高，提高了乳状液的稳定性。同时乳状液液滴上还存在电荷，电荷主要来自表面活性剂在水相中电离产生的离子在液滴表面的吸附所致。它以疏水的碳氢链深入油相，而以离子头吸附水相的吸附态吸附于油水界面上，使 O/W 型乳状液中的油珠带电，而在带电油珠的周围还会有反离子呈扩散的状态分布，形成类似 Stern 模型的扩散双电层。由于双电层的相互排斥作用，使油珠不易相互接近，从而阻止油珠的相互聚并，增加了乳状液的稳定性。

对图 4-40 进行分析，得到随着表面活性剂浓度增加，二元体系与原油形成乳状液粒径具有越来越小，分布越来越集中的规律。这是由于活性剂的加入减小了界面张力，促进液滴的变形，有助于形成小尺寸。同时，以胶束形式存在于连续相中的活性剂，也可以对油滴起增溶作用，使得乳状液粒径很小。粒径越小且均匀，W/O 型乳状液的稳定性越好，这是因为表面活性剂的加入可降低油水界面张力，使水滴分裂所需的能量下降，有利于水相在油相中的扩散。

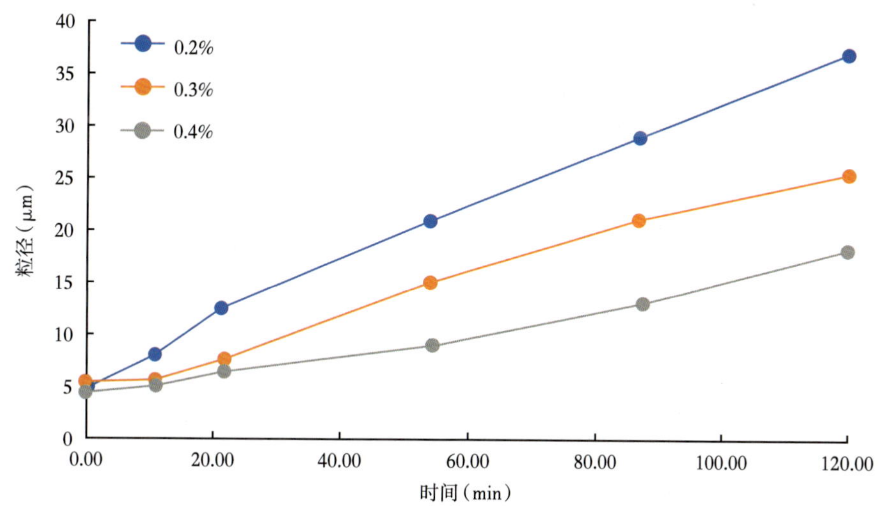

图 4-40 水油比 3∶7 时不同表面活性剂浓度乳状液粒径（聚合物相对分子质量 1500 万，聚合物浓度 1500mg/L）

4）乳状液的析水率分析

乳状液稳定时析出水的多少也可以用来表征乳状液的稳定性，不同体系与原油形成的乳状液稳定时的析水率结果如表 4-6 所示。

表 4-6 不同乳状液析水率对比表

水油比	3∶7	5∶5	7∶3
1000 万 1500mg/L 聚合物 +0.3% 表面活性剂析水率（%）	82	90	98
1500 万 1500mg/L 聚合物 +0.3% 表面活性剂析水率（%）	81.3	88	97
2500 万 1500mg/L 聚合物 +0.3% 表面活性剂析水率（%）	79.8	86.5	96

从图4-41中可以看出水油比7∶3的二元体系与原油形成的乳状液在0.5d时析水率达到了90%；水油比5∶5的二元体系与原油形成的乳状液在2d时析水率达到了70%；水油比3∶7的二元体系与原油形成的乳状液在9d时析水率达到了75%。含油饱和度越大析水率上升越缓慢，且同一时刻的析水率越低，这也就说明含油饱和度越大，乳状液越稳定且保持稳定的时间越长。

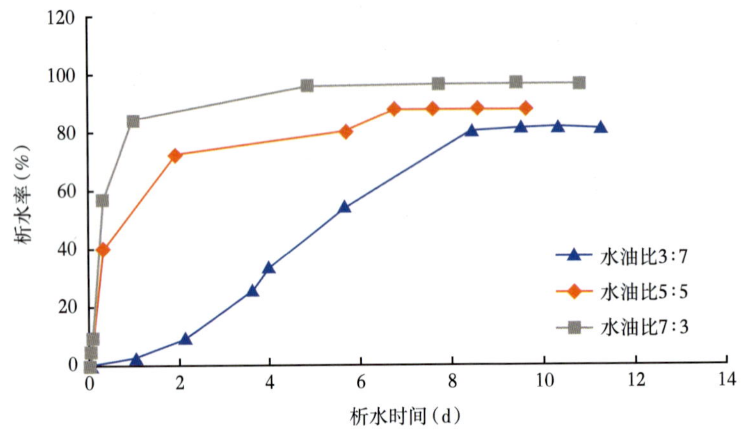

图4-41 不同水油比乳状液析水率（聚合物相对分子质量1500万，二元浓度1500mg/L+0.3%）

驱油剂聚合物对乳状液的析水率也有较大影响。聚合物种类相同时，随着聚合物分子量的增加油包水型乳状液开始析出水越晚，且析水率越低。这是因为聚合物分子量越大，形成的二元体系水相黏弹性增强，水滴分裂所需的能量加大，从而乳状液易发生聚并、絮凝，乳状液的稳定性变差（图4-42、图4-43）。

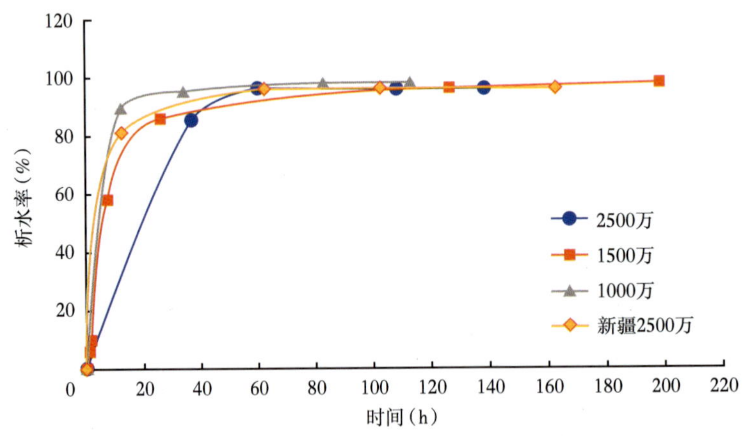

图4-42 水油比7∶3时不同聚合物分子量乳状液析水率（聚合物相对分子质量1500万，二元浓度1500mg/L+0.3%）

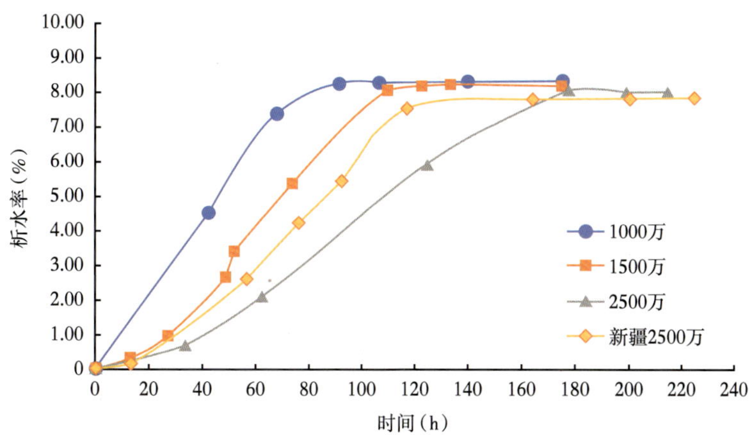

图 4-43　水油比 3 : 7 时不同聚合物分子量乳状液析水率（聚合物相对分子质量 1500 万，二元浓度 1500mg/L+0.3%）

5）乳状液的稳定性分析

（1）稳定性分析仪原理。

使用了 TURBISCANTM 系列全能的稳定性分析仪对乳状液体系的稳定性分析，该稳定仪可以用于观测悬浮液、乳化液、胶体等分散体的均匀性和稳定性（图 4-44）。

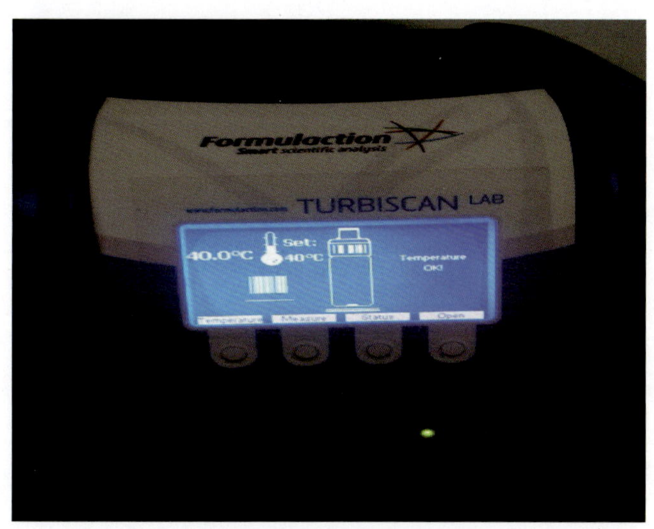

图 4-44　稳定性分析仪

多重光散射原理—即监测到的散射光经过多个粒子散射，当检测到的光为入射光经过多个粒子散射后通过样品池的光，称之为透射光；当检测到的光为入射光经过多个粒子散射后被反射的光，称之为背散射光。它是利用近红外光照射到被测液体上后产生透射光和反射光来评价该体系是否发生相分离（沉淀、絮凝、凝结、分层等）。由于不同流体对光线有不同的透射率和反射率，同一流体的稳定性随时间而变化，其对光线的透射率和反射率也不同，分散稳定仪基于这个原理进行测量。两个监测器将接受到的光线强度的不同转换为数据并形成两条曲线，可根据这两条曲线的变化对样品的稳定性进行分析。

图 4-45—图 4-47 为聚合物相对分子质量 1500 万，二元浓度 1500mg/L+0.3% 的二元复合驱体系与原油按照不同水油比 7∶3、5∶5、3∶7 乳化相同时间得到的乳状液稳定性测定结果图，在每张图中，上面为透射光光强随稳定时间的变化关系图，下图为反射光光强与稳定时间的关系图，图从左往右对应为测量瓶的瓶底到瓶口位置。

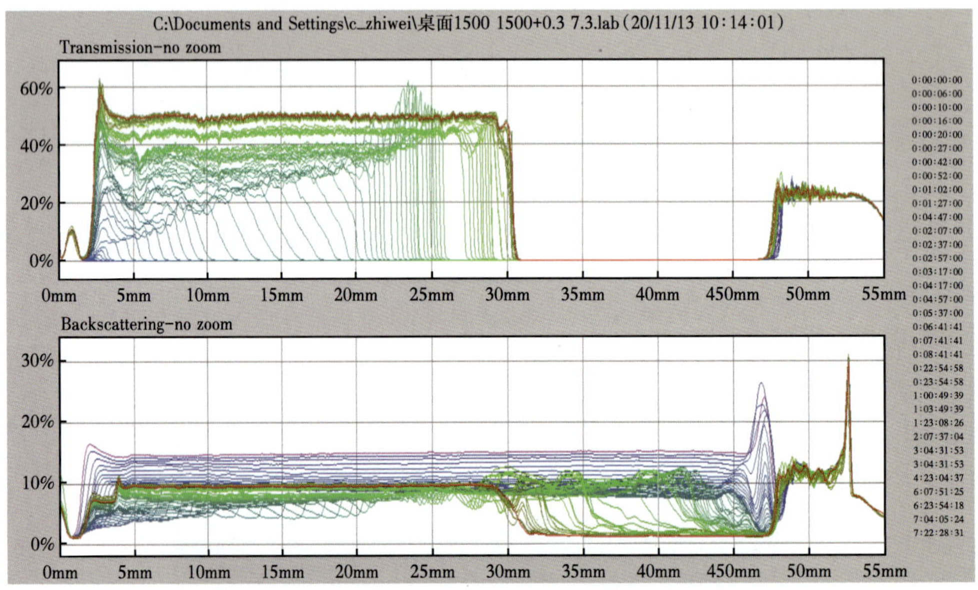

图 4-45　水油比 7∶3 时稳定性测定原理图（聚合物相对分子质量 1500 万，二元浓度 1500mg/L+0.3%）

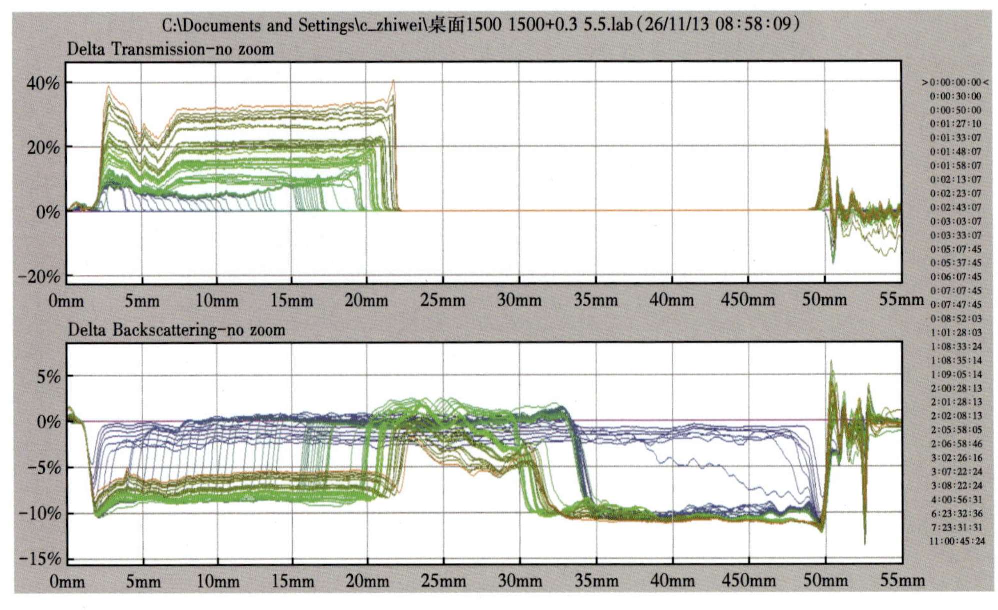

图 4-46　水油比 5∶5 时稳定性测定原理图（聚合物相对分子质量 1500 万，二元浓度 1500mg/L+0.3%）

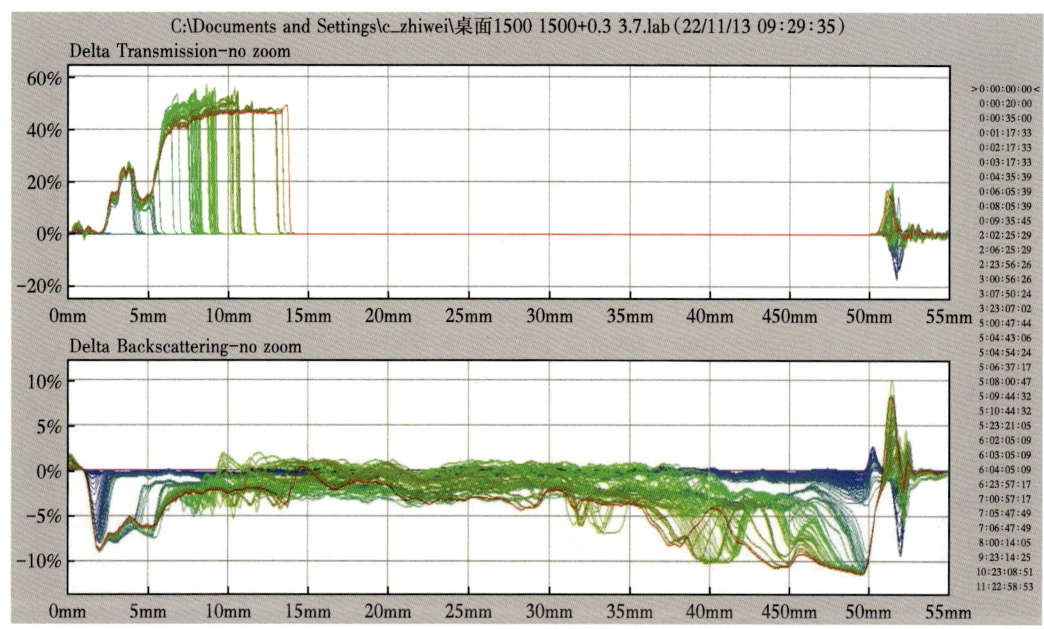

图 4-47　水油比 3：7 时稳定性测定原理图（聚合物相对分子质量 1500 万，二元浓度 1500mg/L+0.3%）

可以看出，随着时间的增加，左边（瓶底）透射光强度随着时间逐渐变强，而且范围逐渐扩大，说明瓶底有澄清现象，而且澄清的范围逐渐扩大。而右边没有透射光，说明瓶口物质阻止了光的透射，观察测量瓶看出，瓶口随着时间的增加而出现原油。

反射光逐渐从左向中间移动，特别是水油比 5：5 的乳状液比较明显。其反射光主要集中在中间位置，而且范围逐渐变小，最大反射光强代表乳状液的占据体积比例说明溶液正在分层，下层是水，中间为乳状液，上层为油。而且乳状液的范围在逐渐降低。通过对比发现，水油比越大，形成的乳状液越多并且乳状液越稳定（图 4-48）。

图 4-48　不同乳状液稳定性示意图（聚合物相对分子质量 1500 万，二元浓度 1500mg/L+0.3%，水油比依次为 7：3，5：5，3：7）

（2）乳状液破乳原理。

原油乳状液的稳定性主要取决于油水界面膜。原油中的天然乳化剂或开采时加入的表面活性剂吸附在油水界面，形成具有一定强度的黏弹性膜，给乳滴聚结造成了动力学障碍，使原油乳状液具有了稳定性。

原油乳状液破乳实质是使破乳剂吸附到油水界面，取代油水界面原有的乳化剂，但并不形成牢固的保护膜，从而破坏乳状液界面保护层，分散相相互靠近并聚结变大，最终油水分离。

乳状液变化主要有粒径迁移和粒径大小的变化。图 4-49 为通过稳定性分析仪观察到的聚合物相对分子质量 1500 万，聚合物浓度 1500mg/L，表面活性剂浓度 0.3% 的二元与原油按照比例 7∶3 乳化得到的乳状液破乳过程。从图中可以看出，配制好的乳状液在 5h 之内迅速油水分离，粒径快速迁移到油水界面，逐渐聚集变大，导致破乳。

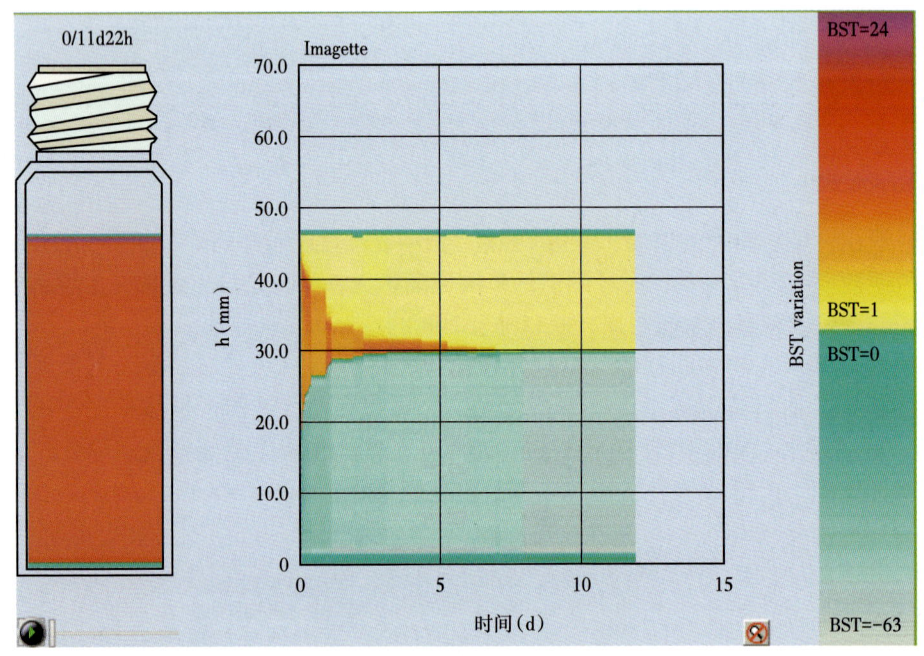

图 4-49　乳状液的稳定性变化图

（3）乳状液动力学稳定性系数。

全能的稳定性分析仪（TURBISCANTM 系列）不仅能追踪乳状液中澄清相与高浓度相的粒子的稳定性和均匀性生成稳定性曲线，还可以求得稳定性系数，更直接明确的表征乳状液体系的稳定性。

图 4-50 为不同乳状液动力学稳定性系指数随时间的变化，可以看出稳定性系数随时间增加而增大，而且稳定指数的变化主要集中在乳状液刚配置好的几小时内。动力学稳定性指数越大，说明乳状液越不稳定。因此本研究选择乳状液配置好后 2h 时乳状液的稳定性指数大小作为比较乳状液稳定性好坏的标准（表 4-7）。

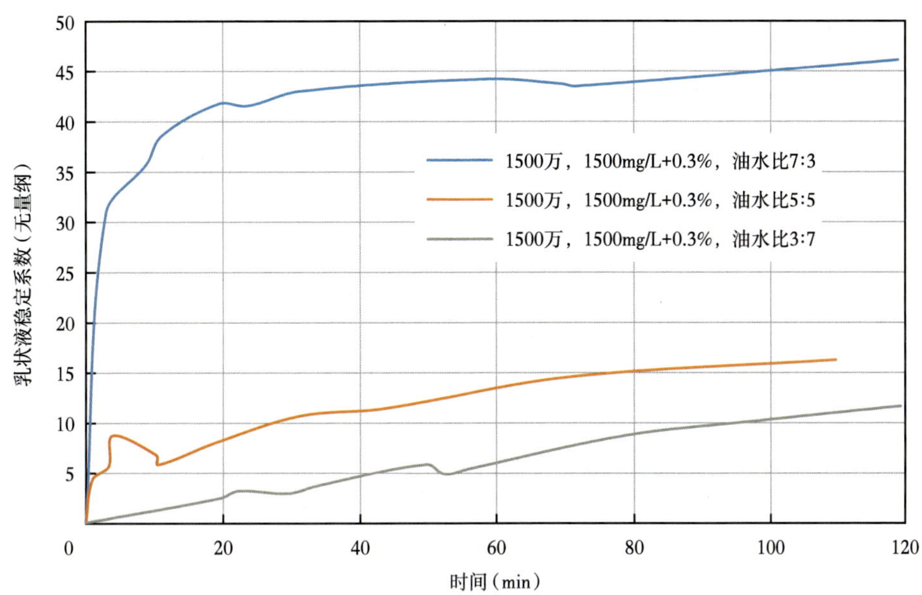

图 4-50 乳状液动力学稳定指数随时间的变化

表 4-7 乳状液 2h 时稳定性指数统计表

聚合物	水油比	表面活性剂浓度 0.2%	表面活性剂浓度 0.3%	表面活性剂浓度 0.4%
1500 万，800mg/L	3：7	5.56	4.89	2.7
	5：5	6.8	6.08	3.4
	7：3	6.95	6.81	5.22
1500 万，1000mg/L	3：7	2.51	2.34	1.39
	5：5	4.06	3	2.59
	7：3	4.53	4.33	3.99
1500 万，1500mg/L	3：7	1.47	1.25	0.55
	5：5	3.1	2.23	1.92
	7：3	3.93	3.86	3.35

当表面活性剂浓度及水油比一定时，随着聚合物浓度增大，稳定性指数越低，乳状液的稳定性越好；当聚合物种类、浓度及水油比一定时，随着表面活性剂浓度增大，稳定性指数越低，乳状液越稳定；当表面活性剂浓度及聚合物种类、浓度一定时，随着水油比增大，稳定性指数越高，乳状液破乳快（图 4-51）。

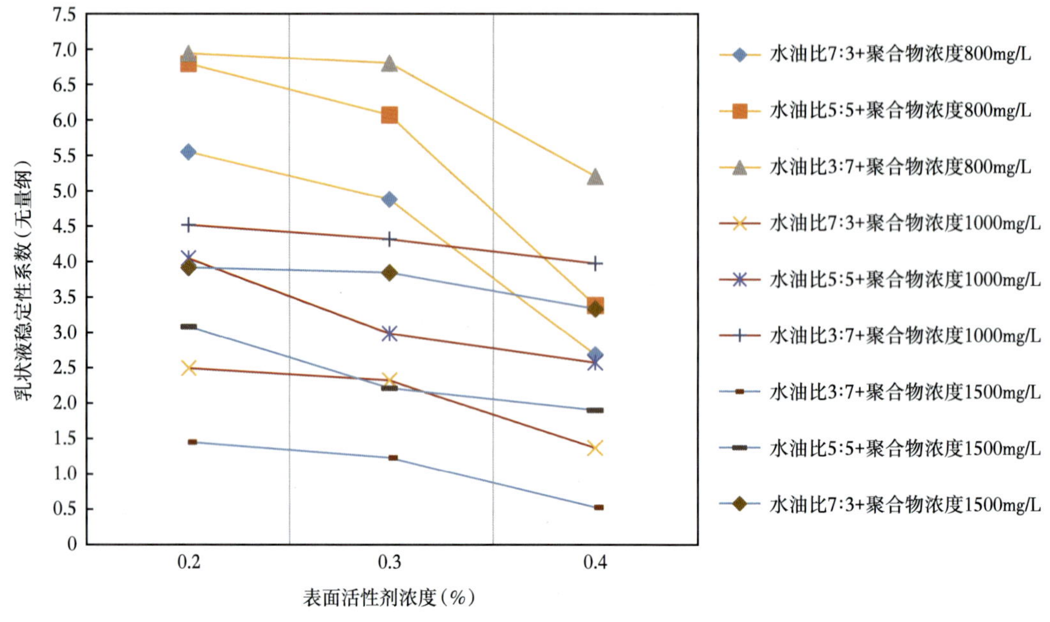

图 4-51　不同聚合物浓度、表面活性剂浓度、水油比对稳定性系数的影响

二、地层中的乳化效果

模拟地层近井地带裂缝系统中二元体系与原油的相互作用过程，由于砾岩油藏近井地带（10m）裂缝发育，注入流体速度较高，易发生串流，经过长期冲刷，残余油饱和度较低，注入流体的速度和地层含油饱和度、在地层中运移的距离以及注入二元中的表面活性剂浓度都是影响乳化的重要因素，分别就以上影响因素展开不同水平下的研究。

1. 实验方案

确定串流通道流体速度，二元体系与地层油的作用效果，确定各个位置的乳化效果，评价现使用二元体系聚合物相对分子质量 1500 万，浓度 1500mg/L，表面活性剂浓度 0.3%。

采用 2m 长的岩心裂缝模型进行饱和水及饱和模拟油开展二元体系驱油实验，在岩心出口处实时监测流出液的状态，接样并进行拍照、微观监测、粒度分析、稳定性析水率分析及黏度测定，以确定出在该位置处是否发生乳化，以及乳化的效果、乳化后的特点。以此模拟二元体系驱油过程中、地层在残余油饱和度下，不同储层位置的二元体系与原油的作用效果。

2. 测定方法

按照如下步骤来判断多孔介质出口排液中是否含有乳状液。

宏观颜色观察：原油乳状液的颜色与油相颜色相近，但仍存在较大差别，而且在强光照射下这种颜色差别更大。另外，经过稍长时间的放置后，乳状液与原油之间存在明显的界面。因此，可以利用相机的强光照射来初步判断多孔介质出口排液中是否含有乳状液及相应乳状液的体积。

显微镜法：光学显微镜（Light Microscope，LM）是以可见光为光源的显微镜，可以将微小物体或物体的微细部分高倍放大，以便观察物体的形态和粒径。显微镜法可以测量与实际颗粒投进面积相同的球形颗粒的直径，即等效投影面积直径。由显微镜、电荷耦合器件图像传感器 CCD（Charge Coupled Device）摄像头（或数码像机）、图形采集卡、计算机等部分组成。它的基本工作原理是将显微镜放大后的颗粒图像通过 CCD 摄像头和图形采集卡传输到计算机中，由计算机对这些图像进行边缘识别等处理，以观察和测试颗粒的形貌及大小。但光学显微镜对于更细微的结构无法看清，可以采用扫描电镜和透射电镜来观测物体的细微结构。本实验中所要测定的乳液液滴的尺寸在可观测的范围，因此，可以用普通光学显微镜直接观察乳液液滴及微球的形态与大小。本文中乳液液滴形态及大小观察采用可视光学显微镜直接观察拍照，比较标准刻度即可测量微球的粒径大小。

采用的设备主要有激光粒度分析仪（DLS、美国贝克曼—库尔特公司的纳米粒度分析仪）及 Zeta 电位分析仪。该光源为 He—Ne 激光光源，激光器功率为 10.0mW，波长 632.8nm，测量时散射角度 178°，测试温度 25℃。这种方法具有测量范围宽、测量速度快、样品量少，且不干扰破坏原有状态等特点，已经成为测量乳状液分散体系粒径分布的最佳手段之一。

3. 实验结果及分析

将不同位置取出的样进行拍照，进行宏观分析（图 4-52）。

从宏观上可见，在近井地带裂缝系统中，二元体系注入过程中由于近井地带压力梯度较大，二元体系高速通过岩心裂缝，实验过程体系与原油相互作用出现乳化现象，但乳状液破乳快。

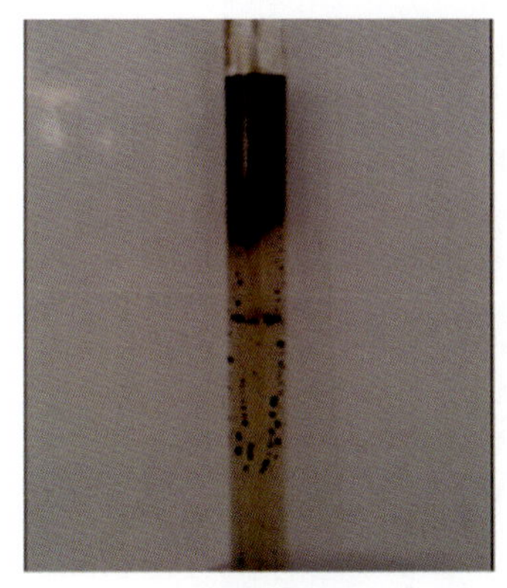

前期0.5m出液

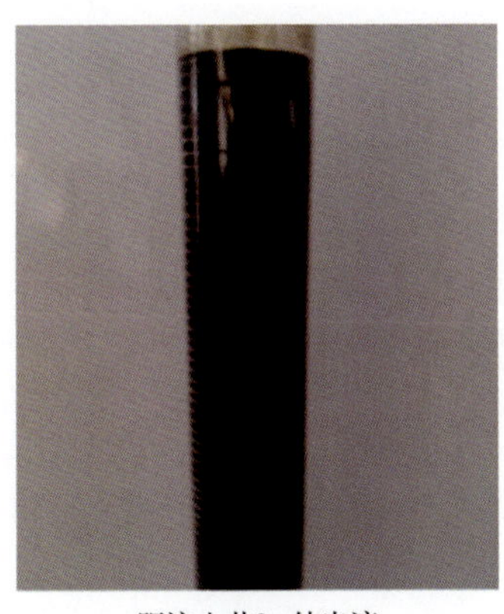

距注入井2m处出液

乳状液及2h析水对比

图 4-52 二元体系与原油在不同位置的作用结果图

采用 OLYMPUS XSZ-HS7 双目生物显微镜进行观察乳状液液珠的微观形态：取多孔介质出口排液中可能为乳状液部分的少量液体，置于显微镜下观察，如果可见球形液滴，则说明存在乳状液，否则就不存在乳状液；根据透光区域的位置和形状可以进一步判断液滴是 W/O 型乳状液还是 O/W 型乳状液；并采用 Delsa Nano 激光纳米粒度仪测定乳状液中乳球的粒径大小及分布。随着注入量的增加，采出液中水相颜色不断加深，呈透明的淡黄色，而油相以聚集的状态聚集于容器的顶部。经过粒径分析，淡黄色水相中含有大量的小液滴（图 4-53、图 4-54）。

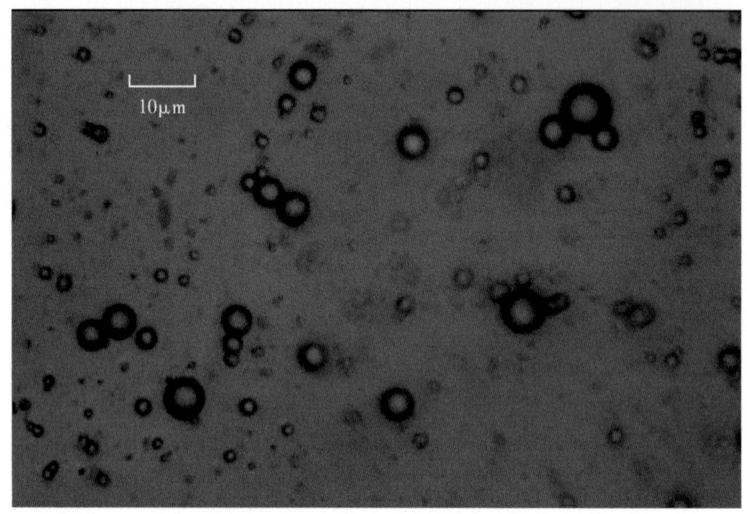

图 4-53　二元体系与原油在地层中的作用结果图（距注入井 2m）

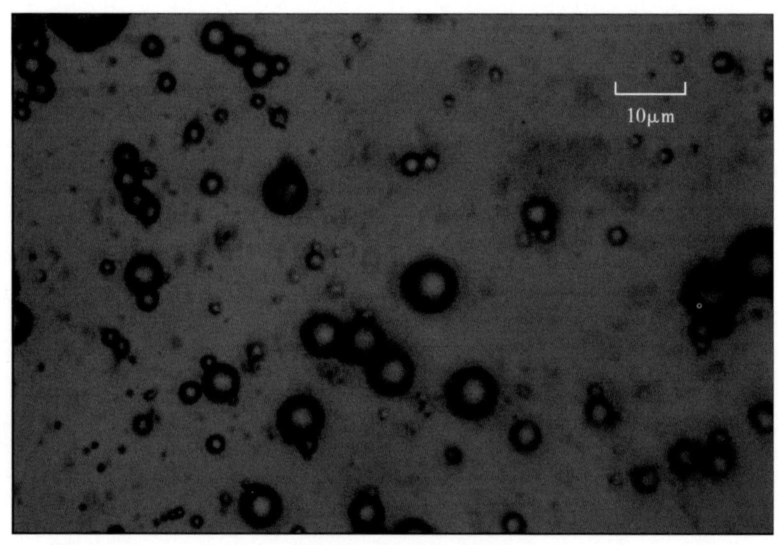

图 4-54　二元体系与原油在地层中的作用结果图（距注入井 5m）

从上图 4-54 可见在近井地带的残余油饱和度下用显微镜观察，在视域内大部分是单纯的二元体系，乳球的密度很小，并且镜下观察还发现仅有的几颗小乳球处于十分不稳定状态，在快速的游动聚集，短时间内就发生了聚并破乳，可见近井地带的裂缝系统只发生了轻微的乳化，并且形成的乳状液极不稳定，可见尽管近井地带剪切速率大，但是含油饱和度太低，并不能有效地发生乳化（图 4-55、图 4-56）。

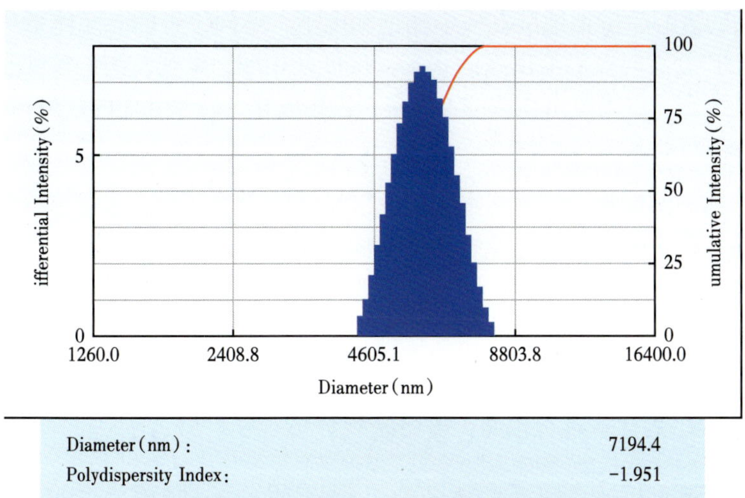

图 4-55 2m 处的乳状液中乳球的粒度分布图

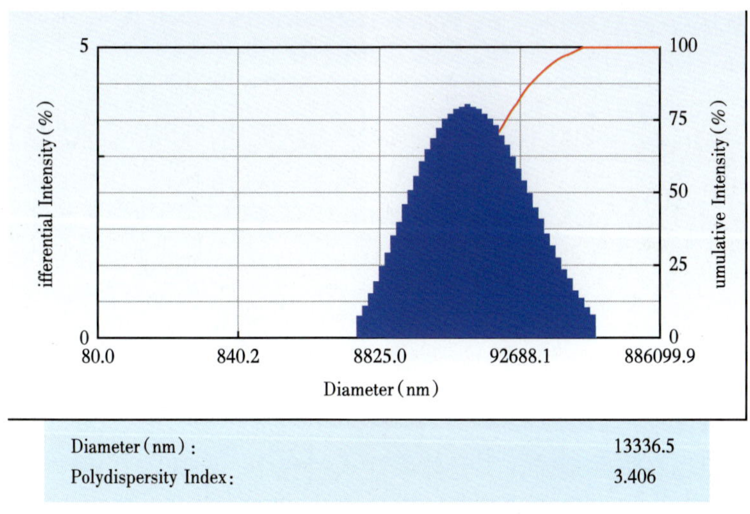

图 4-56 5m 处的乳状液中乳球的粒度分布图

三、近井地带乳化效果

模拟地层近井地带基质系统中二元体系与原油的相互作用过程，由于近井地带（10m）注入流体速度较高，经过长期冲刷，地层渗透率较高，残余油饱和度较低，注入流体的速度和地层含油饱和度、在地层中运移的距离以及注入二元体系中的表面活性剂浓度都是影响乳化的重要因素，分别就以上影响因素展开不同水平下的研究。

1. 实验方案

确定出不同注入距离的速度，分析近井地带和地层深部不同含油饱和度下，二元体系与地层油的作用效果，确定各个位置的乳化效果，优选出不同二元体系聚合物相对分子质量 1500 万，浓度 1500mg/L，表面活性剂浓度 0.3%。

采用 2m 长的岩心，模拟地层在残余油饱和度下，不同位置的二元体系与原油的作用效果，并在岩心出口处实时监测流出液的状态，接样并拍照、微观监测、粒度分析、稳定性析水率分析及黏度测定，以确定出在该位置处是否发生乳化，以及乳化的效果，乳化后的特点。

2. 实验步骤

（1）抽真空饱和蒸馏水，用地层水驱替 1.5PV 将蒸馏水驱出，水测渗透率；

（2）饱和油，造束缚水，计算原始含油饱和度；

（3）模拟地层压力梯度，恒压下，水驱油至含水率 98%，计算水驱采收率；二元驱 1PV，转水驱 1PV，岩心内部残余油饱和度极低的情况下，转二元驱 1PV。

3. 实验结果及分析

将不同位置取出的样本进行拍照，进行宏观分析（图 4-57）。

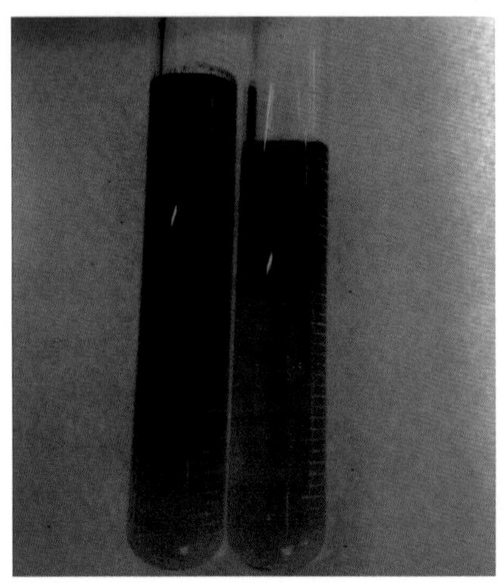

图 4-57　二元体系与原油在不同位置的作用结果图

从宏观上可见，在近井地带，二元体系注入过程中，与原油在离注入井 3~5m 处，基本没有发生明显乳化，仅仅将部分残余油驱替出。可见随着注入距离的增加，洗下的残余油的不断积累，与二元体系出现轻微的乳化效应。接下来，再通过微观精密仪器分析是否出现乳化以及乳化的程度和乳化产生乳球的粒径。

采用 OLYMPUS XSZ-HS7 双目生物显微镜进行观察乳状液液珠的微观形态：取多孔介质出口排液中可能为乳状液部分的少量液体，置于显微镜下观察，如果可见球形液滴，则说明存在乳状液，否则就不存在乳状液；根据透光区域的位置和形状可以进一步判断液滴是 W/O 型乳状液还是 O/W 型乳状液；并采用 Delsa Nano 激光纳米粒度仪测定乳状液中乳球的粒径大小及分布。随着注入量的增加，采出液中水相颜色不断加深，呈透明的淡黄色，而油相以聚集的状态聚集于容器的顶部。经过粒径分析，淡黄色水相中含有大量的小液滴（图 4-58）。

可见在近井地带的残余油饱和度下用显微镜观察，在视域内大部分是单纯的二元体系，乳球的密度很小，并且镜下观察还发现仅有的几颗小乳球处于十分不稳定状态，在快速的游动聚集，短时间内就发生了聚并破乳，可见近井地带只发生了轻微乳化，并且形成的乳状液极不稳定，可见尽管近井地带剪切速率大，但是含油饱和度太低，并不能有效地发生乳化。

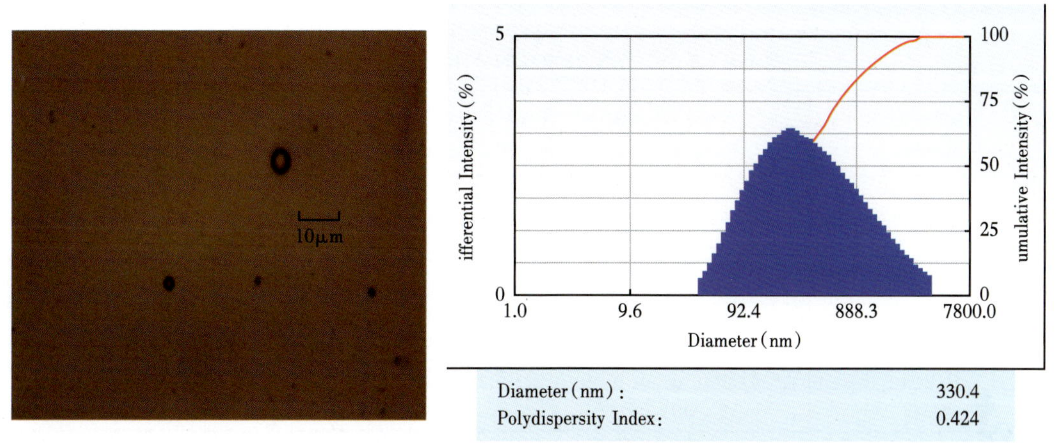

图 4-58 距注入井 3~5m 处接液测定结果

根据测定的结果可知在近井地带，尽管近流速较大，但是并没有出现明显的乳化现象。从影响乳化的因素解释：除了剪切速率，表面活性剂的性质之外，还与含油饱和度有关，随着二元体系在地层中不断推进，扫驱出的残余油越来越多，与二元体系接触的油含量增大，以及二元体系与原油在运移过程中充分混合接触，形成部分乳状液。但是由于近井地带由于长期被注入流体冲刷，剩余油饱和度极低，因此，二元体系注入过程中不能扫驱出很多的残余油，只是出现轻微的乳化，并且采出液的黏度并没有因为乳化而增大，反而随注入距离的增加而变小，这说明乳化的效果较弱，增黏效应较小，剪切导致黏度变小。

四、乳化对驱油效果影响

驱替液与地层原油发生乳化是复合驱提高采收率的主要机理之一。驱替液和原油发生乳化后，不仅改变了驱替相的黏度，起到改善流度比、调整吸水剖面的作用，而且还可以捕集地层的不动油，逐步形成油墙，大幅度提高采收率，但是过度乳化也带来采出液难以破乳等问题。

无碱二元配方体系由于没有外加碱，一般情况下，其乳化程度明显低于含碱的三元体系。因此对二元配方来说，如何保持适度的乳化能力，保持较高的采收率幅度是非常关键的。本节提出乳化调控的概念，也就是使配方体系保持适度的乳化，即对二元复合驱体系，当其注入地层中时，合理利用有利于乳化的条件，尽可能将油水乳化。当其由油井采出时，则能实现容易破乳的目的，这样避免了三元复合驱的缺点，有利于二元复合驱技术的推广应用。

1. 乳化参数法判定配方体系的乳化程度

对已经筛选出的几个典型二元复合驱配方体系进行乳化分水实验。将表面活性剂溶液与原油比例按 1∶1 混合，用手振摇 100 次，置于 40℃的恒温水浴中静置，记录油层厚度和分水情况，计算 6h 时的乳化参数，乳化参数只具有相对意义，随实验条件的变化而变化，其计算公式为：

$$乳化参数=\frac{初始油相体积-6h时的油相体积}{初始油相体积} \tag{4-1}$$

实验结果见表 4-8。

表 4-8 3 个二元配方体系的分水情况和乳化参数

时间（min）	水相体积		
	配方 1	配方 2	配方 3
10	1.5	2.7	2.0
30	4.6	5.9	5.0
60	6.5	7.2	6.8
180	8.0	10	9.0
360	9.0	11.3	10
乳化参数	0.25	0.058	0.17

备注：配方 1 为 0.3% KPS/HA+ 0.12% HPAM；配方 2 为 0.3%KPS/HB+0.12%HPAM；配方 3 为 0.3%KPS/HB/HA+0.12% HPAM。

由表 4-8 知，达到超低界面张力的配方 2 体系，乳化能力较差，乳化参数只有 0.058。而配方 1 体系，虽然界面张力在 10^{-2}mN/m 的数量级，但乳化能力很强。而配方 3 体系，界面张力也为超低，乳化能力介于两者之间。

2. 二元驱配方稀释后的乳化状况

配方体系注入地层，不可避免被地层水稀释，考察了配方体系被地层水稀释后的乳化状况。固定油水比为 3∶7，温度 40℃，记录油层厚度（图 4-59）。KPS 复合体系稀释前后的乳化能力都非常强，而 KPS/HA/HB 体系稀释前乳化能力较强，稀释后乳化能力降低，但也高于同浓度的 KPS/HB 二元体系，这种乳化状况变化是对控制配方体系的过度乳化有利，避免采出液过度乳化。

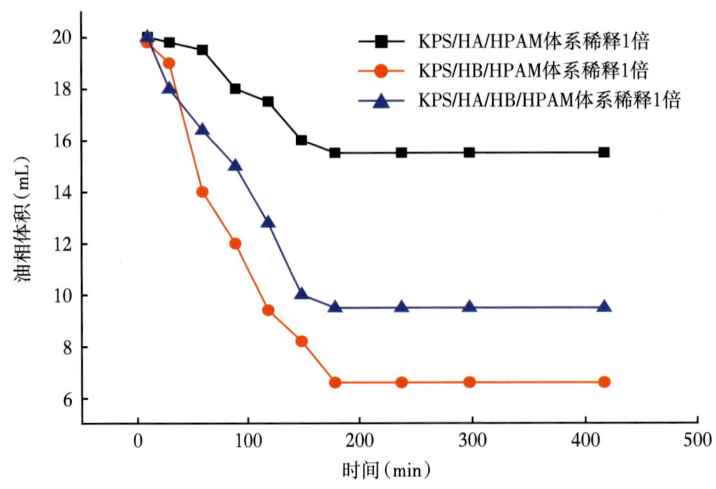

图 4-59 不同二元驱体系用地层水稀释后的乳化状况

3. 驱油实验评价乳化能力

进行了不同乳化能力、不同界面张力二元驱体系的驱油结果对比。体系 1 为 0.12%HPAM + 0.3% KPS，六九区模拟水配制，界面张力 1×10^{-1}mN/m，黏度 33.8mPa·s；体系 2 为 0.15% HPAM + 0.3% KPS/HA，六九区模拟水配制，界面张力 2×10^{-2} mN/m，黏度 34mPa·s；体系 3 为 0.15% HPAM+ 0.3% KPS/HB，六九区模拟水配制，界面张力 1.8×10^{-2}mN/m，黏度 34.0mPa·s。岩心为砂岩环氧树脂胶结，实验结果见表 4-9。

表 4-9　二元复合体系一维岩心驱油结果

体系	孔隙度（%）	含油饱和度（%）	水渗（mD）	水驱采收率（%）	采收率提高值（%）
体系 1	22.09	66.85	0.3334	43.26	22.20
体系 2	10.66	53.67	0.3714	44.74	30.53
体系 3	10.09	52.54	0.3122	34.09	21.59

从表 4-9 可以看出，3 个二元配方体系黏度相差不大，后两个配方体系界面张力相差不大，但采收率相差接近 1 个数量级，说明除了界面张力和黏度对采收率有较大贡献外，另有其他因素影响采收率。体系 1 和体系 2 都保持较高的乳化能力，驱油结果可以表明乳化对采收率也有重要影响。因此进行了 3 个体系的乳化参数（6h 时的增溶参数）研究发现，KPS 体系的乳化参数为 0.58，KPS/HA 体系乳化参数为 0.35，而 KPS/HB 体系乳化能力较低，乳化参数为 0.08。因此，KPS/HA 体系具有低界面张力（2×10^{-2} mN/m）和高乳化双重特性，可以保持较高的采收率。

由于具有高乳化低张力的二元驱体系其驱油效果很好，所以在配方研究中认识到超低界面张力不是高驱油效率的必要条件，乳化对提高采收率有较大的贡献。二元复合驱研究中，应正确看待乳化问题，不能过分强调乳化的负面作用，应重视乳化对提高采收率的积极作用。

4. 乳化调控的实验研究

以两套配方体系作为对比，对比在岩心入口前端和岩心驱出液的乳化状况，考察所提供二元驱配方的宏观乳化调控结果（图 4-60）。两套体系分别为：

体系 A：0.3%（KPS/ 助表面活性剂 A）+ 0.15%HPAM；

体系 B：0.3%（KPS/ 助表面活性剂 B）+ 0.15%HPAM。

为保持适度的乳化，通过乳化调控设计，改变配方中化学剂的组合，降低高乳化能力组分（助表面活性剂 B）的比例，期望将乳化程度降低，结果证实了这种调控思路是可行的，体系 A 更易实现乳化调控（改变乳化调节剂的浓度即可）。

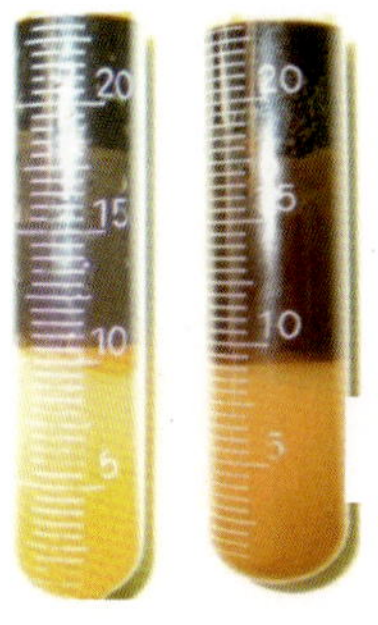

图 4-60　油水比为 1∶1 时，两套体系的乳化状况
（T72236 井原油，40℃，六九区污水配液，剪切乳化制备乳状液）

但是一个配方体系进入地层后，油水比处于动态的变化过程，这必然对配方体系的

乳化能力产生影响，进而影响乳化调控，为此考察了不同油水比对配方体系 A 的乳化能力的影响，实验结果见图 4-61。

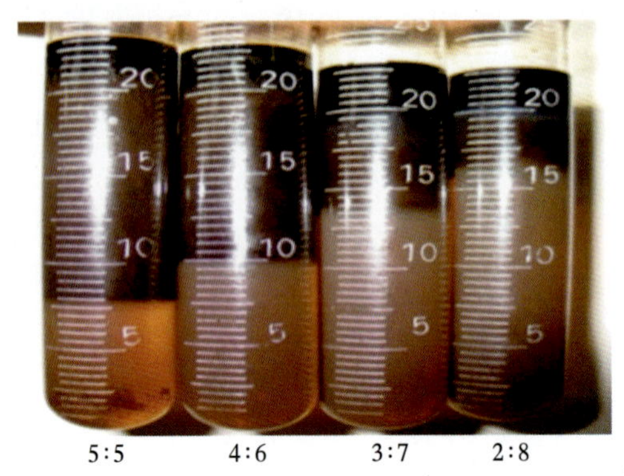

图 4-61 不同油水比对驱油体系 A 乳化程度的影响

（T72236 井原油，40℃，六九区污水配液，剪切乳化制备乳状液）

图 4-61 表明，不同的油水比对配方体系的乳化能力影响不同，油水比越高的乳化体系，中间乳化层越厚，采出液容易形成中间过渡层。油水比较低的体系，出现了少量的荧光层，这种体系一般有较高的采收率幅度。对于二元复合驱现场试验，油井采出液含水一般在 85% 左右，与低油水比体系含水率接近。因此提供的二元驱配方 A 因有较高的乳化程度，且乳化程度随油水比而变化，满足乳化调控的要求。

在室内岩心驱油实验中，驱出液中含有聚合物、表面活性剂等复杂化学剂，采出液的乳化情况可以从油水乳化层的厚薄大小来判定。

图 4-62 中数据表明，KPS 中加入乳化调节剂后，KPS 所占份额越高，初始乳化层厚

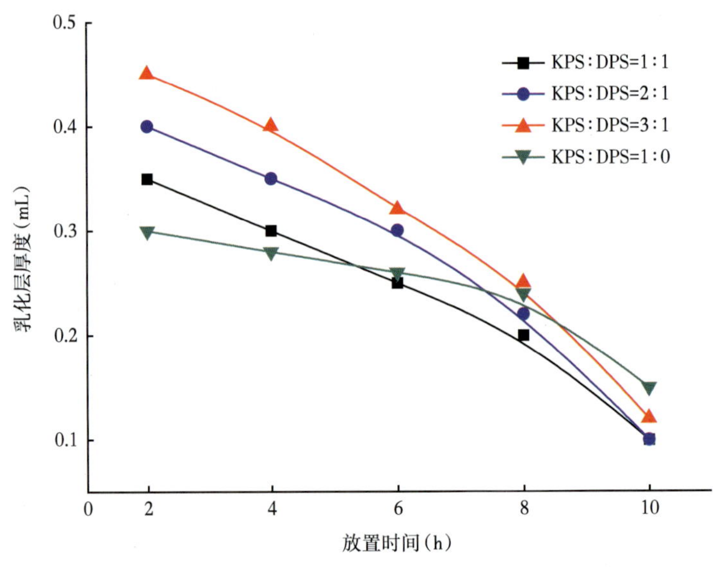

图 4-62 不同驱油体系采出液的乳化层厚度变化

度越大，但随着放置时间增加，乳化层厚度都逐渐减小，充分放置 10h 后基本实现采出液自行破乳的目的（不足 0.1mL 的乳化层为岩心中驱出的杂质吸附层），这表明改变不同表面活性剂之间的比例可以对乳化程度适当调控。然而当驱油体系只用单一的 KPS 时，采出液乳化特征为后程乳化，可以推知在实际现场试验中，由于天然乳化剂的乳化作用，这种乳化情况可能更严重些，故而在设计现场二元驱配方体系时，单用 KPS 较难实现乳化调控的目的，需要加入乳化调节剂来实现乳化控制。

另一方面，岩心驱油过程中，如果体系乳化能力强，可以由驱替压力和含水率体现出来，对比体系 A 和体系 B 的微观乳化调控程度，结果见图 4-63、图 4-64。

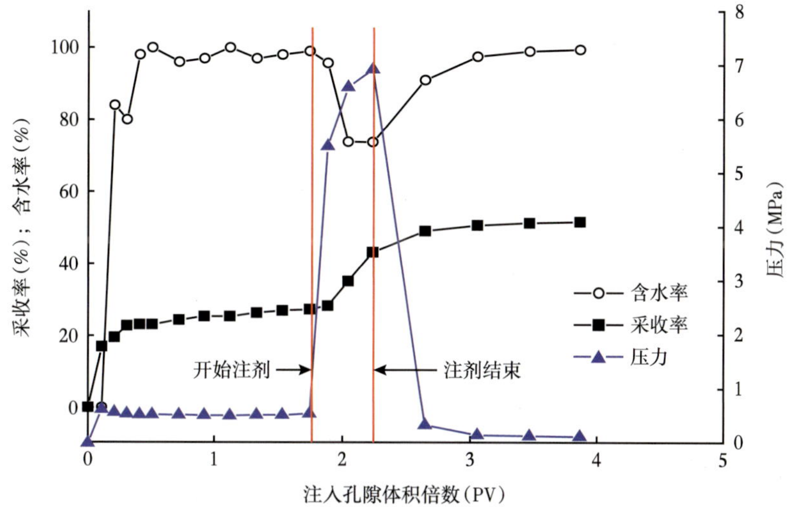

图 4-63 二元复合体系 A 驱油过程中压力、采收率和含水率变化

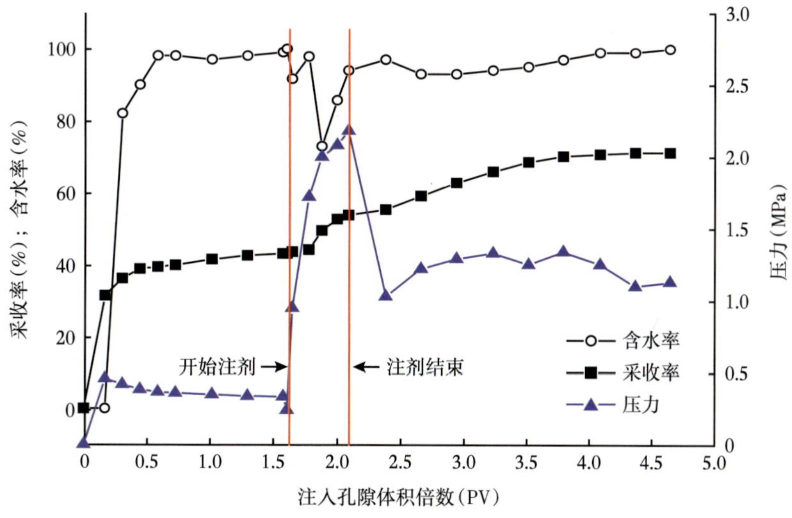

图 4-64 二元复合体系 B 驱油过程中压力、采收率和含水率变化

分析可知，相比于体系 B，体系 A 在复合体系注入阶段，因复合体系的黏度和乳化作用，驱油系统压力快速上升至 7MPa 以上，二次水驱阶段（注剂结束后注水），含水上升，复合体系黏度下降，乳化能力也随油水比而改变，压力曲线表现为快速下降（小于 0.5MPa），表明乳化程度得到控制，达到了驱油过程高乳化、采出液低乳化的乳化控制目的。而对体系 B，因其乳化程度过强，二次水驱阶段，压力和含水率波动较大，说明乳化程度还在加强。对这种体系（体系 B），属于过度乳化体系，岩心出口端的确观察到了采出液过度乳化的情况，这当然对采出液处理不利，也没有克服三元复合驱的弊端。

破乳实验方法选择上，为了更好地模拟采出液中聚合物分子的真实状态，取试验区临近的七东 1 聚合物驱采出液作配液水（含聚合物 600mg/L，矿化度和七中区二元复合驱地层水矿化度相当），加入 0.05% 的复合表面活性剂，以 T72236 井原油为油相进行破乳实验，这样的方法比直接配聚合物溶液更接近现场实际。

从图 4-65 中看，模拟采出液体系的乳化程度不高，不加破乳剂时 50min 可以自行破乳，油水完全分开；而加入 50mg/L 的破乳剂后，只是加快了油水分离速度，不影响最终破乳效果。因此，从模拟采出液破乳实验和驱油过程乳化控制实验来看，具有适度乳化的二元复合体系 A 较适合油藏低渗透率的实际情况。可以推知，二元复合驱实施后，采出液虽然有一定程度的乳化，但是由于配方体系采用了适度乳化控制，现场采出液的破乳问题能够得到很好地解决。

图 4-65　模拟采出液破乳实验（体系 A：七东 1 聚合物驱 5106 井采出液 + 0.05% KPS/ 助剂 A；体系 B：七东 1 聚合物驱 5106 井采出液 + 0.05% KPS/ 助剂 B + 50mg/L 破乳剂；40℃）

5. 不同油水比形成的乳状液对采收率的影响

采用长方岩心进行乳状液驱油实验，观察不同乳化强度形成的乳状液对提高采收率的影响。对比不同水油比乳状液驱油效果发现（表 4-10—表 4-13），水油比越大，最终的采收率越小。水油比为 3∶7 的乳状液比水油比为 7∶3 的乳状液总采收率高出 2.2%。分析认为，水油比越小，乳状液越稳定，越能够取得较好的乳化效果。

表 4-10　实验方案

方案	水驱	乳状液驱（聚合物相对分子质量 1500 万，二元浓度 1500mg/L+0.3%）	后续水驱
1	至含水 98%	水油比 7∶3，注入量 0.5PV	至含水 98%
2		水油比 5∶5，注入量 0.5PV	
3		水油比 3∶7，注入量 0.5PV	

表 4-11　不同水油比形成乳状液的特性参数

二元体系	水油比	黏度（mPa·s）	粒径（μm）
聚合物相对分子质量 1500 万 二元浓度 1500mg/L+0.3%	7∶3	36.8	4.05
	5∶5	68	3.61
	3∶7	157.5	2.58

表 4-12　驱油结果统计表

编号	化学驱（1500 万，1500mgL+0.3%）	黏度（mPa·s）	水测渗透率（mD）	孔隙度（%）	含油饱和度（%）
1	空白水驱	——	103	17.32	67.7
2	乳状液（水油比为 7∶3）	36.8	102	16.27	66.9
3	乳状液（水油比为 5∶5）	68.0	106	16.51	68.3
4	乳状液（水油比为 3∶7）	157.5	108	16.63	68.5

表 4-13　不同含油饱和度驱油结果统计表

渗透率（mD）	乳化综合指数（%）								
	含油饱和度 50%			含油饱和度 60%			含油饱和度 70%		
	30	50	70	30	50	70	30	50	70
30	5.33	6.22	5.92	12.24	14.44	12.56	16.12	17.22	16.28
50	6.32	6.93	7.12	14.24	16.46	16.24	17.12	18.23	18.12
110	7.42	7.45	8.13	11.24	15.24	18.26	15.62	17.62	19.13
180	5.63	7.82	8.48	10.32	14.84	18.68	15.16	17.42	19.34

随着乳化程度增加，提高采收率幅度逐渐增加，乳化贡献提高采收率 1~8 个百分点以上。

五、驱油体系乳化技术

目前国内各大油田将表面活性剂能否达到超低界面张力作为复合驱技术的重要指标。国内很多学者在室内岩心驱替过程中发现，表面活性剂的乳化作用对提高采收率有很大作用。根据乳状液形成机理和毛细管数理论，乳状液既能提高波及体积又能提高洗油效率，并可降低非牛顿流体界面能，表面活性剂的乳化作用使得原油乳化成粒径小于岩石孔喉直径的水包油型乳状液随驱替介质运移，而大于孔喉直径的乳状液能对孔喉产生封堵作用，改善储层非均质性，起到提高波及体积的作用。有关驱油体系的乳化强度对提高采收率影响的报道较少，目前只有中国石油天然气集团公司企业标准《二元复合驱用表面活性剂技术规范》（Q/SY 1583—2013）指出驱油用表面活性剂的乳化综合指数应大于 30%，但是该标准没有给出上限。依据乳化调控实验方案，开展不同乳化强度的聚合物 / 表面活性剂 / 驱油体系的驱油实验，确定适宜的乳化综合指数范围，实现驱油体系乳化能力可调控。

1. 乳化综合指数

乳化综合指数是定量表征驱油剂乳化性能的物理量，由乳化力和乳化稳定性乘积的开方得到，单位为 %。根据企业标准 Q/SY 1583—2013 中的公式计算得到不含聚合物的驱油体系（行业标准中没有提及聚合物，同时聚合物会增大乳化稳定性，从而增大表面活性剂的实际乳化综合指数，因此在测定表面活性剂综合指数时一般不加聚合物）乳化综合指数（表 4-14）。由表可见，驱油体系乳化综合指数远大于企业标准的最低要求。

$$S_{ei}=\sqrt{f_e\cdot S} \tag{4-2}$$

式中，f_e 为乳化相中萃取出的油量与被乳化油总量的百分比，%；S 为乳化稳定性，%；S_{ei} 为乳化综合指数，%。

表 4-14 不同驱油体系的乳化强度综合指数

驱油体系	S（%）	f_e（%）	S_{ei}（%）
0.3% KPS/TD-2+1.2% Na_2CO_3	100.00	50.00	70.71
0.3% KPS/TD-2+0.2% Na_2CO_3	81.61	44.50	60.25
0.3%（KPS/TD-2：异构十三醇聚氧乙烯醚 =9：1）+1.2% Na_2CO_3	76.44	47.23	60.08

2. 强乳化综合指数体系的驱油效果

0.3% KPS/TD-2+0.15% HJ2500+1.2% Na_2CO_3 的驱油体系的界面张力为 3.6×10^{-3} mN/m，乳化综合指数为 70.71%，具有较好的界面性能和乳化性能，但其提高原油采收率效果并不好，仅为 9.92%（图 4-66）。该体系具有较高乳化强度的原因有两点：一是表面活性剂自身具有较强的乳化性能；二是碱的乳化作用，综合后的乳化综合指数为 70.71%。乳化性能强的体系一旦进入岩心，迅速将剩余油乳化，并在进口端富集，一般剩余油分布孔喉为 10~1000nm，而乳化后的乳状液中值粒径在 100~50000nm 之间。由于乳状液粒径较大，小孔喉被封堵，大孔道剩余油有限，驱油体系只能沿着高渗通道运移而起不到扩大波及体积和提高洗油效率的目的，因此此时化学驱提高采收率效果并不明显。

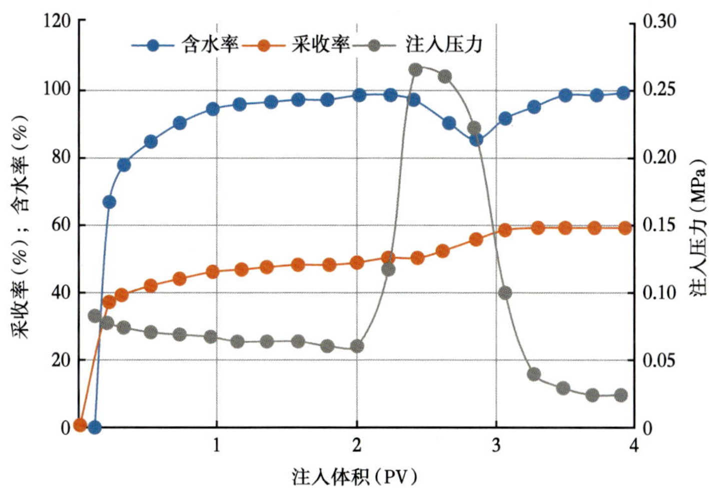

图 4-66　强乳化综合指数体系的驱油效果
（岩心编号：FZ-19-30）

将三元体系中的聚合物加量由 0.15% 增至 0.18%，体系界面张力增至 5.1×10^{-3} mN/m，黏度增至 44.39 mPa·s，0.3% KPS/TD-2+0.18% HJ2500+1.2% Na_2CO_3 驱油体系的采收率增幅为 12.22%（图 4-67）。可见增大黏度对提高采收率作用有限，过强的乳化作用是影响原油提高采收率的主要原因。

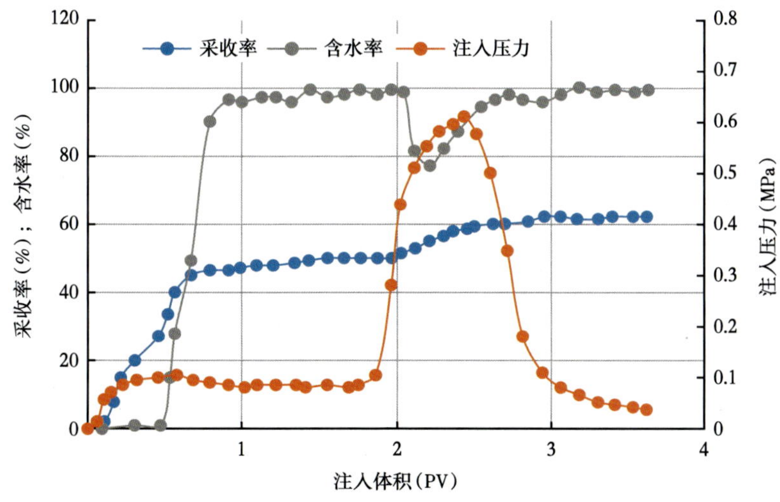

图 4-67　HJ2500 加量增加对体系驱油效果的影响
（岩心编号：FZ-7-10）

3. 弱乳化综合指数对驱油效果的影响

将碱加量由 1.2% 降至 0.2% 时，0.3% KPS/TD-2+0.2% Na_2CO_3 的乳化综合指数为 60.25%，三元体系（0.3% KPS/TD-2+0.15% HJ2500+0.2% Na_2CO_3）的界面张力为 1.25×10^{-2} mN/m，黏度

增至 62.71 mPa·s。由驱油实验结果可见，碱加量降低后的压力升幅是强乳化综合指数体系的 2 倍（图 4-68），最大可达 0.6 MPa；采收率增幅（21.03%）明显大于强乳化综合指数体系，含水率降幅更明显，呈现深“V”形，说明驱油体系进入细小孔喉内部，扩大了波及体积。通过将驱油体系乳化综合指数由 70% 降至 60% 的方法实现了提高采收率的目的，说明高于 70% 的乳化综合指数对驱油效率是不利的。

在保持表面活性剂加量不变的前提下，在强乳化体系中加入异构十三醇聚氧乙烯醚，调整后的乳化综合指数为 60.08%，与降低碱加量后的乳化综合指数 60.25% 相当。由驱油实验结果可见，界面张力和体系黏度相当的情况下，通过降低表面活性剂乳化作用的方法可以大幅提高采收率，采收率增幅为 29.64%，含水率曲线出现“锅底”型曲线（图 4-69）。对比图 4-68 和图 4-69 可见，降低表面活性剂乳化作用对提高采收率的影响大于降低碱加量的影响，说明适宜的乳化作用可以使驱油体系的波及体积和洗油效率同时发挥作用，进而实现了大幅度提高采收率。

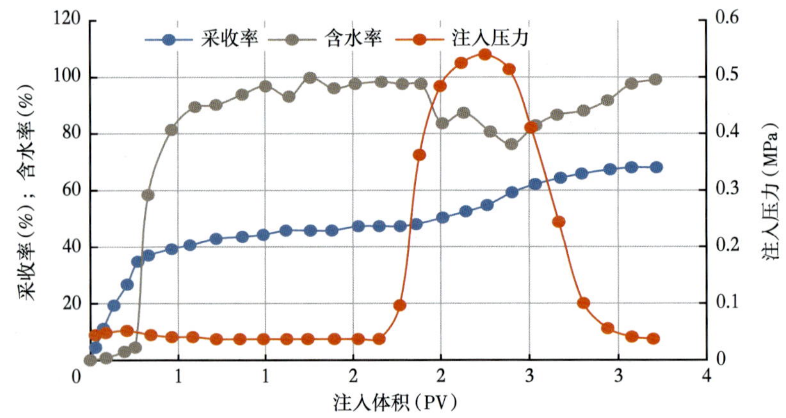

图 4-68　碱加量降低对体系驱油效果的影响

（岩心编号：FZ-45-3）

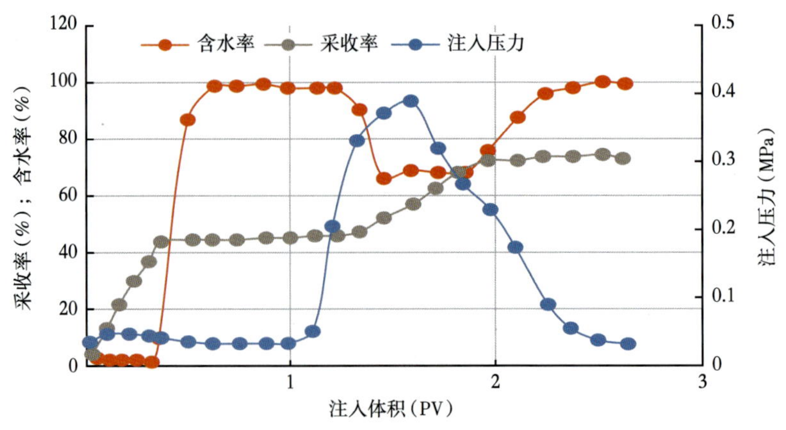

图 4-69　降低表面活性剂乳化作用对驱油效果的影响

（岩心编号：FZ-45-11）

由四组驱油实验的结果可见，并不是驱油体系的乳化综合指数越大，驱油效果便越好（表 4-15）。新疆砾岩二中区弱碱三元复合驱先导性试验结果表明，好的驱油体系在近井地带不发生强的乳化作用，而是在中间地带发生乳化作用，此时可使驱油体系达到地层深远地带，起到增大波及体积和洗油效率的目的。

表 4-15 四组驱油实验结果

组号	岩心编号	孔隙体积（mL）	孔隙度（%）	饱和油量（mL）	含油饱和度（%）	气测渗透率（mD）	注入速度（mL·min）	采收率（%）			
								水驱	化学驱	最终	提高
1	FZ-19-30	46.60	14.37	37.50	80.47	800	1.00	49.49	3.41	59.41	9.92
	FZ-38-23	47.10	13.90	38.00	80.68	805	1.00	44.37	6.47	57.66	13.29
2	FZ-7-10	43.40	13.02	34.70	79.95	694	0.50	49.71	6.94	61.93	12.22
	FZ-7-21	44.80	13.54	35.70	79.69	638	0.50	50.84	7.70	62.33	11.49
3	FZ-45-3	37.80	11.38	30.20	79.89	695	0.50	46.89	5.23	67.91	21.03
	FZ-45-6	37.20	11.12	29.80	80.11	676	0.50	42.48	6.44	64.13	21.64
4	FZ-45-11	38.40	11.56	30.60	79.69	720	0.50	44.51	7.58	74.15	29.64
	FZ-45-25	37.30	11.15	29.70	79.62	715	0.50	43.03	10.61	74.34	31.31

驱油体系适宜的乳化综合指数应控制在 30%~60%，乳化综合指数＞ 70% 的超强乳化体系对提高采收率效果不利。通过降低碱加量或降低表面活性剂乳化作用可以降低驱油体系的乳化综合指数，其中后者对提高采收率的影响大于前者。

六、乳化对提高采收率影响

根据企业标准 Q/SY 17583—2018 中的乳化综合指数计算公式，测定二元体系乳化综合指数。实验结果表明：相同条件下超低界面张力体系 + 低乳化强度体系提高采收率没有低界面张力体系 + 中等乳化体系高（表 4-16）。说明在渗透率一定前提下，界面张力作用没有通过调节体系体系乳化作用对提高采收率作用大，相同界面张力条件下，通过调节乳化综合指数可以实现采收率继续增加，说明乳化对采收率极限贡献率在 8 个百分点。低界面张力体系乳化是砾岩油藏大幅度提高采收率的重要机理，要实现砾岩油藏二元复合驱大幅度提高采收率，必须将驱油体系乳化控制在合理的范围内。

表 4-16 二元驱油体系乳化综合指数对提高采收率影响

序号	KPS 体系	界面张力（mN/m）	气测渗透率（mD）	采收率（%）		
				水驱	提高值	最终
1	超低界面张力 + 低乳化 乳化综合指数 22%	5×10^{-3}	705	44.37	13.29	57.66
2	低界面张力 + 中等乳化 乳化综合指数 45%	2×10^{-2}	695	46.89	21.03	67.92
3	低界面张力 + 中等乳化 乳化综合指数 67%	2×10^{-2}	720	44.51	29.64	74.15
4	超低界面张力 + 超强乳化 乳化综合指数 81%	3×10^{-3}	694	49.71	12.22	61.93

进一步研究不同渗透率、不同乳化综合指数、不同含油饱和度条件下对提高采收率影响，实验结果表明：渗透率小于 100mD 时，随着乳化综合指数增加，提高采收率幅度先增加后降低，最佳乳化综合指数为 55%；渗透率大于 100mD 时，随着乳化综合指数增加，提高采收率幅度逐渐增加，最佳乳化综合指数为 88%；乳化贡献提高采收率幅度 8 个百分点（图 4-70）。

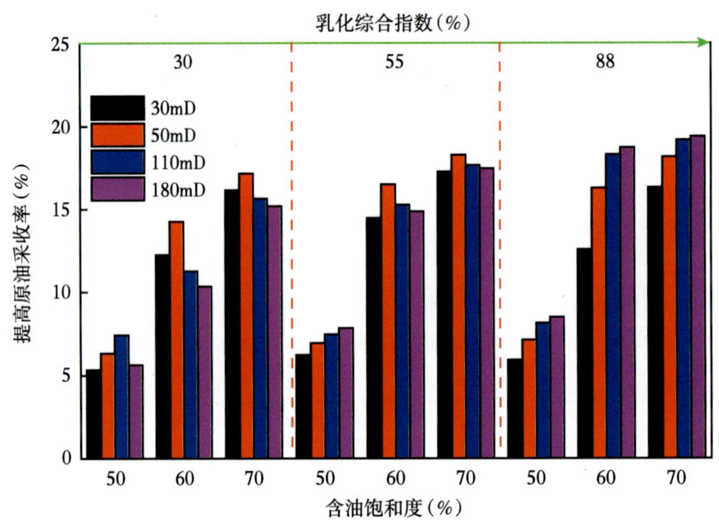

图 4-70　二元复合驱多因素乳化综合指数图版

1. 乳化对驱油体系黏度补偿作用

6m 填砂管实验结果表明：地层条件产生的乳状液黏度在一定程度上依赖于聚合物浓度，但当聚合物浓度下降时乳状液能够保持驱替相对黏度的稳定性。乳化消失时样品黏度迅速降低，所以乳化对于控制流度比有重要作用，在驱替过程中乳化对驱油体系黏度具有补偿作用，适当乳化有利于提高采收率（图 4-71）。

2. 乳状液运移规律研究

乳状液运移规律及粒径分布规律实验结果表明：前 3 个取样点 50cm，150cm 和 250cm 处乳化规律和前两点相同，乳化初期乳状液粒径分布较广，随着驱替的进行，逐渐以 3~6μm、6~9μm 的乳状液占到多数，到 1.54（1.7）PV 后乳状液看粒径开始变小，以 0~3μm 粒径为主，在 0~12μm 范围内变化，直到乳化结束。在 250cm 处，采出液含水率比较稳定，有小幅波动，乳状液粒径变化主要由化学剂浓度变化决定，含水率波动会使乳状液粒径产生一定波动（图 4-72）。可以看出 350cm 处乳化初期乳状液粒径分布较广，乳状液粒径波动较大，0.86（1.0）PV 主要以 6~15μm 为主，0.95~1.04（1.1~1.2）PV 主要以 0~9μm 为主，1.12~1.29（1.3~1.5）PV 呈现出乳化初期粒径分布较广的趋势，说明此时的乳状液未达到稳定状态。1.29（1.5）PV 以后开始进入乳化中期，粒径分布较窄。在后续驱替过程中，1.81（2.1）PV 后乳状液出小粒径为主，而后粒径恢复正常，乳化消失前乳状液粒径以 0~6μm 为主。

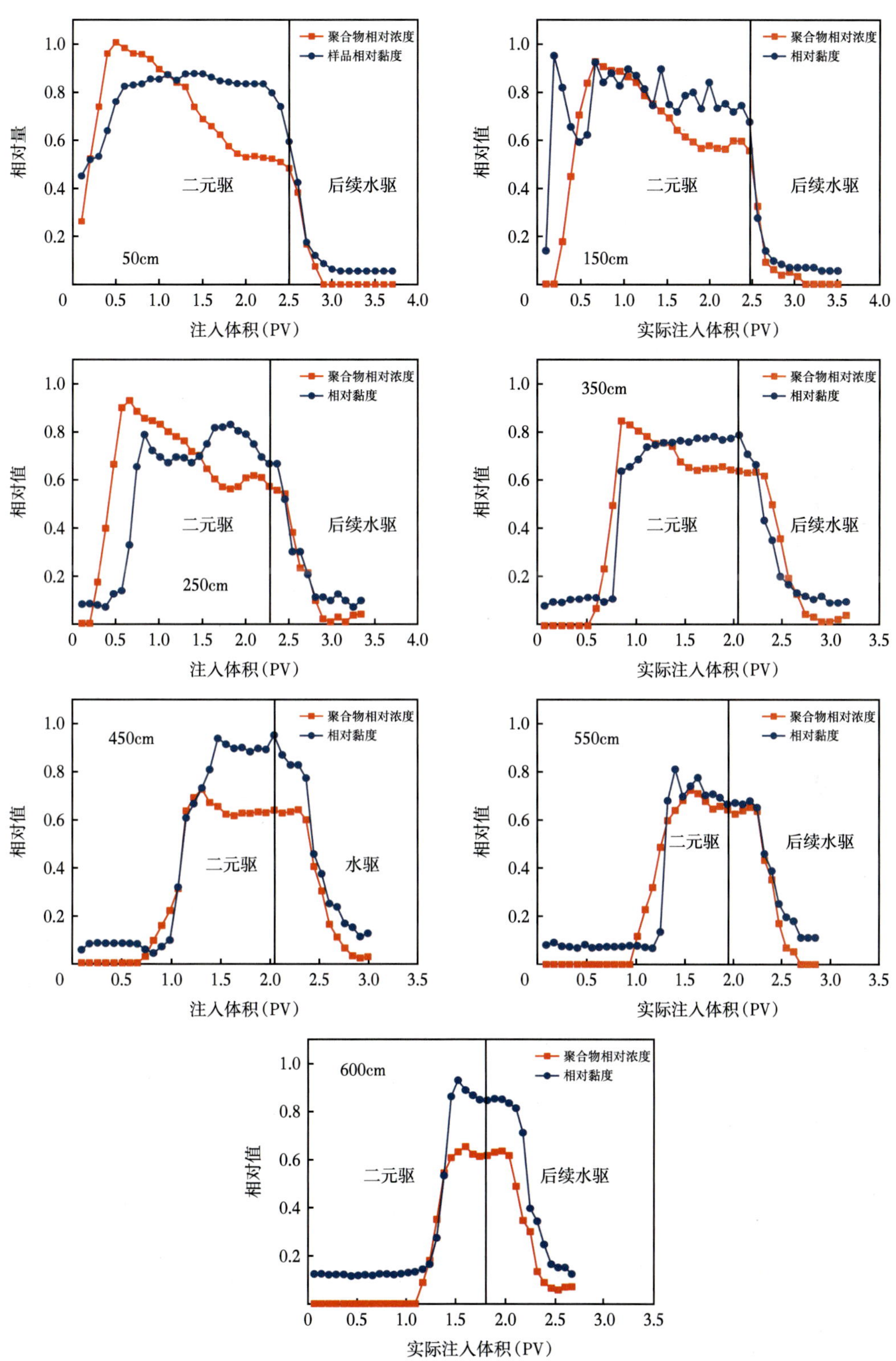

图 4-71 各取样点聚合物相对浓度和黏度曲线

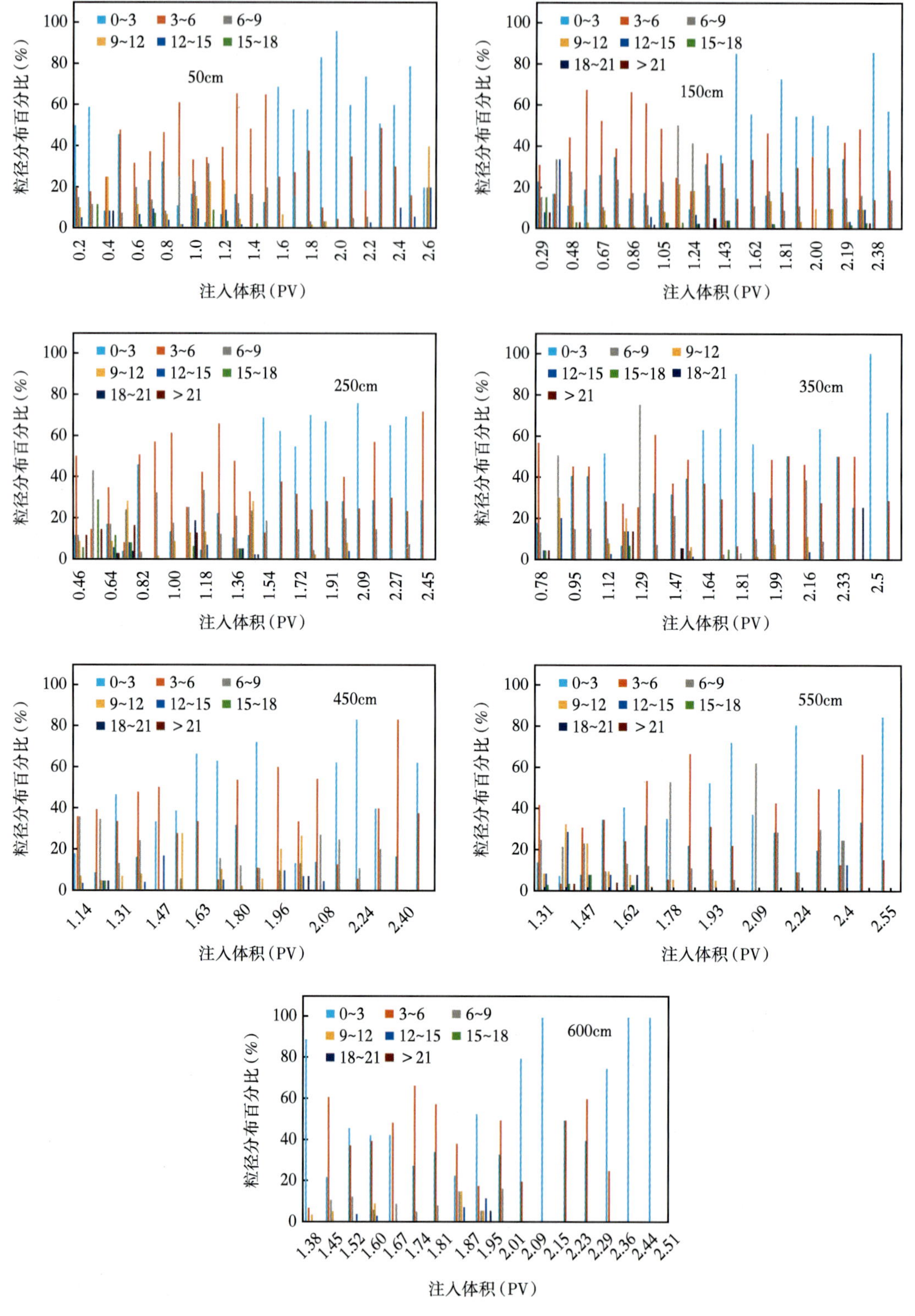

图 4-72 各取样点不同 PV 数粒径分布图

针对各取样点的乳化情况，对二元驱阶段的乳化规律进行分析，将各点的乳化按照不同的乳状液粒径进行分类，将各点的乳化分为乳化初期、乳化中期和乳化末期，在乳化中期根据乳状液粒径变化情况又分为中等乳化阶段和强乳化阶段。通过对各点的乳化规律分析，认为在乳化初期，由于化学剂浓度分布不均匀，乳化稳定性较差；乳化末期化学剂浓度较低，乳化油滴数目较少，乳化程度较弱；乳化初期和乳化末期的采出液与地层中的乳化真实情况有一定差异。乳化中期化学剂浓度较高，乳状液粒径变化规律性较好，能够反应地层中乳化的实际情况。取样点 450cm 处的黏度变化趋势与聚合物的响度浓度变化趋势一致，但该点的相对黏度明显高于聚合物相对浓度，原因是在乳化初期，形成油墙，乳状液中含油量高，乳状液黏度大，而随着乳状液对多孔介质中的油膜进行有效地驱替剥离，能够保证在驱替过程中有效黏度保持在较高的水平上。600cm 处乳化产生于二元驱末期，说明在岩心中乳化产生后扩散速度依赖于注剂速度，乳化开始时，表面活性剂浓度较低，随后持续增加但增加程度缓慢，此时取样点 600cm 处采出液黏度随乳化出现迅速上升并达到最大值，随后开始缓慢下降，在乳化期间黏度变化平稳。在聚合物黏度开始下降以后采出液黏度才开始下降，在乳化后期由于乳状液中含水率较高，在水驱 0.5PV 后（3.0PV）含水率已接近 99%，此时乳状液黏度迅速下降，不能起到调节流度比的作用。在乳化中期，乳化中等阶段随着化学剂浓度逐渐升高，大粒径液滴占比逐渐减少，粒径以中小粒径为主；强乳化阶段化学剂浓度稳定，粒径分布均匀，变化稳定。从各点采出液的油水比变化来看，乳化中期含水率变化较大，同时能够保持在一定范围内稳定，不会出现含水率大幅度上升的现象，分析认为该阶段为乳化增油的主要阶段。乳化初期和乳化末期的乳化程度较弱，具有一定的增油效果，但没有乳化中期明显。从 50cm 至 600cm 表面活性剂浓度逐渐减小，达到最大值至稳定的时间逐渐延长，乳化期和乳化中期的持续时间逐渐缩短，表面活性剂在二元驱乳化过程中扮演着重要的作用。同时，乳化过程的影响因素较多，各点的乳化主要受到表面活性剂浓度和含水率的共同影响。

3. 化学剂运移规律研究

1）表面活性剂变化规律

表面活性剂为小分子，在多孔介质中运移受到储层、原油等相互作用，在不同位置的变化规律不同，图 4-73 为表面活性剂相对浓度变化曲线。

可以看出，注入 0.1PV 后在 50cm 处开始出现 KPS，其浓度随着注入体积开始逐渐上升，达到最高点后持续减小，最大相对浓度为 0.7，水驱后浓度持续降低。随着运移距离的增加，保留的 KPS 浓度逐渐降低，相对浓度最高点也依次降低，600cm 处在注入 1.38（1.9）PV 开始出现 KPS，相对浓度最大值仅为 0.24，说明表面活性剂在多孔介质中损失严重。同时水驱后表面活性剂浓度变化也可以看出距注入端越近，表面活性剂浓度受注入体系的影响也越明显。

2）聚合物运移规律

聚合物在二元驱过程中主要起到调节流度比、扩大波及体积、调整水窜大通道的作用。通过不同位置聚合物浓度的变化，可以看出聚合物在多孔介质中的变化规律，确定聚合物有效作用的时间（图 4-74）。

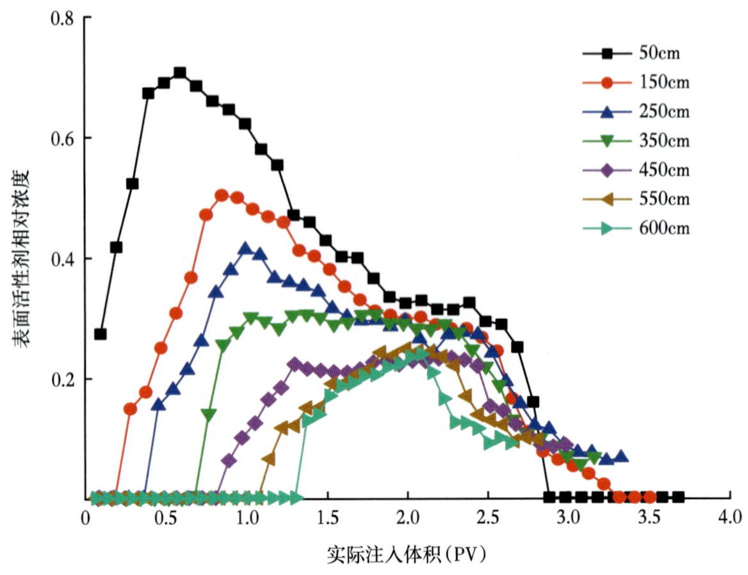

图 4-73　KPS 相对浓度变化曲线

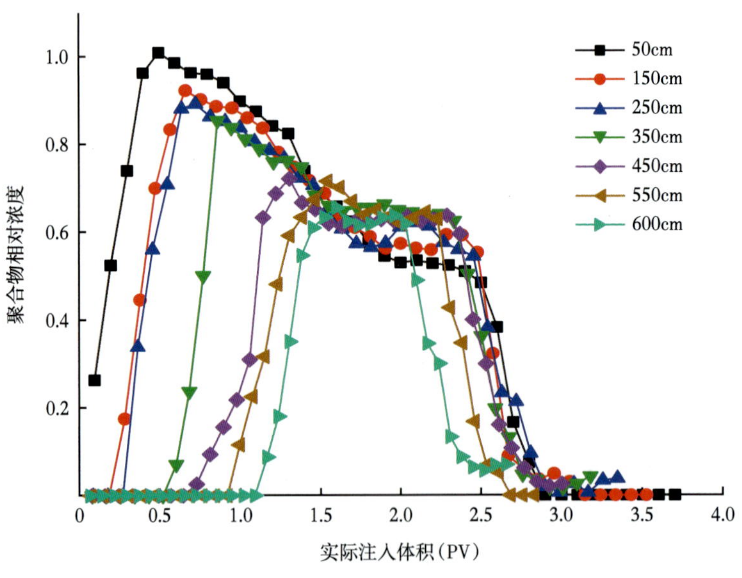

图 4-74　聚合物相对浓度变化曲线

可以看出在注剂 0.1PV 后在 50cm 处可以检测出聚合物，随后在各点依次检测出聚合物。除了前三点在注入相应体积后能够检测到聚合物外，后续个取样点之间都有明显的间隔，说明除了在取样点损失外，聚合物的吸附损失随着运移距离越远越明显。由于聚合物属于高分子化合物，会优先进入大孔道，随后吸附在孔隙表面，对大孔道进行调剖，其溶液具有黏弹性，随着大孔隙堵塞，压力上升，聚合物在小孔道会出现屈服流动，从而进行解堵。

现场水包油乳状液在较低剪切速率下主要表现出黏性，起到扩大波及体积作用；较高剪切速率下水包油乳状液主要表现为弹性，发挥驱替作用。低黏度油包水乳状液作用机理与水包油乳状液类似，高黏度油包水乳状液在剪切作用下主要表现出黏性，主要起到堵塞水窜大孔道，调节吸水剖面，调节流度比，扩大波及体积的作用。长岩心驱油乳状液运移规律实验结果表明：在乳化初期，由于化学剂浓度分布不均匀，乳化稳定性较差；乳化中期化学剂浓度较高，乳状液粒径变化规律性较好，乳化中期存在乳化对驱油体系黏度补偿作用，有利于提高原油采收率，乳化作用对驱油体系黏度具有补偿作用。二元驱乳化综合指数实验结果表明：二元复合驱过程中渗透率小于 100mD 时，随着乳化综合指数增加，提高采收率幅度先增加后降低，最佳乳化综合指数为 55%；渗透率大于 100mD 时，随着乳化综合指数增加，提高采收率幅度逐渐增加，最佳乳化综合指数为 88%；乳化贡献提高采收率幅度 8 个百分点。

第三节 乳化的流度控制理论

二元复合驱体系的流度设计是借鉴聚合物驱的设计思想与方法，在研究二元复合驱流度设计前先进行聚合物驱的流度设计。

一、聚合物驱流度设计方法

油水在多孔介质中的相对流动主要取决于流度比，为使聚合物段塞均匀前进，防止指进现象的发生，应保证聚合物段塞与其前缘油水混合带的流度比不大于 1。进行聚合物驱流度设计须经过以下 3 个步骤：(1) 根据实施聚合物驱区块的具体油层条件，绘制出油水相对渗透率曲线；(2) 根据油水相对渗透率曲线，计算不同含水饱和度下油水混合带总流度，并找出其最小流度；(3) 根据油水混合带的最小流度计算控制流度的聚合物质量浓度范围。

聚合物段塞前缘油水混合带的总流度可表示为：

$$\lambda_{\mathrm{m}} = \frac{KK_{\mathrm{rw}}}{\mu_{\mathrm{w}}} + \frac{KK_{\mathrm{ro}}}{\mu_{\mathrm{o}}} \tag{4-3}$$

式中，λ_{m} 为聚合物段塞前缘油水混合带总流度，mD/(mPa·s)；K 为绝对渗透率，mD；K_{rw} 和 K_{ro} 分别为水相和油相的相对渗透率，mD；μ_{w} 和 μ_{o} 分别为水相和油相的黏度，mPa·s。

聚合物的吸附滞留会导致水相渗透率下降，此时聚合物段塞的流度可表示为：

$$\lambda_{\mathrm{p}} = \frac{KK_{\mathrm{rw}}}{R_{\mathrm{k}}\mu_{\mathrm{p}}} \tag{4-4}$$

式中，λ_{p} 为聚合物段塞流度，mD/(mPa·s)；R_{k} 为渗透率下降系数；μ_{p} 为聚合物段塞的黏度；mPa·s。

根据流度控制的基本思想，驱替段塞的流度与其前缘油水混合带的流度之比应不大于 1：

$$\frac{\dfrac{KK_{\mathrm{rp}}}{\mu_{\mathrm{eff}}}}{\dfrac{KK_{\mathrm{rw}}}{\mu_{\mathrm{w}}}+\dfrac{KK_{\mathrm{ro}}}{\mu_{\mathrm{o}}}}\leqslant 1 \tag{4-5}$$

对式（4-5）进行变换，并将油水混合带的最小流度代入，得到：

$$R_{\mathrm{k}}\mu_{\mathrm{p}} \geqslant \frac{K_{\mathrm{rw}}}{\alpha(m,\min)} \tag{4-6}$$

式中，α（m，min）为聚合物段塞前缘油水混合带最小值 $\frac{K_{\mathrm{rw}}}{\mu_{\mathrm{w}}}+\frac{K_{\mathrm{ro}}}{\mu_{\mathrm{o}}}$，（mPa·s）$^{-1}$，聚合物在地层中的吸附滞留会导致水相渗透率的下降。渗透率下降系数与聚合物质量浓度的关系为：

$$R_{\mathrm{k}}=1+\frac{\left(R_{K_{\max}}-1\right)b_{\mathrm{rk}}C_{\mathrm{p}}}{1+b_{\mathrm{rk}}C_{\mathrm{p}}} \tag{4-7}$$

式中，$R_{K\max}$ 为最大渗透率下降系数；b_{rk} 为由实验资料确定的参数；C_{p} 为聚合物质量浓度，mg/L。

聚合物溶液黏度与聚合物质量浓度的关系可表示为：

$$\mu_{\mathrm{p}}(\gamma)=\mu_{\mathrm{w}}+\frac{\mu_{\mathrm{p}}^{0}-\mu_{\mathrm{w}}}{1+\left[\dfrac{\gamma}{\gamma_{1/2}}\right]^{pown-1}} \tag{4-8}$$

把公式（4-4）和（4-5）代入式（4-3）中可得：

$$\left[1+\frac{\left(R_{K_{\max}}-1\right)b_{\mathrm{rk}}C_{\mathrm{p}}}{1+b_{\mathrm{rk}}C_{\mathrm{p}}}\right]\left[\mu_{\mathrm{w}}+\frac{\mu_{\mathrm{p}}^{o}-\mu_{\mathrm{w}}}{1+\left[\dfrac{\gamma}{\gamma_{1/2}}\right]^{pown-1}}\right]\geqslant\frac{K_{\mathrm{rw}}}{\alpha(m,\min)} \tag{4-9}$$

求解式（4-9）便可得到控制聚合物段塞流度所需的最小聚合物质量浓度。

二、二元复合驱流度设计方法

二元复合驱的流度计算方法与聚合物驱类似，但其中加入了表面活性剂降低了界面张力，所以需要重新标定相对渗透率曲线。

首先根据界面张力计算毛细管数，并根据实验测得的油水两相混相的毛细管数范围计算混相系数；再利用混相系数重新计算相渗曲线的端点，并将混相曲线和非混相曲线都标定到新的端点；最后插值标定后的混相曲线和非混相曲线，将其作为毛细管数下的相对渗透率曲线，按照聚合物驱的方法计算起到流度控制作用的体系配方，具体方法如下：

1. 混相系数的计算

毛细管数是黏滞力与毛细管力之比组成的无量纲数组，与界面张力有如下关系：

$$N_c = \frac{K\Delta p}{L\sigma}c \tag{4-10}$$

在矿场上，注采井之间的直线是运动速度最快、压力梯度最大的主流线，也是最应控制流度的地方。用平均压力梯度计算，矿场上应用的毛细管数为：

$$N_c = \frac{K(p_e - p_w)}{r\sigma}c \tag{4-11}$$

室内实验表明，存在一个束缚水和残余油饱和度从开始减小到0的毛细管数范围。在此范围中，束缚水和残余油饱和度与 $\lg N_c$ 成线性关系。根据油层润湿性的不同，油水两相混相的毛细管数范围也不同。因此，为了计算逐步混相过程中的残余油和束缚水饱和度，定义油水两相的混相系数。通过室内实验测得油水混相毛细管数范围分别为（N_{lo}，N_{ro}）、（N_{lw}，N_{rw}），毛细管数为 N_c 时油水两相的混相系数表示为：

$$M_o = \frac{\lg N_c - \lg N_{lo}}{\lg N_{ro} - \lg N_{lo}} \tag{4-12}$$

$$M_w = \frac{\lg N_c - \lg N_{lw}}{\lg N_{rw} - \lg N_{lw}} \tag{4-13}$$

2. 标定后相对渗透率的计算

利用混相系数，毛细管数为 N_c 时，残余油和束缚水饱和度表示分别为：

$$S_{wc}^{mp} = S_{wc}(1 - M_w) \tag{4-14}$$

$$S_{or}^{mp} = S_{or}(1 - M_o) \tag{4-15}$$

为得到标定后相渗曲线上的渗透率，可利用端点标定技术计算标定前饱和度对应的渗透率，端点标定公式为：

$$S_w = S_{wc} + \frac{S'_w - S'_{wc}}{S'_r - S'_{wc}}(S_r - S_{wc}) \tag{4-16}$$

将原相渗曲线的端点和新计算的相渗端点 S_{wc}^{mp}、S_{or}^{mp} 代入公式（4-16）中，分别得到 S_w 在非混相曲线和混相曲线上的饱和度 S_w^i、S_w^m：

$$S_{\mathrm{w}}^{\mathrm{i}}=\frac{S_{\mathrm{w}}'-S_{\mathrm{wc}}\left(1-M_{\mathrm{w}}\right)}{1-S_{\mathrm{wc}}\left(1-M_{\mathrm{w}}\right)-S_{\mathrm{wr}}\left(1-M_{\mathrm{o}}\right)}\times\left(1-S_{\mathrm{or}}-S_{\mathrm{wc}}\right)+S_{\mathrm{wc}} \tag{4-17}$$

$$S_{\mathrm{w}}^{\mathrm{m}}=\frac{S_{\mathrm{w}}'-S_{\mathrm{wc}}\left(1-M_{\mathrm{w}}\right)}{1-S_{\mathrm{wc}}\left(1-M_{\mathrm{w}}\right)-S_{\mathrm{or}}\left(1-M_{\mathrm{o}}\right)} \tag{4-18}$$

3. 水相渗透率的计算

在非混相曲线 i 和混相曲线 m 上，分别读出 $S_{\mathrm{i}}^{\mathrm{w}}$、$S_{\mathrm{m}}^{\mathrm{w}}$ 对应的相对渗透率，再利用混相系数插值，即得到饱和度为 S_{w}、毛细管数为 N_{c} 时的水相渗透率：

$$K_{\mathrm{rw}}\left(S_{\mathrm{w}}N_{\mathrm{c}}\right)=M_{\mathrm{w}}K_{\mathrm{rw}}^{i}S_{\mathrm{w}}^{i}+\left(1-M_{\mathrm{w}}\right)K_{\mathrm{rw}}^{m}S_{\mathrm{w}}^{m} \tag{4-19}$$

三、二元复合驱流度设计结果

按照此方法获得即可获得二元体系的相对渗透率曲线（图 4-75），可以发现随着表面活性剂的加入，二元体系的水相渗透率明显增加，表明二元体系与原油之间的渗流阻力减小，流度控制作用减弱。同时二元复合驱体系的残余油饱和度端点右移，证明二元体系可以提高洗油效率，降低残余油饱和度。利用此二元曲线即可计算复合驱起到流动控制作用时的体系配方。

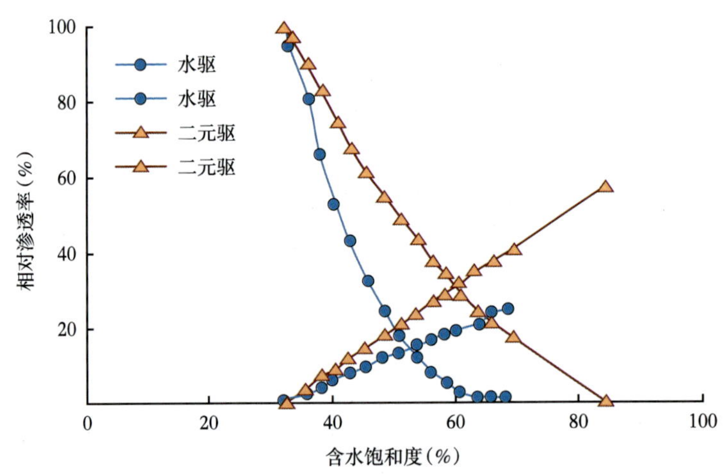

图 4-75　二元复合体系相对渗透率曲线

通过相对渗透率曲线计算出不同界面张力体系可以起到流度控制所需的最小工作黏度（图 4-76），随着体系界面张力的降低，含水饱和度的增加，所需要的体系工作黏度增加，例如对于界面张力为 6mN/m 的二元体系，在含水饱和度 60% 时，需要起到流动控制作用的体系工作黏度为 3.7mPa·s，但对于超低界面张力体系（IFT=0.005mN/m），所需体系的工作黏度变为 5.3mPa·s，可以看出超低界面张力体系不利于流度控制作用。

按照剪切速率与黏度的关系式以及剪切损失率，把工作黏度回归成表观黏度

（图 4-77），可以发现对于此次实验 158mD 的岩心，表观黏度为 30mPa·s 的体系，在大多数条件下可以起到流度控制作用。可根据浓黏关系曲线，按照表观黏度反推体系的浓度，确定最终的体系配方。

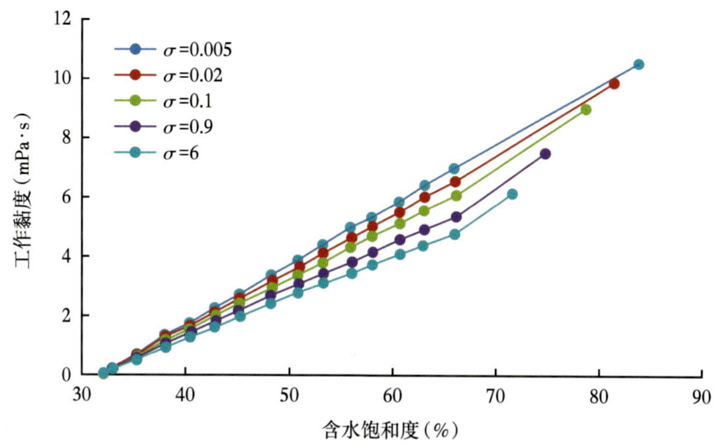

图 4-76　不同界面张力体系起到流度控作用所需的最小工作黏度

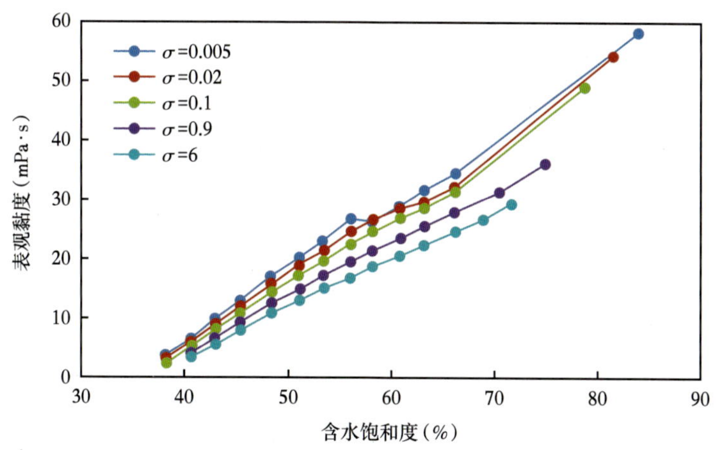

图 4-77　不同界面张力体系起到流度控作用所需的最小工作黏度

四、非均质储层条件下流度设计

在非均质储层条件下复合体系的流度设计更有意义，也颇具挑战，目前还没有理论模型能直接计算非均质储层条件下起到流度控制作用的体系配方，在这一节通过并联岩心驱替实验结合理论计算来确定并联岩心中分流率变化的原因，获得各不同储层总流度的变化，为后续的体系配方设计提供依据。

1. 实验材料及步骤

岩心选择有效渗透率为 700mD、400mD、100mD 的长方岩心，模型尺寸为 4.5cm ×

4.5cm × 30cm，把其并联在一起。注入水以及配制聚合物用水为矿化度 918mg/L 的清水，根据配伍性研究结果和矿场应用情况选取大庆中分聚合物，其相对分子质量为 1200 万，浓度为 1500mg/L，根据矿场返排后的黏度保留率确定剪切强度，使用吴茵搅拌器对聚合物进行剪切，剪切前的黏度为 98.1mPa·s，剪切后黏度为 51.2mPa.s。

实验步骤如下：(1)选取同一批次的三组人造长方岩心，每组包括 3 种渗透率，把岩心抽真空后饱和水，饱和油；(2)用非稳态法分别测定 3 种渗透率岩心的水驱油和聚合物驱油相对渗透率曲线；(3)对其中一组的三管并联岩心开展驱油实验，水驱至含水 95% 后转聚合物驱 0.8PV，再后续水驱至含水 98%，记录各层的产水产油量变化。

2. 各储层流度计算方法

假设聚合物与岩心中的水作用后瞬间达到平衡，注入聚合物阶段产出油均是由聚合物贡献出来，各层中的总流度可以表示为：

$$\lambda_t = \frac{KK_{ro}(S_w)}{\mu_o} + \frac{KK_{rw}(S_w)}{\mu_w} + \frac{KK_{rp}(S_p)}{\mu_{p(\gamma)}} \tag{4-20}$$

其中聚合物有效工作黏度和剪切速率分别表示为：

$$\mu_p(\gamma) = \mu_w + \frac{\mu_p^o - \mu_p^\infty}{1+\left[\dfrac{\gamma}{\gamma_{½}}\right]^{\alpha-1}} \tag{4-21}$$

$$\gamma = 5\left(\frac{1+3n}{4n}\right)^{\frac{n}{n-1}} \times \frac{\left|\overline{V_w}\right|}{\sqrt{\bar{K}}K_{rw}\phi S_w} \tag{4-22}$$

式中，γ 为剪切速率，s^{-1}；μ_p^o 为零剪切速率下聚合物溶液的黏度，mPa·s；μ_∞ 为极限剪切黏度，mPa·s；$\gamma_{½}$ 为 μ_p^o 和 μ_p^∞ 平均值对应的前切速率，s^{-1}；α 为由实验确定的指数系数：n 为幂律指数；$\bar{V}_w$ 为达西速度，m/d；ϕ 为孔隙度；S_w 为含水饱和度，%。

根据测定出的水驱油、聚合物驱油相渗曲线，利用实验数据中不同时刻的含水率结合公式(4-20)就可以确定任意时刻下各层的总流度。

3. 流度变化时机判断标准

测得 3 种渗透率岩心的水驱油及聚合物驱油相对渗透率曲线(图 4-78)，可以看出渗透率越低，其束缚水饱和度越高，水相渗透率越小；注入聚合物后油相渗透率基本没有发生变化，水相渗透率和残余油饱和度有所下降，可以利用这 6 条相对渗透率曲线计算各层流度。

从注入聚合物过程中各层的分流率以及流度计算结果(图 4-79、图 4-80)，可以看出，在注入聚合物过程中出现了“剖面返转”现象，由于 3 层间存在相互干扰，反转时刻并不是同一点。按照公式(4-20)计算的流度百分数变化曲线与分流率曲线较为相似，其极值点对应的孔隙体积与分流率对应的孔隙体积一致，证明聚合物驱过程中各层流度百分数的极值点对应的孔隙体积即为“剖面返转”发生点，此方法揭示了“剖面返转”是由于各层阻力动态变化造成的，阻力动态变化既与聚合物的吸附滞留有关，又与两相流相互作用情况有关，使用流度可以把两种因素结合起来，克服了单独使用阻力系数只能考虑单相流动的局限性。

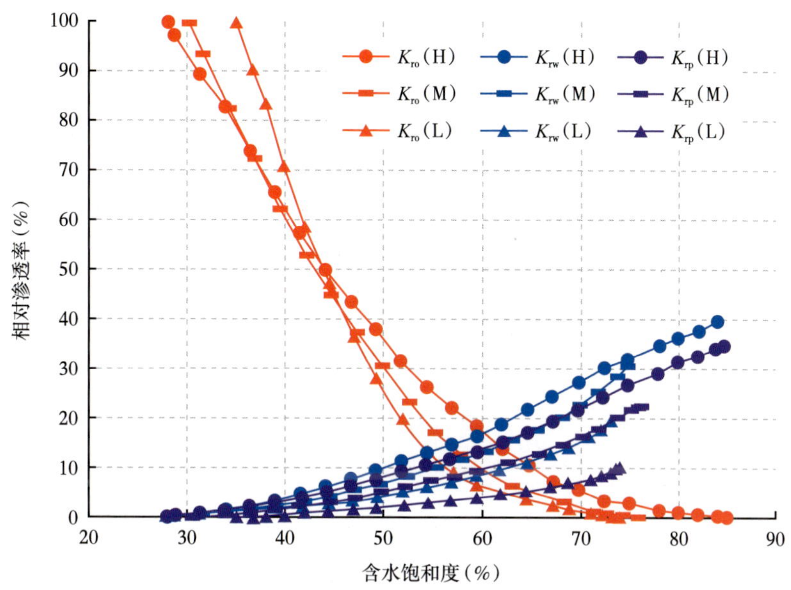

图 4-78　3 种岩心的水驱油和聚合物驱油相对渗透率曲线

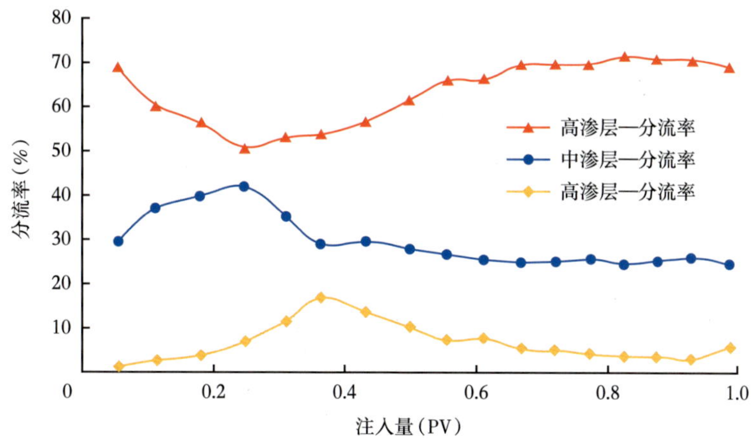

图 4-79　3 层岩心的分流率曲线

通过流度计算结果可以发现，各层的分流率曲线的变化对应着各层流度的变化，水驱结束后高渗层的流度是中渗层的 3 倍，是低渗层的 20 倍，流度差异很大。注入化学体系后在一定程度上改善了剖面，降低了中、高渗层的流度，但很难明显改变低渗层的流度。注聚末期高渗层的流度是中渗层的 2 倍，是低渗层的 15 倍，需要统一设计每一层的流度，尽可能使得每一层均匀推进。

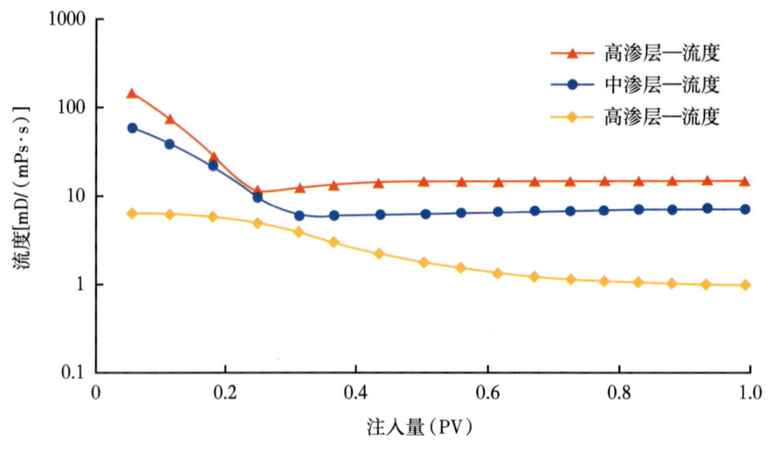

图 4-80　3 层岩心的流度计算结果

五、非均质储层条件下二元体系驱替实验

尽管基于均质岩心的流度设计理念，针对非均质岩心建立的化学驱动态阻力计算模型，能够量化主流线与分流线渗流阻力的差异，但各层的相渗曲线依然无法通过此方法计算，仍需要根据实验的分流率曲线获得。所以最终对于非均质油藏的二元注入配方优化设计仍需要回归到实验手段，获得最准确的数据支撑。

新疆克拉玛依七中区克下组油藏空间展布广、非均质性严重，剩余油饱和度高且分布分散。二元复合驱是非均质油藏三次采油的有效手段，聚合物通过堵塞部分水驱阶段形成的水流优势通道，提高注入压力启动低渗层中的剩余油；表面活性剂降低了油水界面张力，提高了波及区域的洗油效率。

根据七中区砾岩油藏的储层特征制作并联驱替物理模型，同时考虑储层中的流体非均质性设计不同的原油驱替实验。在静态评价获得最佳的聚合物和表面活性剂浓度范围的基础上，研究在储层及流体非均质条件下，聚合物和表面活性剂注入参数的变化对于提高采收率的影响，最终形成二元复合驱注入配方设计理念，并确定最佳的注入方式。

1. 实验材料及方案

实验温度为储层地层温度 40℃，实验用驱油体系：聚合物相对分子质量分别为 1000 万和 1500 万。表面活性剂为母液浓度为 20% 的复配石油磺酸盐；实验前对所有体系进行剪切，所用的剪切速率均为 2 档，剪切时间 20s；利用 500mL 烧杯称取 398g 蒸馏水，利用电子搅拌器在 400r/m 转速下搅拌形成液面旋涡；利用电子天平称取聚合物样品 2g，在 1min 内均匀缓慢地加入烧杯中，继续搅拌 2h，配制成 5000mg/L 的化学药剂母液备用。通过计算，利用现场注入水对母液进行稀释，称取定量的母液分别加入两个 500mL 烧杯，利用注入水稀释，其中一个烧杯中利用胶头滴管加入定量的石油磺酸盐母液，利用电子搅拌器以 200r/m 转速搅拌 1h，可获得聚合物和二元目的液。

实验用油为克拉玛依油田七中区的脱气脱水原油，40℃下黏度为 29.7mPa·s。通过与稠油复配可以获得 40℃下黏度为 45 mPa·s 的高黏原油。

实验用岩心：目标油藏储层岩性以砂砾岩、粗—中砂岩、细砂岩为主，室内模拟研究采用双层并联人造砂岩岩心进行。为保证注入体系对储层有效动用，增强结果的可信性，选定基准岩心的气测渗透率为 80mD（图 4-81）。

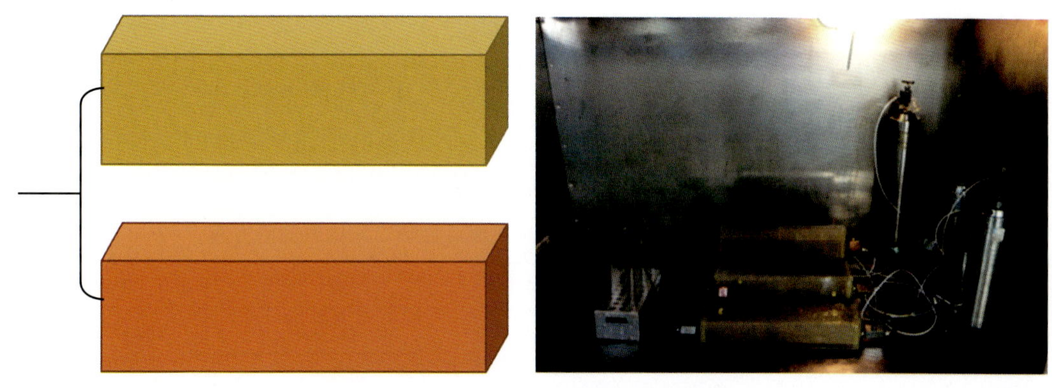

图 4-81 双管并联岩心流程及实验实物图

本部分实验内容主要是对二元复合驱体系参数进行优化设计，主要包括聚合物相对分子质量、浓度，表面活性剂浓度等在渗透率级差和原油黏度改变下的最佳参数。考虑到目标区块储层非均质性严重及室内实验对于渗透率级差的限制性，将渗透率级差最大值设定为 10，聚合物的相对分子质量根据配伍关系选择 1000 万和 1500 万，浓度为 1000mg/L 和 2000mg/L，表面活性剂浓度为 0.1% 和 0.3%（表 4-17）。

表 4-17 段塞组合方式设计方案

序号	级差	表面活性剂浓度（%）	聚合物分子量（万）	浓度（mg/L）	原油黏度（mPa·s）
1	3	0.30	1000	1000	20
2	3	0.30	1000	2000	20
3	5	0.10	1000	1000	20
4	5	0.30	1000	1000	20
5	10	0.10	1000	1000	20
6	10	0.30	1000	1000	20
7	5	0.30	1000	500	20
8	5	0.30	1000	2000	20
9	10	0.30	1000	2000	20
10	5	0.30	1500	1000	20
11	5	0.30	1000	1000	40
12	5	0.30	1000	2000	40

每组实验均进行水驱至含水率 90%、化学驱（不同段塞组合及用量）和后续水驱，至最终含水率达到 98% 结束。

2. 渗透率级差的影响

通过渗透率级差来表征储层的非均质性，现场资料显示目标区块的渗透率级差可以达到100以上，这在室内实验模拟中很难实现。将适用于化学驱的可动用渗透率界限设定为30mD，则可以将渗透率级差缩小到10，满足室内研究的需要。渗透率级差越大，低渗层的动用程度越低，对于二元体系的黏度需求越大。因此不同渗透率级差下的二元体系最佳参数不同，首先需要明确不同非均质性条件下提高采收率面临的主要问题。

实验对比3种渗透率级差（分别为3、5、10）下不同二元体系黏度的驱替特征及提高采收率效果，明确不同渗透率级差条件下二元体系的设计思想（表4-18）。

表4-18　渗透率级差下不同浓度表面活性剂二元体系实验方案

模型参数	方案		体系配方
双管并联岩心 基准渗透率：80mD	水驱至含水90%，转二元0.7PV，后续水驱含水至98%	级差3	1000万相对分子质量0.3%KPS+ （1）1000mg/L （2）2000mg/L
		级差5	
		级差10	

非均质体系提高采收率主要靠增加低渗层的动用。高低渗层的分流率曲线代表了注入流体在非均质储层中的分配情况，增加低渗层的分流率可以有效扩大波及体积，动用低渗层。通过对比3组渗透率级差条件下的分流率曲线（图4-82），可以评价非均质性强弱对于提高采收率的影响，并且通过对比不同级差下高低渗层的提高采收率差值，可以明确在不同渗透率级差下，对于提高采收率起到决定性作用的层位，指导实际生产参数的制定。

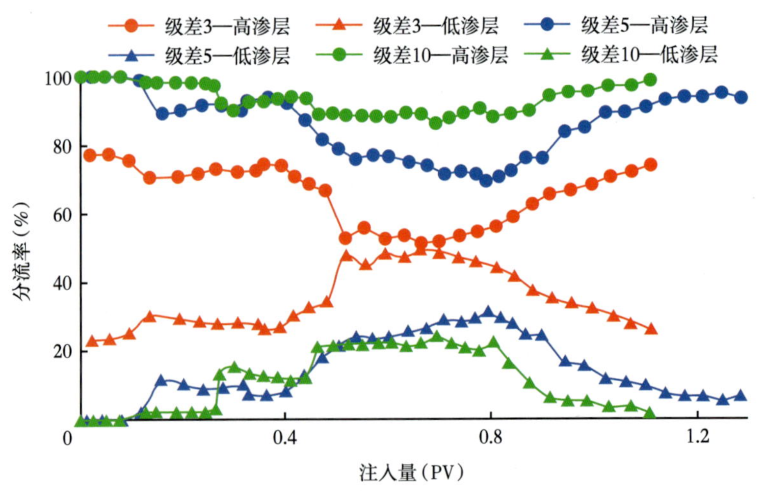

图4-82　3种渗透率级差下二元聚合物浓度为1000mg/L时分流率曲线

可以看出，水驱阶段高渗层的含水率先缓慢降低，再保持平稳。渗透率级差为10时，高渗层的分流率维持再92%以上，低渗层动用程度很低；渗透率级差为5时高渗层分流率在90%左右；而当渗透率级差降低到3时，高渗层的分流率曲线稳定在70%左右，出现明显的降低。这主要是由于级差大于10时，高低渗层流速差异过大，在高渗层建立了优势通道之后，低渗层难以达到启动压力，导致水窜通道越加明显。而级差小于 3 时，高低渗层差异小，接近于均质储层，二者动用程度接近。二元驱替阶段，高渗层分流率均出现不同程度的降低，其中渗透率级差为 10 时，高渗层分流率降低到 90%，幅度很小；渗透率级差为 5 时，高渗层分流率降低到 70%，效果明显，可以有效动用低渗层；当渗透率级差为 3 时，高低渗层的分流率相近。后续水驱替阶段，高渗层分流率均迅速回升，且均高于水驱水平，其中渗透率级差为 10 时，水驱末期低渗层基本不再产液，说明二元体系很难在岩心中滞留产生残余阻力。

对比相同渗透率级差下二元体系改善分流率情况，可以明确二元体系黏度对于剖面改善的影响，绘制渗透率级差分别为 5 和 10 的不同聚合物浓度的二元体系的分流率曲线（图 4-83、图 4-84）。

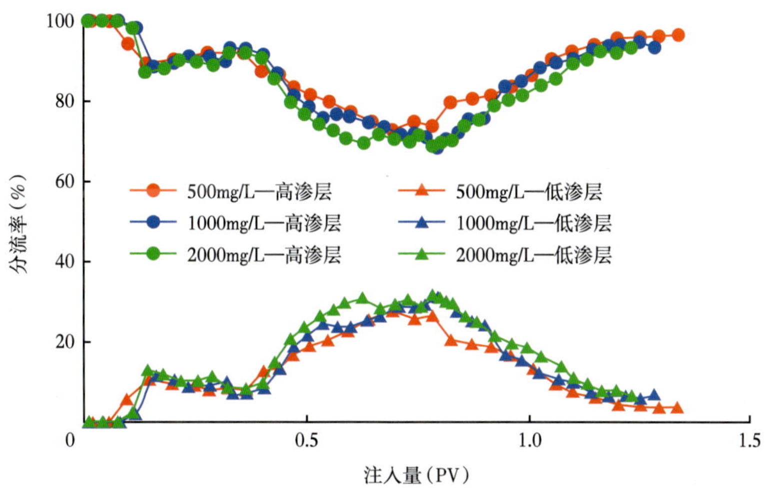

图 4-83 渗透率级差为 5 时改变二元体系聚合物浓度分流率变化曲线

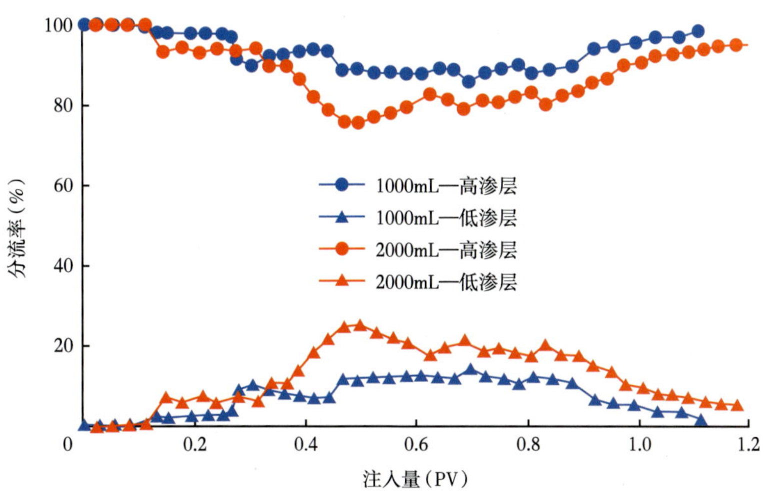

图 4-84 渗透率级差为 10 时改变二元体系聚合物浓度分流率变化曲线

可以看出，渗透率级差为 5 时，增加聚合物浓度对于高渗层分流率的改善效果不明显，显示当渗透率级差为 10 时，改变聚合物浓度注入高渗层的分流率有明显的降低，且后续水驱替阶段具有明显的剖面改善效果，说明高黏的二元体系可以在高渗层中形成长效的阻力，延长扩大波及体积作用周期，提高低渗层的动用情况。

通过以上分析可以发现，随着级差的增加，二元体系实现剖面控制、动用低渗层的难度变大，此时需要增加体系的黏度对非均质性进行改善，对比 3 种渗透率级差条件下增加聚合物浓度注入后体系的提高采收率（图 4-85）。

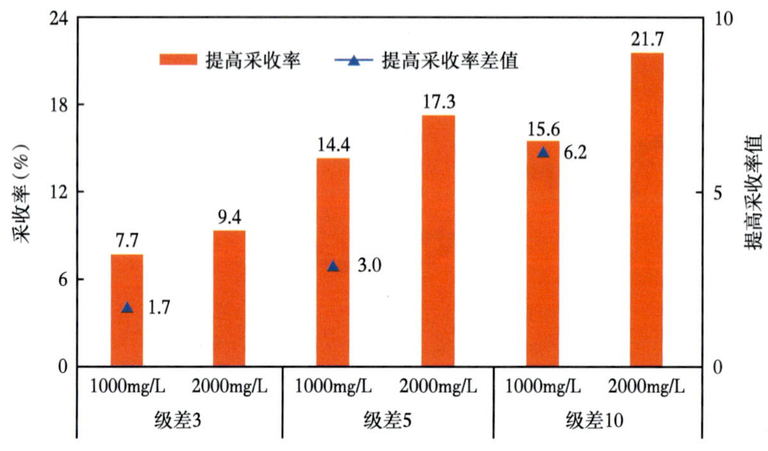

图 4-85　不同渗透率级差下改变二元黏度对于提高采收率的影响

可以看出，随着渗透率级差增加，二元提高采收率效果变好，这主要是因为渗透率级差大，水驱采收率很低，使得二元体系注入后获得较好的提高采收率效果，但最终的总采收率较低（表 4-19）。在相同渗透率级差下，增加二元体系黏度可以有效提高采收率，并且对比不同渗透率级差下高低黏二元体系提高采收率的差值可以发现，随着渗透率级差增加，该差值逐渐增加，由级差为 3 时的 1.71 增加到级差为 10 时的 6.15，效果显著。

表 4-19　3 种级差各层最终采收率

级差 3			
采收率	高渗层	低渗层	总采收率
水驱采收率	43.33	39.62	41.52
最终采收率	57.53	43.32	50.57
提高采收率	14.20	3.70	9.06
级差 5			
采收率	高渗层	低渗层	总采收率
水驱采收率	39.65	24.76	32.36
最终采收率	55.30	37.80	46.73
提高采收率	15.65	13.04	14.37

续表

级差 10			
采收率	高渗层	低渗层	总采收率
水驱采收率	34.15	2.67	18.74
最终采收率	49.67	30.90	40.48
提高采收率	15.52	28.23	21.74

升高二元体系黏度可通过增加聚合物浓度，也可以通过增加聚合物的相对分子质量，对比相同渗透率级差下不同相对分子质量聚合物注入后的分流率曲线和含水率曲线（图 4-86、图 4-87）。可以发现，增加聚合物浓度后高渗层的分流率显著降低了 12%，最低点出现提前了 0.2PV，见效快。由含水率曲线可以发现，增加聚合物相对分子质量可以明显

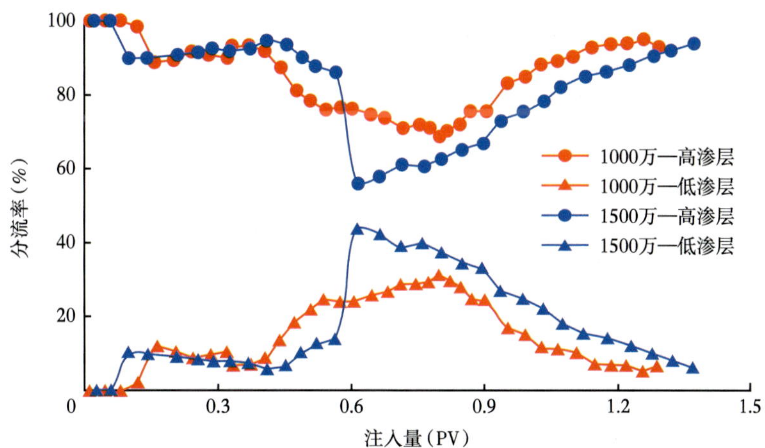

图 4-86　不同相对分子质量聚合物分流率曲线

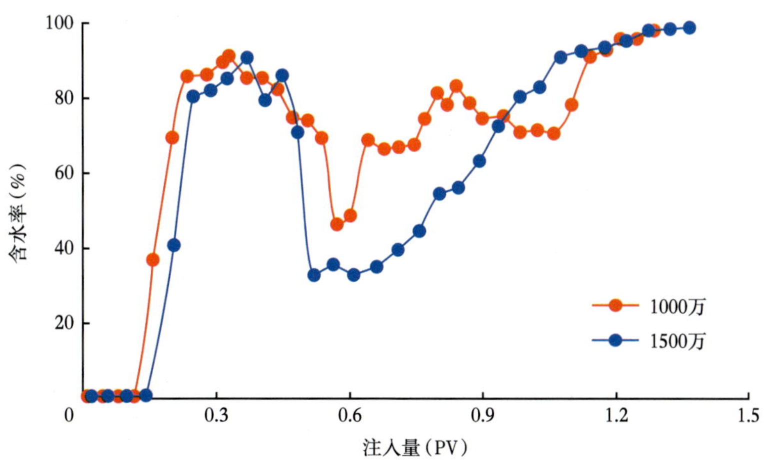

图 4-87　不同相对分子质量聚合物含水率曲线

降低最低含水率点（从45%到31%），且低含水期明显延长。对比可以发现，聚合物相对分子质量对于改善剖面效果的影响更加显著，明显优于增加聚合物浓度。这主要时因为聚合物相对分子质量增加是聚合物分子链加长的结果，聚合物可以形成水化层，分子链间相互缠绕形成空间网络结构，增加体系的黏度。如果为离子型聚合物，则在水中解离，形成许多带相同电荷的链节，使聚合物形成的无规则链团更加松散，增加体系的黏度。分子量的增加和聚合物浓度的增加均会增强这一过程，其中相对分子质量的增加是聚合物本身结构的变化，对其增黏效果产生的影响更显著。

以上分析结果表明，渗透率级差过大层间矛盾突出，提高采收率的重点应该放在扩大波及体积上。当渗透率级差为5时是二元体系充分发挥扩大波及体积和洗油效率的最佳条件；当渗透率级差大于5时，应该首先解决层间矛盾，进行调驱，注入高黏段塞将高渗层的渗透率降低，减弱储层的非均质性至适用于二元驱替的范围，在进行二元驱替；当渗透率级差小于5时，二元体系可以不必以扩大波及体积为主，通过降低聚合物浓度注入，充分发挥表面活性剂的洗油作用。

3. 原油黏度的影响

在明确了储层非均质下对于二元体系配方优化设计的影响的基础上，需要考虑储层流体的变化对于注入体系流度控制的影响，主要考虑原油黏度的变化对体系配方进行优化设计（表4-20）。

表4-20　原油黏度影响实验方案

模型参数	方案		体系配方
双管并联岩心 基准渗透率：80mD	水驱至含水90%，转二元0.7PV，后续水驱含水至98%	原油黏度20mPa·s	1000万相对分子质量0.3%KPS+ （1）1000mg/L （2）2000mg/L
		原油黏度40mPa·s	

通过对比不同原油黏度下改变聚合物浓度对二元体系驱替特征及提高采收率效果的影响，可以对流体非均质性对于二元体系配方设计的规律进行分析。绘制两种聚合物浓度下增加原油黏度后的分流率曲线（图4-88、图4-89）可以发现原油黏度增加后水驱开采周期明显变短，高渗层分流率在注入二元体系后略有降低，但回升较快，后续水驱替阶段低渗层基本不产液。高渗层分流率稳定在90%以上，二元体系流度控制作用很弱。这可以从流度公式进行解释，二元驱替水油流度比如下所示：

$$M=\frac{\lambda_w}{\lambda_o}=\frac{K_W\mu_o}{K_o\mu_w} \tag{4-23}$$

式中，M为水油流度比；λ_w为水相流度；λ_o为油相流度；K_W为水相渗透率；K_o为油相渗透率；μ_o为油相黏度，mPa·s；μ_w为水相黏度，mPa·s。

可以发现当油相黏度由20mPa·s增加到40mPa·s时，体系的水油流度比扩大了2倍，大大降低了体系的流度控制作用。纵向对比原油黏度为40mPa·s的曲线，发现增加聚合物黏度对剖面改善作用有限，这主要是将聚合物浓度从1000 mg/L增加到2000mg/L的黏度变化对流度控制的影响小于原油变化造成的影响。

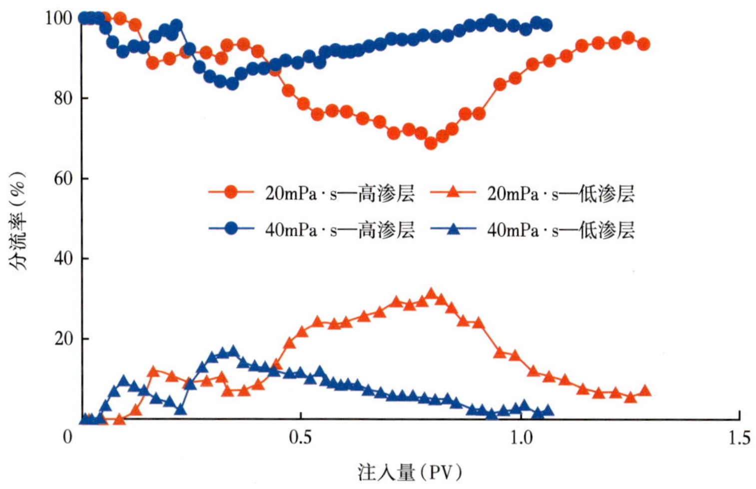

图 4-88 聚合物浓度为 1000mg/L 两种原油黏度下分流率曲线

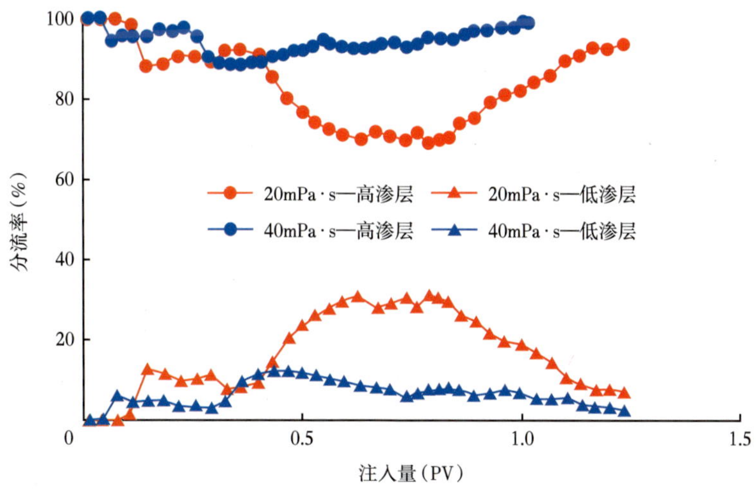

图 4-89 聚合物浓度为 2000mg/L 两种原油黏度下分流率曲线

对比 4 组实验下的含水率曲线（图 4-90）可以发现增加原油黏度注入二元体系后含水率降低幅度由 45% 提高到 55%，水驱开发周期缩短了 0.23 个 PV，水驱采收率较低，这是由于原油黏度高，加大了储层的非均质性，低渗层中的原油更加难以流动，高渗层一旦水驱突破，便会形成优势通道，并且很难再靠水驱自身扩大波及体积，含水率迅速升高，水驱结束。注入二元后，由于窜流严重初期的治理效果见效快，含水率下降迅速，但二元体系突破后便难以再次对优势通道进行封堵，含水率再次迅速回升，后续水驱替阶段很快结束。增加聚合物浓度后当原油黏度为 20mPa·s 时，可以有效改善驱替效果，含水率降低，低含水期增长；但是对于原油黏度为 40mPa·s 时，只在二元驱替后段出现短时间的优势见效期，总体而言，原油黏度增加，聚合物浓度从 1000mg/L 增加到 2000mg/L，对提高采收率作用不明显。

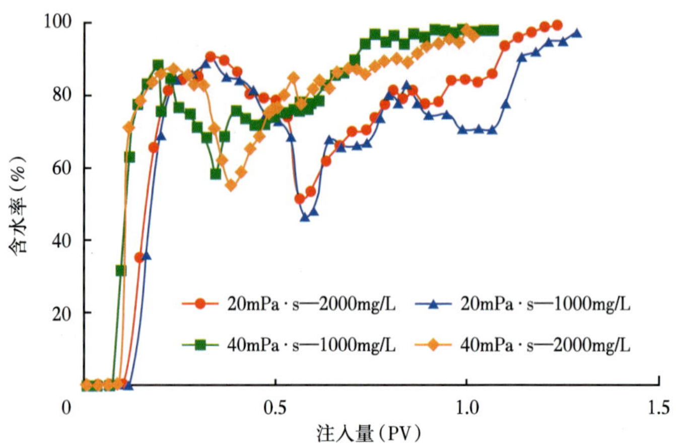

图 4-90　两种原油黏度下的含水率曲线

对比 4 组实验下的提高采收率曲线（图 4-91）可以发现虽然原油黏度增加含水率和高渗层分流率改善效果较差，但仍能获得较好的提高采收率效果，这主要是水驱采收率较低造成的。原油黏度增加最终的总采收率必然降低，将 1000mg/L 和 2000mg/L 的聚合物驱替提高采收率值相减可以发现二者几乎一致，说明原油黏度在 20mPa·s 时，小幅度提高聚合物浓度对于提高采收率作用不明显（表 4-21）。

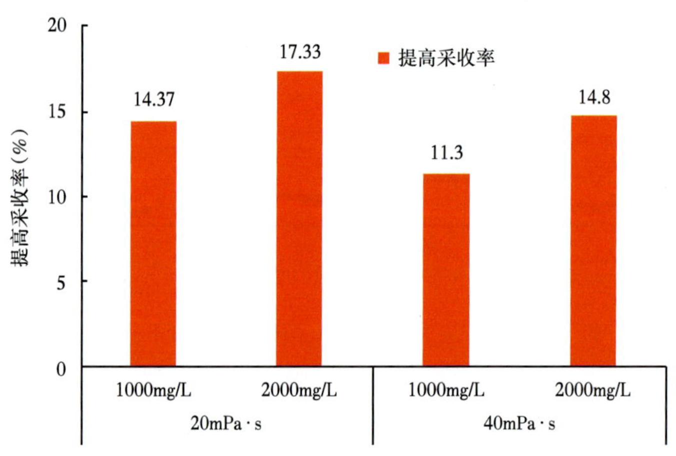

图 4-91　两种原油黏度下的提高采收率对比

表 4-21　不同黏度原油驱替采收率

浓度（mg/L）	黏度（mPa·s）	水驱采收率			最终采收率			提高采收率		
		高	低	总	高	低	总	高	低	总
1000	20	39.7	24.8	32.4	55.3	37.8	46.7	15.7	13.0	14.4
	40	33.5	17.6	25.7	44.2	29.6	37.0	10.7	12.0	11.3

续表

浓度（mg/L）	黏度（mPa·s）	水驱采收率			最终采收率			提高采收率		
		高	低	总	高	低	总	高	低	总
2000	20	39.7	25.8	32.9	58.5	41.5	50.2	18.9	15.7	17.3
	40	35.5	16.8	26.4	51.2	30.6	41.2	15.8	13.8	14.8

以上分析结果表明，储层流体的非均质性对聚合物驱替的流度控制作用至关重要，当原油黏度较低时，二元驱对储层流体参数的变化敏感。对于高黏原油，必须通过大幅度提高二元黏度的方法实现流度的控制。普遍认为聚合物等复合驱不适用于稠油油藏，从本组实验的结果可以发现，虽然二元体系的剖面控制作用较弱，但未明显降低提高采收率的幅度。

当原油黏度在一度范围内小幅变化的时候，可以通过改变聚合物相对分子质量对二元黏度进行调整，以获得更佳的剖面控制效果。

4. 表面活性剂浓度的影响

在明确了物性的非均质性及流体的非均质性对于二元复合体系注入配方优化设计的影响后，还需要考虑体系浓度对于不同渗透率级差下提高采收率的影响。此小节主要研究表面活性剂浓度变化对于非均质油藏上流度控制作用的影响，对比不同级差下表面活性剂浓度变化的驱替特征及提高采收率效果，来优化不同渗透率级差下二元复合体系中表面活性剂的浓度。

取基准渗透率为 80mD 的长方岩心，在级差 5 和 10 下与渗透率 400mD 和 800mD 的长方岩心组成并联岩心，开展岩心驱替实验。实验方案为：水驱至含水 90% 转二元复合驱 0.7PV，后续水驱至 98% 停止，对比活性剂浓度分别为 0.1% 和 0.3% 的二元体系的驱替效果，共 4 组实验。其中二元体系使用 1000 万相对分子质量，浓度为 2000mg/L 的聚合物，体系黏度 28mPa·s（表 4-22）。

表 4-22　渗透率级差下不同浓度表面活性剂的二元体系实验方案

模型参数	方案		体系配方
双管并联岩心 基准渗透率：80mD	水驱至含水 90%，转二元 0.7PV，后续水驱含水至 98%	级差 5	1000 万相对分子质量，1000mg/L+ （1）0.1%KPS （2）0.3%KPS
		级差 10	

从渗透率级差为 5 时不同浓度下的二元驱替过程的分流率曲线（图 4-92）可以看出，对于表面活性剂浓度为 0.1% 的二元体系，注入过程中低渗层的分流率由水驱末期的 10% 上升至最高点的 30%，并能够使低渗层长时间维持在较高分流率，起到了剖面改善作用。但对于活性剂浓度为 0.3% 的二元体系，二元体系注入岩心后仅使得低渗层的分流率从 10% 上升至 20%，持续时间也较短，在转注水驱后，分流率迅速下降。可以得出，表面活性剂浓度为 0.3% 的二元体系在非均质岩心上的流动控制作用明显弱于表面活性剂浓度为 0.1% 的二元体系，高表面活性剂浓度加剧了分流率的不均衡。

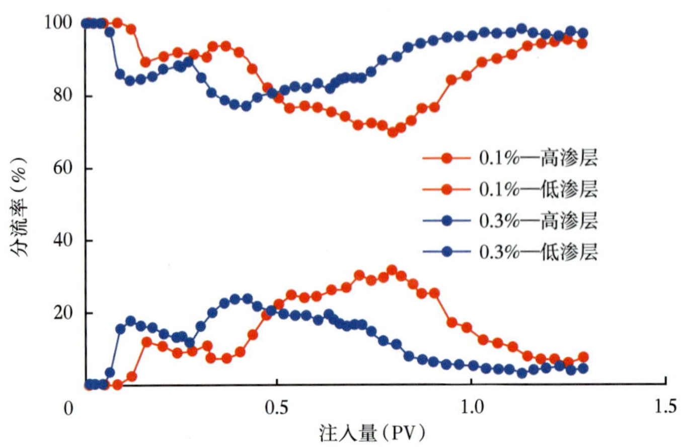

图 4-92　渗透率级差 5 时不同活性剂浓度的分流率曲线

在岩心渗透率级差为 5 时，二元体系中表面活性剂浓度为 0.1% 时，二元驱的提高采收率为 11.4%，表面活性剂浓度为 0.3% 时，二元驱的提高采收率为 14.4%。在岩心渗透率级差为 10 时，二元体系中表面活性剂浓度为 0.1% 时，提高采收率为 19.6%，表面活性剂浓度为 0.3% 时，提高采收率为 21.7%（图 4-93）。在相同岩心渗透率级差的情况下，表面活性剂浓度越高，提高采收率程度越大，在相同表面活性剂浓度的情况下，岩心渗透率级差越大，最终的提高采收程度越大（水驱低）。

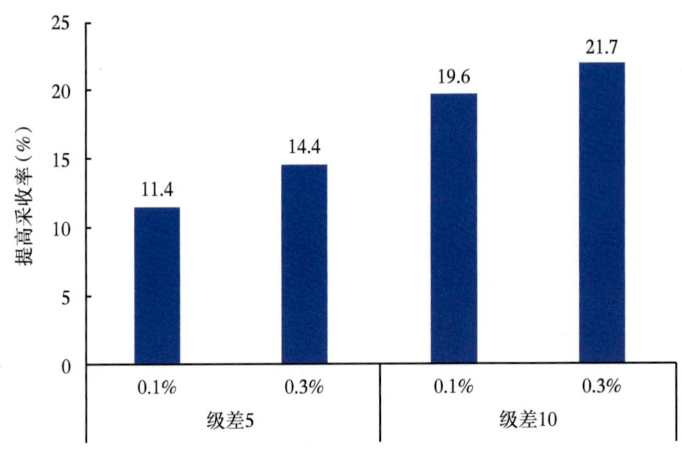

图 4-93　不同级差下表面活性剂的提高采收率程度

在相同级差下，把不同表面活性剂浓度的二元体系提高采收率值做差，可以发现级差为 5 时高浓度比低浓度表面活性剂多提高采收率 3%，而级差为 10 时，高浓度表面活性剂仅比低浓度表面活性剂多提高采收率 2.1%。在渗透率级差更大的岩心组合中注入二元体系后，高浓度的表面活性剂的提高采收率幅度变缓。这表明在非均质性强的储层中，只增加表面活性剂浓度难以起到流度控制作用，不能大幅度提高采收率。

在级差为 5 的时候，增加表面活性剂浓度可比低活性剂浓度多提高采收率 3.01%，当级差为 10 时，增加表面活性剂浓度却只能提高采收率 2.11%，减少了近 1%。说明随着渗透率级差的增加，表面活性剂的浓度对于提高采收率的贡献变低（表 4-23）。高级差下，需要首先解决层间矛盾，控制吸液剖面，在获得较好的扩大波及体积的基础上再去追求洗油效率的提高。

表 4-23 级差 5 和级差 10 时，表面活性剂与最终采收率

级差	浓度	最终采收率（%）	提高采收率（%）	提高采收率增幅（%）
级差 5	0.1%	44.22	11.36	3.01
	0.3%	46.73	14.37	
级差 10	0.1%	55.12	19.63	2.11
	0.3%	40.48	21.74	

以上研究结果表明：表面活性剂浓度设计受到储层的非均质性制约，需要在合理的渗透率范围内对二元体系进行设计。增加表面活性剂的浓度，降低油水界面张力，加速了低阻力下的优势通道的产生，不利于储层的剖面控制。对非均质严重的储层，先进行剖面控制，把级差降至一定范围内再注入超低界面张力体系。如果驱替过程中已经形成了低界面张力，应该降低后续的表面活性剂浓度，增加两相流度阻力来控制波及体积。

5. 非均质储层二元体系配方优化结果

本节通过对储层物性非均质性和流体非均质性进行研究，通过 12 组并联驱替实验开展二元配方进行优化设计。形成了不同储层条件下二元体系注入配方设计的理念，具体的结论如下：

渗透率级差是二元体系提高采收率的主要影响因素，二元复合体系可以控制的储层级差范围在 5 左右。当级差过大时需要先进行调驱，将渗透率级差降低到合理范围后再进行二元复合驱开发；当渗透率级差较小时，可以以低界面张力为第一要素进行二元体系配方设计；渗透率级差较大时，需要更高的聚合物黏度实现二元复合体系的流度控制作用；储层流体非均质性影响二元体系的流度控制作用，当储层原油黏度增加后，二元体系的流度控制作用变差，采收率变低，需要注入高黏度驱替体系来起到流度控制作用。二元体系中表面活性剂的加入会降低体系的流度控制能力，随着表面活性剂浓度增加，需要达到相同流度控制作用所需的最小聚合物黏度也增加；非均质条件下二元体系配方设计方法为：先将渗透率级差调驱到二元可控制的范围内（级差≤ 5），在体系设计时可追求低界面张力，通过改变聚合物浓度对起到剖面控制作用。

第四节 化学驱油理论新发展

由 20 世纪中期 Taber 等提出的经典毛细管数理论可知，只有最大限度地增大毛细管数才可大幅度提高原油采收率。由于受现场注入压力和注入速度的限制，要取得较大的毛细管数必然要求界面张力达到 10^{-3} mN/m 数量级以下。但也有研究表明，平衡界面张力为 10^{-3}mN/m 数量级不是复合驱的必要条件，10^{-2} mN/m 数量级时也能取得与其相同甚至更好的驱油效果，这主要是因为经典毛细管数理论是以单一均匀毛细管孔道模型为基础建立的，只考虑了油水界面张力、驱油体系的黏度以及驱替速度 3 个参数，而没有考虑储层的非均质性和油层岩石的润湿性等因素。但实际油藏是存在非均质性的，本节选用 36 个不同黏度和不同界面张力数量级的二元复合体系，考察了非均质油藏中毛细管数对二元复合体系驱油效果的影响，并采用微观可视化驱油实验，对比分析了不同毛细管数二元复合体系启动残余油的差异，发现在非均质油藏中存在一个合理毛细管数，且此毛细管数对应的采收率增值最大（表 4-24）。

表 4-24 不同黏度和不同界面张力数量级的二元复合体系

编号	表面活性剂配方	聚合物质量浓度（mg/L）	界面张力（mN/m）	黏度（mPa·s）	体系编号	表面活性剂配方	聚合物质量浓度（mg/L ）	界面张力（mN/m）	黏度（mPa·s）
1	0	750	17.4	5	19	0	1 900	17.4	20
2	0.02% YG210-10	750	5.3	5	20	0.02% YG210-10	1 900	5.3	20
3	0.1% KPS	760	1.871×10^{-1}	5	21	0.1% KPS	1 910	2.217×10^{-1}	20
4	0.1% KPS+0.05% YG210-10	760	2.716×10^{-2}	5	22	0.1% KPS+0.05% YG210-10	1 910	1.511×10^{-2}	20
5	0.1% KPS+0.1% YG210-10	780	2.533×10^{-3}	5	23	0.1% KPS+0.1% YG210-10	1 930	3.749×10^{-3}	20
6	0.15KPS+0.15% YG210-10	780	5.415×10^{-4}	5	24	0.15KPS+0.15% YG210-10	1 930	5.754×10^{-4}	20
7	0	1 250	17.4	10	25	0	2 100	17.4	25
8	0.02% YG210-10	1 250	5.3	10	26	0.02% YG210-10	2 100	5.3	25
9	0.1%KPS	1 260	1.842×10^{-1}	10	27	0.1%KPS	2 110	2.067×10^{-1}	25
10	0.1% KPS+0.05% YG210-10	1 260	2.024×10^{-2}	10	28	0.1% KPS+0.05% YG210-10	2 110	1.876×10^{-2}	25
11	0.1% KPS+0.1% YG210-10	1 280	3.484×10^{-3}	10	29	0.1% KPS+0.1% YG210-10	2 130	3.612×10^{-3}	25
12	0.15KPS+0.15% YG210-10	1 280	5.015×10^{-4}	10	30	0.15KPS+0.15% YG210-10	2 130	5.832×10^{-4}	25
13	0	1 600	17.4	15	31	0	2 300	17.4	30
14	0.02% YG210-10	1 600	5.3	15	32	0.02% YG210-10	2 300	5.3	30
15	0.1% KPS	1 610	2.012×10^{-1}	15	33	0.1% KPS	2 310	1.792×10^{-1}	30
16	0.1% KPS+0.05% YG210-10	1 610	1.865×10^{-2}	15	34	0.1% KPS+0.05% YG210-10	2 310	1.400×10^{-2}	30
17	0.1% KPS+0.1% YG210-10	1 630	3.215×10 -3	15	35	0.1% KPS+0.1% YG210-10	2 330	4.681×10^{-3}	30
18	0.15KPS+0.15% YG210-10	1 630	5.543×10^{-4}	15	36	0.15KPS+0.15% YG210-10	2 330	5.843×10^{-4}	30

一、临界黏度和合理界面张力

1. 临界黏度

针对非均质油藏的单一聚合物驱油体系，随着聚合物溶液黏度的增加采收率增加，当溶液黏度增大到一定值时采收率增加幅度基本保持不变，驱替相黏度存在一临界粘度。由二元复合体系黏度与采收率增值的关系（图 4-94）可以看出，在不同的界面张力下，二者的关系存在相同的规律，当二元复合体系黏度小于 15mPa·s（即聚合物浓度小于 1600 mg/L）时，采收率增值均随复合体系黏度增加而大幅度增加。

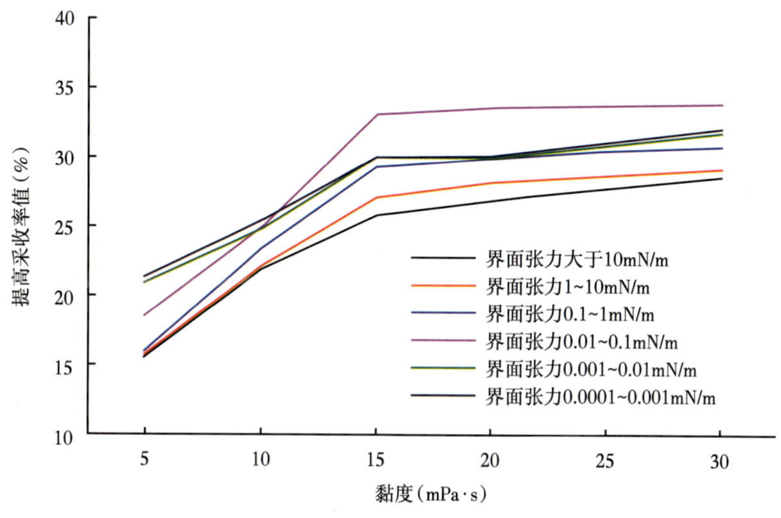

图 4-94 二元复合体系黏度与采收率增值的关系

可以看出，二元复合体系黏度对采收率增值的影响后，再继续提高黏度，采收率增值上升幅度变缓且变化很小。究其原因，主要由于随着二元复合体系黏度的增大，被驱替相与驱替相流度比逐步减小，对低渗透层的启动程度逐步增大，当黏度增至临界黏度时绝大部分低渗透层已被启动，继续增大聚合物质量浓度对采收率增值贡献较小，增值幅度变小。因此，此非均质模型二元复合体系的临界黏度为 15mPa·s。

2. 合理界面张力

由二元复合体系界面张力对采收率增值的影响（图 4-95）可以看出，当体系黏度小于临界黏度（15mPa·s）时，界面张力越低采收率增值越大但变化幅度较小。这主要是由于当黏度小于临界黏度时，体系主要进入高渗透层，降低界面张力只能驱替出高渗透层的残余油，低渗透层的残余油则很少被驱替出；当黏度大于临界黏度（15mPa·s）时，随着界面张力降低采收率增值变大，但当界面张力继续变小至 1.865×10^{-2} mN/m 后再降低，采收率增值变化趋于减小，当二元复合体系界面张力为 1.865×10^{-2} mN/m 左右（10^{-2} mN/m 数量级）时采收率增值最大，则界面张力对应的表面活性剂体系在未到达超低状态（10^{-3}mN/m 数量级）下即可获得较高的采收率增值，有效降低了表面活性剂用量，考虑到驱油成本，该值即为二元复合体系的合理界面张力。

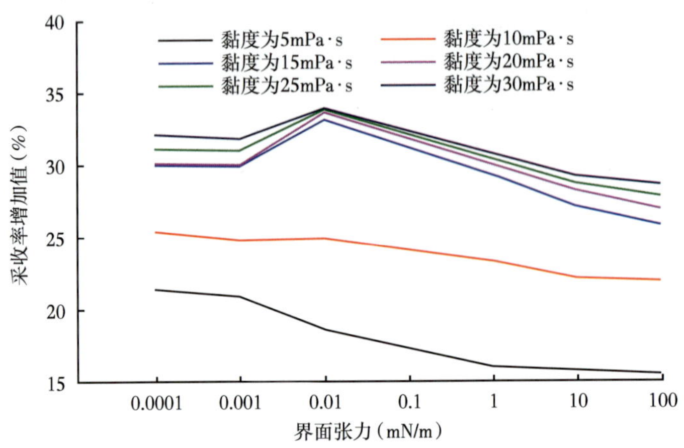

图 4-95　二元复合体系界面张力对采收率增值的影响

二、合理毛细管数

根据不同界面张力、不同黏度二元复合体系驱油实验结果，由经典毛细管数理论可知，二元复合体系黏度越大或界面张力越低（即毛细管数越大）采收率增值越大，针对非均质驱油模型，在采收率增值等值图上出现了 2 个区域，区域Ⅰ为采收率增值极大值区，区域Ⅱ内黏度极大，界面张力超低，为毛细管数极大值区；区域Ⅱ对应的毛细管数普遍大于区域Ⅰ内的毛细管数，但所获得的采收率增值略小于区域Ⅰ内的采收率增值，表明针对非均质油藏最大毛细管数并未获得最大的采收率增值，区域Ⅰ内对应的毛细管数较为合理，提高采收率能力强（图 4-96）。

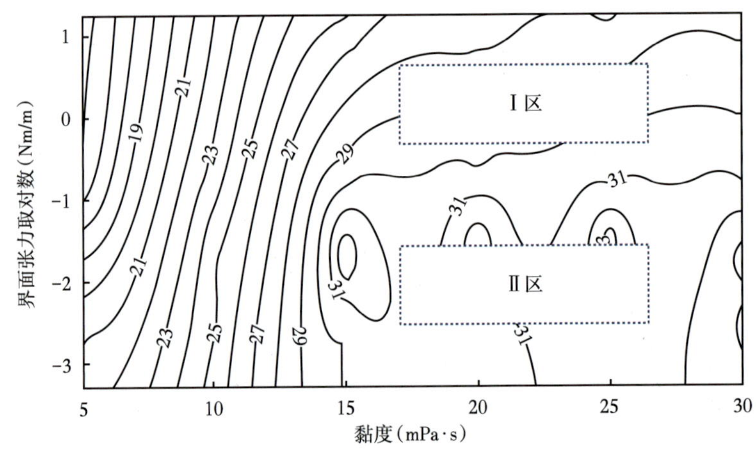

图 4-96　二元复合体系的采收率增值等值线

根据毛细管数的定义式可计算每个体系的毛细管数（驱油用人造岩心材料相同，忽略润湿性影响）和不同毛细管数条件下的采收率增值。可以看出随体系的毛细管数增大采收率增值逐渐增大，当毛细管数增大至 10^{-2} 数量级时采收率增值最大，毛细管数继续增大，采收率增值趋于减小，当毛细管数为 10^{-2} 数量级，黏度分别为 15、20、25、30 mPa·s 时，采收率增值相差不大。考虑到驱油成本，当二元复合体系黏度为 15 mPa·s，界面张力为 1.865×10^{-2} mN/m（合理界面张力），对应毛细管数为 1.975×10^{-2}，此时驱油效果最佳，该值即为合理毛细管数，即 16 号二元复合体系对应的毛细管数。

三、不同数量级毛细管数体系驱油差异对比

选定 15 号（0.1% KPS）、16 号（0.1% KPS+0.05% YG210-10）、17 号（0.1% KPS+0.1% YG210-10）3 个体系，其毛细管数分别为 1.827×10^{-3}、1.975×10^{-2}、1.133×10^{-1}，在微观可视化仿真平面物理模型上进行驱油实验，研究启动残余油的差别（表 4-25）。由 3 种体系的驱油效果（图 4-97）可以看出：（1）在水驱阶段主要沿着高渗透层或优势通道驱替，采出端见水较早，水驱波及系数较小；（2）注入二元复合体系后波及面积及其洗油能力都有所改善；（3）局部乳化油滴粒径从大到小依次为 15 号体系、16 号体系和 17 号体系；（4）最终驱油效果由好到差依次为 16 号体系、17 号体系和 15 号体系，即 16 号体系（合理毛细管数体系）提高采收率能力最强，且由注入端至模型中部的波及系数由大到小依次为 16 号体系、15 号体系和 17 号体系，16 号和 17 号体系由模型中部至采出端的波及系数相差不大，15 号体系的最小。

表 4-25 毛细管数与采收率关系表

体系编号	孔隙度（%）	毛细管数	采收率增值（%）	体系编号	孔隙度（%）	毛细管数	采收率增值（%）
1	29.87	7.918×10^{-6}	15.5	19	32.54	2.907×10^{-5}	26.9
2	31.41	2.472×10^{-5}	15.8	20	31.85	9.751×10^{-5}	28.2
3	32.42	6.784×10^{-4}	16	21	30.55	2.430×10^{-3}	29.9
4	31.63	4.790×10^{-3}	18.6	22	32.05	3.399×10^{-2}	33.6
5	33.59	4.837×10^{-2}	20.9	23	33.58	1.307×10^{-1}	29.9
6	32.17	2.362×10^{-1}	21.4	24	32.29	8.859×10^{-1}	30.1
7	31.25	1.514×10^{-5}	21.9	25	32.54	3.634×10^{-5}	27.8
8	33.52	4.633×10^{-5}	22.1	26	33.29	1.166×10^{-4}	28.7
9	29.94	1.492×10^{-3}	23.3	27	31.85	3.125×10^{-3}	30.5
10	33.24	1.223×10^{-2}	24.9	28	32.45	3.379×10^{-2}	33.8
11	31.81	7.426×10^{-2}	24.8	29	33.15	1.718×10^{-1}	31
12	31.45	5.218×10^{-1}	25.4	30	31.78	1.11	31.1
13	30.82	2.302×10^{-5}	25.8	31	32.69	4.341×10^{-5}	28.6
14	32.69	7.126×10^{-5}	27.1	32	33.15	1.401×10^{-4}	29.2
15	33.58	1.827×10^{-3}	29.3	33	31.76	4.338×10^{-3}	30.8
16	33.52	1.975×10^{-2}	33.1	34	32.19	5.479×10^{-2}	33.9
17	33.89	1.133×10^{-1}	30	35	33.87	1.557×10^{-1}	31.8
18	33.13	6.723×10^{-1}	30.1	36	32.15	1.314	32.1

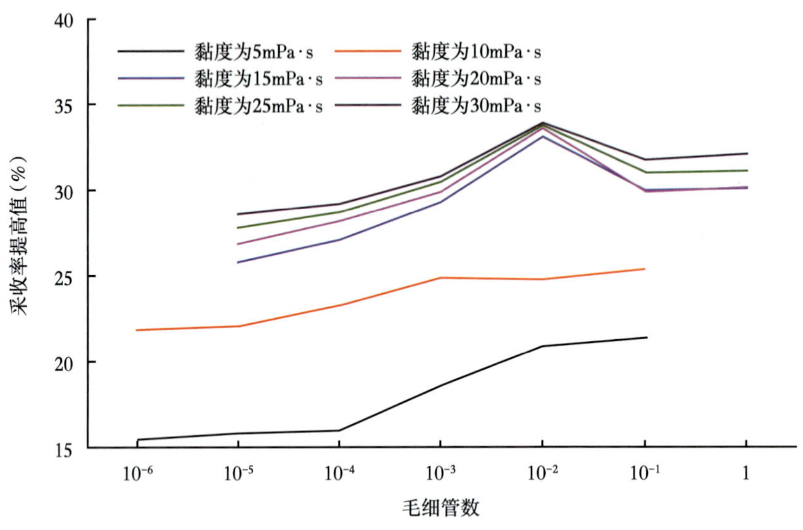

图 4-97　驱油体系毛细管数与提高采收率关系图

对于 15 号体系，由于其形成乳化油滴粒径最大，乳化油滴可在主流通道或高渗透层产生贾敏效应，具有一定的封堵能力，致使注入压力升高，使后续流体发生转向，在注入端至模型中部呈现一定的波及效果，但当注入压力升至一定值后会造成后续流体突破，并且所形成的乳状液滴极不稳定，在后期注水过程中，乳状液调剖作用变弱，该体系与原油的界面张力较高，在突破后洗油能力较差，所以由模型中部至采出端波及范围明显变小，最终采收率较差。对于 16 号体系，由于其形成乳化油滴的粒径居中且在渗流过程比较稳定，并可在主流通道或高渗透层产生贾敏效应，致使注入压力升高，其与原油的界面张力近超低状态且具有较好的洗油作用，后续流体突破后仍可以具有较好的洗油作用，在注入端至采出端波及效果都较好，最终采收率最高。对于 17 号体系，由于界面张力达到超低，具有较好的洗油效果和高度分散能力，所形成的乳化油滴粒径最小，所形成的乳化油滴很快被后续流体带走，乳状液滴对高渗透层或主流通道的封堵能力较差，只能依靠较强的洗油能力均匀地将原油一层层剥离下来，所以油水界面较为平滑，从注入端至采出端波及范围也比较均匀，由于具有较好的洗油效果，所以其最终驱油效果好于 15 号体系，但由于与 16 号体系相比乳状液封堵效果较差，所以最终驱油效果差于 16 号体系。

针对非均质油藏，二元复合体系存在一个临界黏度和合理界面张力，分别为 15mPa·s 和 1.865×10^{-2} mN/m。物理模拟实验表明，非均质油藏中存在一个合理的毛细管数使采收率增值较高，而非毛细管数越大采收率增值越大，合理毛细管数的提出大大降低了表面活性剂的质量浓度，降低了驱油成本，改善了在筛选表面活性剂时追求超低界面张力增大毛细管数而带来的问题。微观可视化驱油实验结果表明，当二元复合体系达到临界黏度后，界面张力为 10^{-2} mN/m 数量级的体系形成的乳化油滴对高渗透孔道具有一定的封堵作用，为合理毛细管数的提出提供了理论依据，建立了流度控制、低界面张力和乳化的新理论（图 4-98），体系广谱性更强，效果更好。

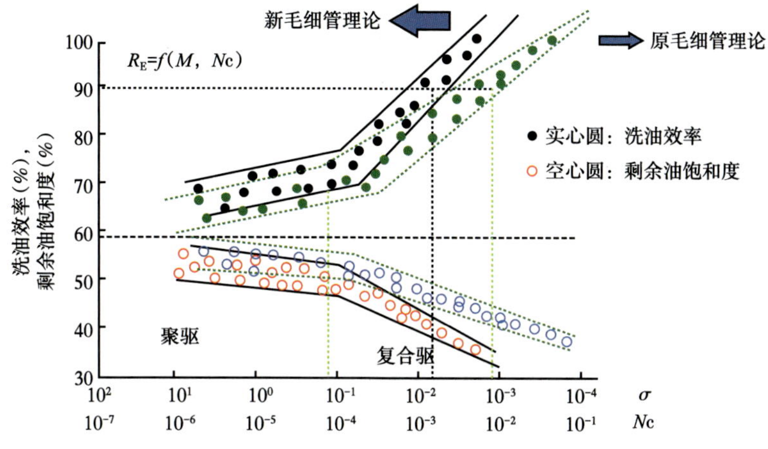

图 4-98 新毛细管理论曲线与原理论曲线对比

第五章　砾岩油藏分级动用化学驱油理论

本章突破了传统的超低界面张力毛细管束复合驱经典驱油理论认识，首次提出了砾岩油藏可控乳化分级动用驱油理论，攻克了强非均质性砾岩油藏大幅度提高采收率的难题。

本章创建了砾岩油藏分级孔喉二元驱动用理论图版，明确采用“梯次降黏”注入方式。当驱替压力梯度大于渗流阻力时，驱油介质才能在油层中流动。在驱替压力梯度一定的条件下，驱替介质对不同喉道阻力差异大。因此采用“梯次降黏”注入方式可以实现“靶向驱替、分级动用”。首次提出梯次降黏提压注入方式，提高二元体系波及体积和采收率。微流控实验表明，降黏有利于提高储层动用程度，提高驱动压力梯度有利于提高储层动用程度，梯次降黏提压注入方式可显著提高中小孔喉动用，扩大波及体积，提高采收率。多层大型并联物模实验表明，注入方式对砾岩储层的驱油效率影响明显，其中梯次降黏波及范围大、驱油效率高，提高采收率幅度比单一体系高 7.0 个百分点。建立了基于不同储层剩余油饱和度和非均质性条件下的驱油体系配伍性图版，明确了驱油体系适应界限，指导了“可控乳化 + 低界面张力”驱油体系的注入与调整。

本章明确了梯次降黏段塞大小和调整时机，指导现场精准调控。理论计算不同类型储层配方的扩大波及系数，确定其提高采收率的幅度，优化驱油体系用量。明确采油速度低于 0.5% 的技术经济界限时需要调整配方体系，实现各级孔喉控制剩余油充分动用。

针对长期水驱后砾岩油藏具有“多级孔喉控制剩余油”特点，初期注入高分高浓强乳化指数体系动用高渗层，封堵通道建立较高的驱替能量，后逐步降低相对分子质量和浓度，调控乳化指数，采油速度较低时，调整配方体系，通过“蓄能憋压、流场重构”方式，依次提高大、中、小不同孔喉波及程度，实现各级孔喉控制剩余油充分动用。

注入初期先注入较高相对分子质量和浓度的驱油体系，从而建立较高的驱替压差，而后逐步降低驱油体系的相对分子质量和浓度，同时理论计算不同孔喉储层相匹配的驱油体系的扩大波及系数，量化优化驱油体系用量。当采油速度低于 0.5% 的技术经济界限时调整驱油体系，通过“蓄能憋压、流场重构”的方式，在环烷基石油磺酸盐 KPS 的“胶束增溶，乳化携油”双重驱油机制作用下，通过调控乳化综合指数，依次提高大、中、小不同孔喉波及程度和驱油效率，实现各级孔喉内剩余油的充分动用，最终实现砾岩油藏水驱后大幅度提高采收率。

第一节　分级动用化学驱油理论

一、分级动用化学驱油原理

在前缘水驱阶段通过调剖等措施有效封堵水流优势通道及人工裂缝的基础上，针对砾岩储层水驱后剩余油受多级孔喉控制的特点，依据砾岩油藏二元驱分级动用理论图版（图 5-1），化学驱初期注入高相对分子质量高浓度、强乳化驱油体系来动用Ⅰ类储层内的剩余油，同时此过程也建立了较高的驱替能量；化学驱中后期通过梯次注入低相对分子质量低浓度和适度乳化驱油体系来动用Ⅱ、Ⅲ类储层内剩余油；整个化学驱全过程通过“憋压蓄能、流场重构”的基本原理和方式，依次提高砾岩油藏内的大、中、小孔喉的波及程度，从而实现不同孔喉内剩余油的分级动用（图 5-2）。

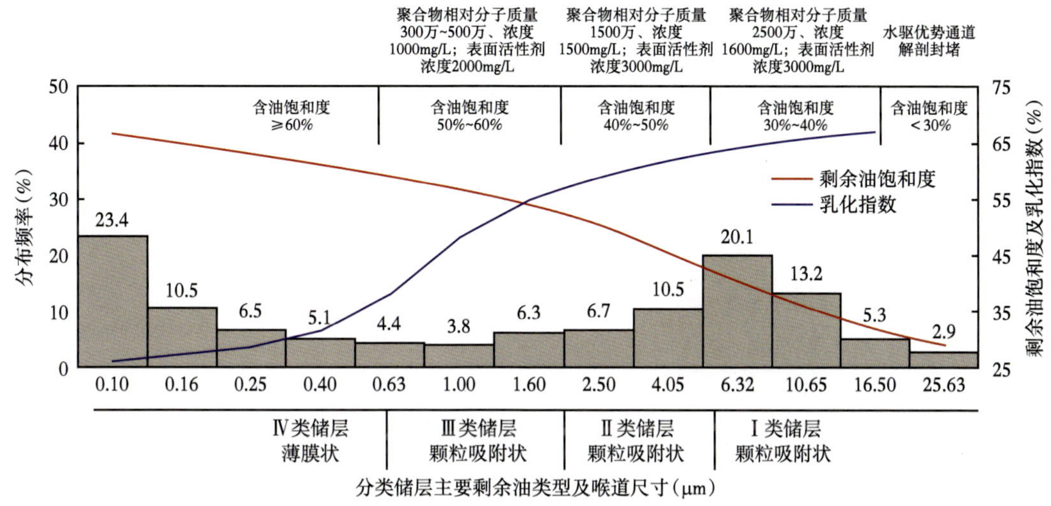

图 5-1 砾岩油藏二元驱分级动用理论图版

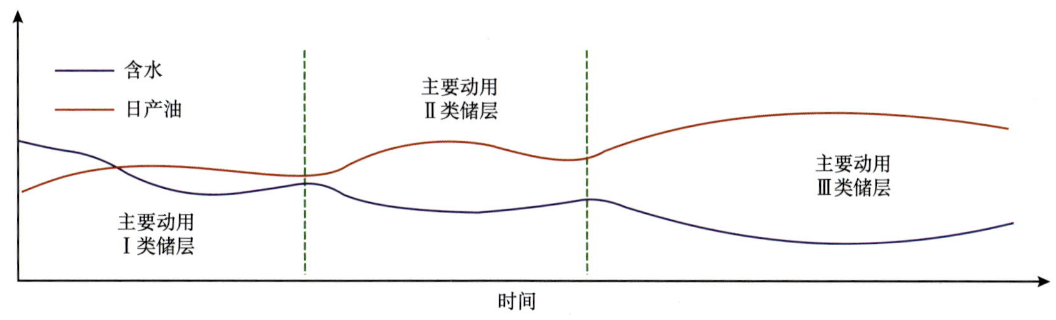

图 5-2 二元复合驱井组分类储层动用模式

二、化学驱油分类储层配伍性

在砾岩油藏中实施化学驱，要想实现储层的分级动用，首先要在储层分类研究的基础上，做好二元复合驱分类储层配伍性研究，需要建立分类储层配伍图版，以期二元驱控制程度达到最大比例，为二元复合驱油体系在储层内是实现最大程度波及奠定基础。

以克拉玛依油田七中区克下组二元复合驱试验区分类储层配伍性研究为例，通过建立该油藏的分类储层配伍图版，分类储层采用不同配方体系，其中Ⅰ类储层为大孔大喉型储层，平均渗透率为 310mD，与之相适应的二元配方体系为：聚合物平均相对分子质量为 2000 万，平均浓度为 1600mg/L，表面活性剂浓度为 3000mg/L；Ⅱ类储层为大孔中喉型储层，平均渗透率为 95mD，与之相适应的二元配方体系为：聚合物平均相对分子质量为 1000 万，平均浓度为 1200mg/L，表面活性剂浓度为 3000mg/L；Ⅲ类储层为中孔细喉型储层，平均渗透率为 48mD，与之相适应的二元配方体系为：聚合物平均相对分子质量为 500 万，平均浓度为 1000mg/L，表面活性剂浓度为 2000mg/L；Ⅳ类储层为小孔微喉型储层，平均渗透率为 16mD，化学驱油体系无法驱替和波及，因此该类储层不作为化学驱储层。这样做提高驱油体系与储层的适应性，二元驱控制程度达到 84%（表 5-1）。

表 5-1 克拉玛依油田七中区克下组二元复合驱试验区分类储层配伍图版

分类	砾岩油藏配伍图版	二元驱控制程度（150m 井距，%）	乳化综合指数（%）	黏度（mPa·s）	界面张力（mN/m）
Ⅰ类 大孔大喉	聚合物浓度（mg/L） 2000 √ √ △ × 1800 √ √ √ × 1500 √ √ √ × 1200 √ √ √ × 1000 √ √ √ △ 800 √ √ √ √ 1500 2000 2500 3000 聚合物相对分子质量（万）	84% （P：2000 万、1500~1800mg/L） （S：3000mg/L）	＞80	25~45	$IFT_{120min}<10^{-2}$mN/m
Ⅱ类 大孔中喉	聚合物浓度（mg/L） 2000 △ × × × 1800 √ △ × × 1500 √ △ △ × 1200 √ √ △ × 1000 √ √ √ × 800 √ √ √ △ 1000 1500 2000 2500 聚合物相对分子质量（万）	86% （P：1000 万、1200mg/L） （S：3000mg/L）	50~70	15~30	$IFT_{120min}<10^{-2}$mN/m
Ⅲ类 中孔细喉	聚合物浓度（mg/L） 2000 × × × × 1800 △ × × × 1500 √ △ × × 1200 √ △ △ × 1000 √ √ △ × 800 √ √ √ × 800 1000 1500 2000 聚合物相对分子质量（万）	80% （P：500 万、1000mg/L） （S：2000mg/L）	50~70	7~15	$IFT_{120min}<10^{-2}$mN/m
Ⅳ类 小孔微喉	聚合物浓度（mg/L） 2000 × × × × 1800 × × × × 1500 × × × × 1200 × × × × 1000 △ × × × 800 △ △ × × 800 1000 1500 2000 聚合物相对分子质量（万）	√ 流动顺利　△ 流动困难　× 流动堵塞			

在分级动用认识指导下，优化方案配方体系，通过逐步降低相对分子质量和浓度的方式，梯次注入配方体系，以七中区克下组二元驱试验区为例（表 5-2）。

表 5-2 克拉玛依油田七中区克下组二元复合驱试验区驱油体系注入段塞设计

<table>
<tr><th rowspan="2">分区</th><th rowspan="2">储层类型</th><th rowspan="2">前置段塞
（Ⅰ类储层）
P：2500 万
1800mg/L</th><th>二元初期</th><th>二元中期</th><th>二元高峰期</th><th rowspan="2">后续段塞
P：1000 万
1000mg/L</th></tr>
<tr><th>主段塞 1
（Ⅰ、Ⅱ类储层）
P：2500 万 1500mg/L
S：3000mg/L</th><th>主段塞 2
（Ⅱ、Ⅲ类储层）
P：1500 万 1200mg/L
S：3000mg/L</th><th>主段塞 3
（Ⅲ类储层）
P：1000 万 1000mg/L
S：2000mg/L</th></tr>
<tr><td rowspan="3">北区
注入量</td><td>Ⅰ类</td><td>0.05PV</td><td rowspan="2">0.25PV</td><td>—</td><td>—</td><td rowspan="3">0.10PV</td></tr>
<tr><td>Ⅱ类</td><td>—</td><td rowspan="2">0.25PV</td><td>—</td></tr>
<tr><td>Ⅲ类</td><td>—</td><td>—</td><td>0.15PV</td></tr>
<tr><td rowspan="3">南区
注入量</td><td>Ⅰ类</td><td>0.05PV</td><td rowspan="2">0.05PV</td><td>—</td><td>—</td><td rowspan="3">0.10PV</td></tr>
<tr><td>Ⅱ类</td><td>—</td><td rowspan="2">0.25PV</td><td>—</td></tr>
<tr><td>Ⅲ类</td><td>—</td><td>—</td><td>0.25PV</td></tr>
</table>

第二节 可控乳化驱油体系与储层适用性

一、二元体系在储层中的流动性

1. 聚合物分子水动力学特征尺寸测定方法

大庆油田一度将聚合物驱所用的聚合物相对分子质量由 1200 万提高至 2500 万，在配制聚合物过程中的稀释水质由低矿化度清水逐渐转变为高矿化度污水，为了保证聚合物的黏度，注入浓度也由 1000mg/L 逐渐上升到 2000mg/L，甚至更高。但是由于油层条件的不同，不同区块取得的开发效果也不尽相同，这也引出了有关聚合物与储层的匹配性问题的讨论。

水溶性高分子在溶液中以氢键的作用与水分子形成具有一定厚度的水化层，使得高分子线团外包裹了水化层。化学驱中作为增稠剂的水溶性聚合物水化分子流经多孔介质时会经受孔喉尺寸的自然选择。当二元体系在储层深部流动时，由于压力梯度很小，如果聚合物的相对分子质量较大或浓度较高，二元体系在注入时有可能存在注入困难，甚至堵塞地层的问题，因此必须研究二元体系中聚合物分子的水动力学特征尺寸与油层渗透率的匹配关系。

在聚合物浓度相同条件下，有关研究表明聚合物相对分子质量愈高聚合物溶液黏度愈高，其扩大波及体积的能力愈强，同时聚合物溶液的黏弹性越大，在油层中的扫油效率越高。如果聚合物分子尺寸较小，那么驱替效果不是很明显，经济成本高，聚合物驱油效果变差。但如果聚合物的尺寸过大，那么将会和岩石孔隙尺寸不匹配，造成大部分聚合物水化分子通过孔喉时受阻，将会使聚合物溶液注入困难，造成岩石孔隙堵塞。所以在聚合物驱方案设计中，对选择的聚合物必须了解其分子尺寸，同时考虑油藏条件下与孔喉尺寸配伍性问题，优选出适合特定油层条件下聚合物的相对分子质量，这对油田聚合物驱方案设计有着重要的意义。常用的筛选聚合物相对分子质量方法包括静态法、动态法和微孔滤膜法。

1）静态法

静态法主要是利用静态的聚合物分子尺寸（R_h）和岩石孔隙尺寸（R）来评价的，根据“架桥”原理，当 R_h 大于 $0.46R$ 时聚合物水化分子线团借助于“架桥”，便可形成较稳定的三角结构，堵塞孔喉。在 R_h 小于 $0.46R$ 时，也可形成不稳定的堆积，但流动的冲力稍大便易解堵。堵塞的稳定性还与聚合物水化分子线团的黏弹性形变有关，即聚合物水化分子线团的刚性越强，堵塞越稳定。另外，由于聚合物水化分子线团具有黏弹性，在压力作用下会产生形变，经一定时间后会出现屈服流动，即使 R_h 大于 R，也可能产生屈服运移而解堵。

2）动态法

动态法评价聚合物分子是否和岩石孔隙尺寸配伍的方法主要是做驱替实验，将岩心饱和油后，用聚合物溶液驱替，记录相关数据，然后再用水等驱替，记录相关数据对比数据变化。具体指标有压力变化、聚合物采出液黏度损失率和浓度损失率、采出液浓度和损失率、阻力系数，也可以利用双塞法、动态光散射法、和微孔滤膜法来评价。

压力变化法：相关学者在研究孤岛油田时作出了不同相对分子质量的聚合物溶液、不同渗透率的岩心组合和其注入压力的关系曲线，在曲线的拐点可以看出压力显著升高，这就意味着该体系和油层不配伍。张运来等人在研究江苏油田时作出了聚合物溶液在岩心中流动时注入压力与注入体积关系曲线，如果曲线上出现水平段，这就意味着聚驱后期压力并没有上升，因此，表明该聚合物和岩心相匹配。曹瑞波等在用物理模拟方法研究低渗透油藏时，先聚驱，得出压力变化数据，然后再水驱，再得出压力变化数据，在大量实验的基础上得出了两类压差与注入倍数关系曲线，分别代表了聚合物相对分子质量与岩心渗透率间的不同匹配关系，随着聚驱转水驱，岩心两端压差大幅下降，而聚驱转水驱后，岩心两端压差下降得不明显，据此可以判断聚合物会堵塞岩心。根据后续水驱后的压力与聚合物驱前的水驱压力对比结果来判定配伍性。

采出液黏度和损失率法：相关学者在研究时发现在聚合物相同条件下，岩心渗透率愈小，黏度损失率愈大；在岩心渗透率相同条件下，聚合物相对分子质量愈大，采出液黏度损失率愈大，然后结合流动实验的压力变化数据，分析聚合物采出液的黏度和损失率就可以判断该聚合物和岩石孔隙尺寸是否配伍了。

采出液浓度和浓度损失率法：聚合物相对分子质量越大则其在岩心中的滞留量越大。在相对分子质量相同条件下，随着岩心渗透率的增大，聚合物在岩心内的滞留量减小，采出液聚合物浓度升高。在聚合物相对分子质量、岩石尺寸与浓度关系曲线的拐点处代表配伍性的临界点，聚合物相对分子质量大于该值时不配伍。

阻力系数的变化法：程杰成等人认为，如果聚合物堵塞岩层，阻力系数将会不断增加；如果阻力系数随着注入体积的增加，起初上升很快，后来变缓，最后边平衡，则该聚合物没有堵塞油层。

双塞法：将高质量浓度的聚合物和 NH_4SCN 的混合体系注入到岩心中去。待压力稳定后分析采出液 HPAM 和 NH_4SCN 的质量浓度，注入 10PV 后向岩心中注入水，分析采出液 HPAM 和 NH_4SCN 的浓度，直至采出液无 HPAM 为止，绘制无因次质量浓度和注入 PV 数的关系图，再做另一组聚合物的驱替实验。对比两次 HPAM 和 NH_4SCN 围成的面积差，面积越大越不配伍。

动态光散射法：聚合物通过岩心后，水动力学半径的分布函数峰会发生变化，水动力学半径较大的聚合物分子变化明显。岩心渗透率越低，流出液中水动力学半径大的聚合物分子数量越少。流经岩心后聚合物溶液的 R_h 均值也随岩心渗透率降低而减小，根据水动力学半径分布函数峰的变化就可以判断聚合物是否和岩心配伍。

3）微孔滤膜法

微孔滤膜的方法操作简单，该方法可以分析聚合物分子聚集体的表观尺寸，通过测定聚合物分子的水动力学特征尺寸，做出配伍性图版。

水动力学特征尺寸测定原理是：先测出配制好的二元体系的黏度，在同一压力条件下，让该化学体系流过不同孔径的微孔滤膜，然后测出滤液的黏度，算出黏度损失率，做出滤液黏度、黏度损失率和微孔滤膜孔径管线的曲线，最后根据曲线拐点，分析确定样品的水动力学特征尺寸。

2. 水动力学特征尺寸

1）水动力学特征尺寸测定原理

先测出配制好的二元体系的黏度，在同一压力条件下，让该化学体系流过不同孔径的微孔滤膜，然后测出滤液的黏度，算出黏度损失率，做出滤液黏度、黏度损失率和微孔滤膜孔径管线的曲线，最后根据曲线拐点，分析确定样品的水动力学特征尺寸（图 5-3）。

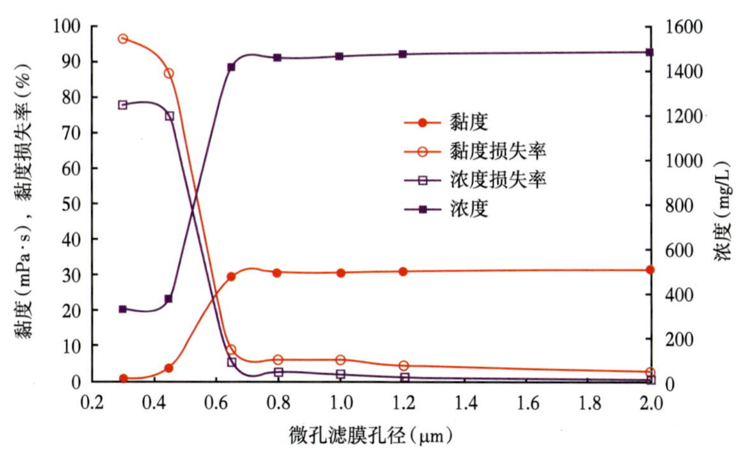

图 5-3 水动力学特征尺寸测量原理图

（聚合物相对分子质量：2500 万，浓度 1500mg/L）

2）二元体系的水动力学特征尺寸主导因素

通过测量二元体系的水动力学特征尺寸，发现其大小受表面活性剂的影响较小，而主要还是受聚合物浓度和相对分子质量影响，随着聚合物浓度的增大而增大（表 5-3）。这是因为在极稀溶液中，聚合物分子是相互分离的，当浓度增大到某种程度后，聚合物分子相互交叠缠绕，这时候溶液中的聚合物的尺寸不仅与相对分子质量、聚合物结构有关，而且与溶液的浓度有关，浓度越大，分子链之间的穿插交叠的机会越大，表观分子尺寸越大。

表 5-3 二元体系水动力学特征尺寸的测定结果

相对分子质量	聚合物浓度（mg/L）	表面活性剂浓度（%）	水动力学特征尺寸（μm）		
			黏度保留率 100%	黏度保留率 50%	黏度保留率 35%
2500 万	1500	0.3	1.28	0.85	0.63
	1000		0.91	0.54	0.45
2000 万	1500	0.3	1.05	0.7	0.51
	1200		0.93	0.6	0.41
	1000		0.93	0.55	0.36
	800		0.91	0.45	0.28
1500 万	1500	0.2	0.84	0.56	0.41
	1500	0.3	0.85	0.55	0.4
	1500	0.4	0.84	0.54	0.41
	1000	0.2	0.87	0.51	0.34
	1000	0.3	0.84	0.50	0.34
	1000	0.4	0.79	0.45	0.30
	800	0.2	0.78	0.38	0.24
	800	0.3	0.80	0.40	0.27
	800	0.4	0.76	0.36	0.22
1000 万	1500	0.3	0.83	0.52	0.41
	1000		0.70	0.42	0.28

3）影响聚合物溶液表观水动力学尺寸的因素

（1）蒸馏水配制的聚合物溶液表观水动力学尺寸。

用蒸馏水配制 5 种不同相对分子质量（700 万、1000 万、1500 万、1900 万、2300 万）、5 种不同浓度（500、1000、1500、2000、2500mg/L）的聚合物溶液，利用微孔滤膜实验装置，在恒定压差 0.2MPa 下进行过滤实验，分别测定上述聚合物溶液的表观水动力学尺寸（表 5-4）。

浓度对于聚合物的表观水动力学尺寸影响较大，当聚合物的浓度逐渐变大时，不论聚合物的相对分子质量高低，聚合物的表观水动力学尺寸都是随浓度的增加逐渐增大的。当聚合物的相对分子质量逐渐增大时，同一浓度聚合物溶液的表观水动力学尺寸也是逐渐增加的，说明聚合物的表观水动力学尺寸受相对分子质量影响也较大。控制聚合物的浓度和相对分子质量中的其中一种因素发生变化，当相对分子质量变大时，聚合物的表观水动力学尺寸的增幅要大于浓度增加时表观水动力学尺寸的增幅，可以推断：聚合物的表观水动力学尺寸受相对分子质量的影响比受浓度对其的影响更大些。

表 5-4 蒸馏水配制聚合物溶液的表观水动力学尺寸

相对分子质量	水动力学尺寸（μm）				
	500mg/L	1000mg/L	1500mg/L	2000mg/L	2500mg/L
700 万	0.51	0.59	0.67	0.71	0.74
1000 万	0.63	0.68	0.81	0.85	0.92
1500 万	0.73	0.8	0.93	0.98	1.02
1900 万	0.87	1.04	1.12	1.24	1.29
2300 万	0.91	1.16	1.24	1.30	1.34

（2）污水配制的聚合物溶液的表观水动力学尺寸。

实验中所用的污水总矿化度约为 3900mg/L，Ca^{2+}、Mg^{2+} 含量约为 55mg/L。使用 0.45μm 的滤膜过滤污水，去除其中较大颗粒。然后使用过滤后的污水分别配制 5 种不同相对分子质量（700 万、1000 万、1500 万、1900 万、2300 万）、5 种不同浓度（500、1000、1500、2000、2500mg/L）的聚合物溶液，利用微孔滤膜实验装置，保持压差（0.2MPa）恒定不变，分别测定上述聚合物溶液的表观水动力学尺寸（表 5-5）。

表 5-5 污水配制聚合物溶液表观水动力学尺寸

相对分子质量	水动力学尺寸（μm）				
	500mg/L	1000mg/L	1500mg/L	2000mg/L	2500mg/L
700 万	0.42	0.48	0.58	0.64	0.72
1000 万	0.57	0.66	0.69	0.77	0.82
1500 万	0.66	0.70	0.81	0.85	0.87
1900 万	0.74	0.78	0.87	0.94	1.01
2300 万	0.81	0.89	0.95	1.04	1.10

使用污水配制与清水配制的结果相似，当聚合物溶液浓度逐渐增大时，不论是大相对分子质量还是小相对分子质量聚合物，使用污水配制的聚合物溶液的表观水动力学尺寸都是逐渐增大的。随着聚合物相对分子质量的增大，同一浓度的污水配制的聚合物溶液的表观水动力学尺寸也是逐渐增加的，这和清水配制变化趋势是一致的，与配制聚合物溶液时使用何种水质并无关系。通过对比可以知道，使用污水配制聚合物溶液时，聚合物相对分子质量的影响比浓度的影响更大些。

（3）相对分子质量对聚合物溶液表观水动力学尺寸的影响。

由图 5-4 和图 5-5 看到，不论使用何种水质配制聚合物溶液，一定浓度的聚合物溶液，当聚合物的相对分子质量逐渐变大时，聚合物溶液的表观水动力学尺寸也是逐渐增大的。

实验结果说明聚合物溶液的表观水动力学尺寸受相对分子质量的影响比较明显。聚合物溶液的表观水动力学尺寸受相对分子质量影响较大主要是因为，聚合物溶于水中后，分子长链上有大量强极性的—$CONH_2$ 和—COO—Na^+ 侧基，聚合物分子链水化舒展，氢键作用很强，分子与分子之间容易形成物理交联点，从而构成空间网状结构。当聚合物相对分子质量增大，聚合物分子链变长，在水溶液中的聚合物分子链越容易发生缠绕，会形成更加复杂、更加稳定的网状结构，所以聚合物溶液的表观水动力学尺寸随相对分子质量增大而增加。

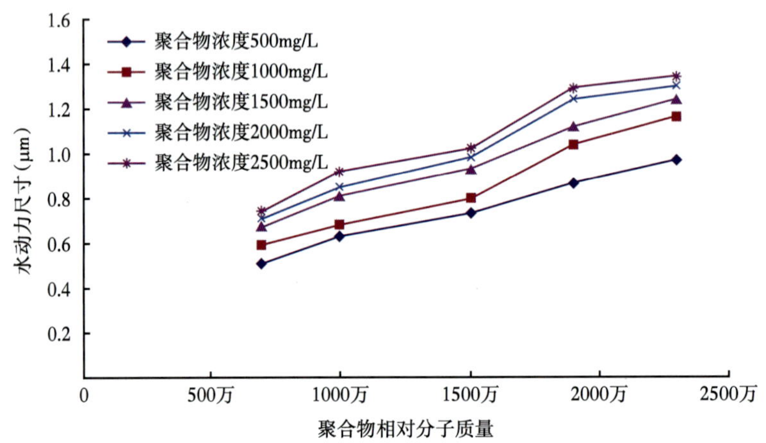

图 5-4　聚合物表观水动力学尺寸随相对分子质量的变化曲线（蒸馏水）

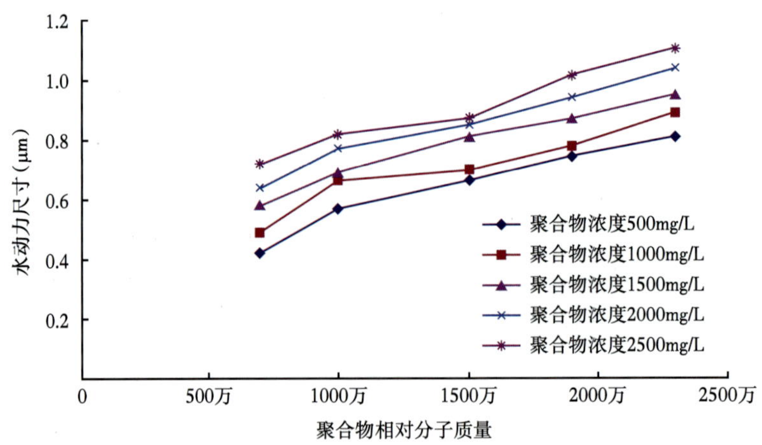

图 5-5　聚合物表观水动力学尺寸随相对分子质量的变化曲线（污水）

（4）聚合物溶液的浓度对表观水动力学尺寸的影响。

由图 5-6 和图 5-7 看出，一定相对分子质量的聚合物，当溶液浓度逐渐增大时，无论是使用清水还是污水配制，聚合物溶液的表观水动力学尺寸都明显增大。

当聚合物溶液浓度较低时，分子线团之间相互比较独立，分子链之间很少发生缠绕穿插，所以尺寸较小；当浓度较高时，溶液中分子线团数量相应增加很多，线团之间容易产生纠结而缠绕在一起。此时浓度对于高分子链尺寸影响很大，浓度越大，高分子链之间穿插交叠的机会也就越大，而且缠绕也越复杂。因此聚合物溶液表观水动力学尺寸与浓度密切相关，浓度越大，则表观水动力学尺寸越大。

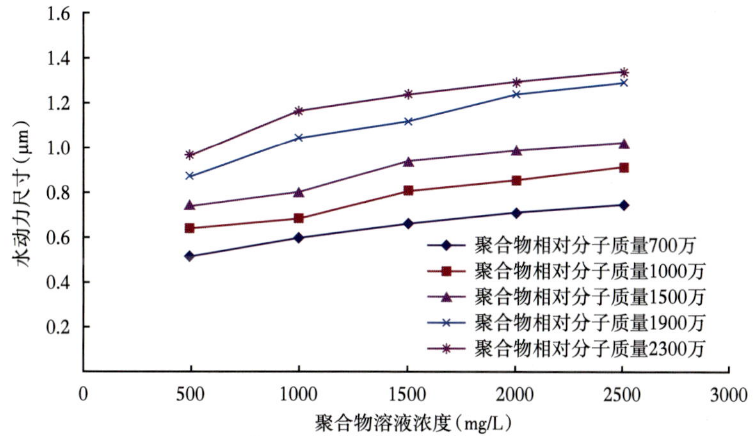

图 5-6 聚合物表观水动力学尺寸随浓度的变化曲线（蒸馏水）

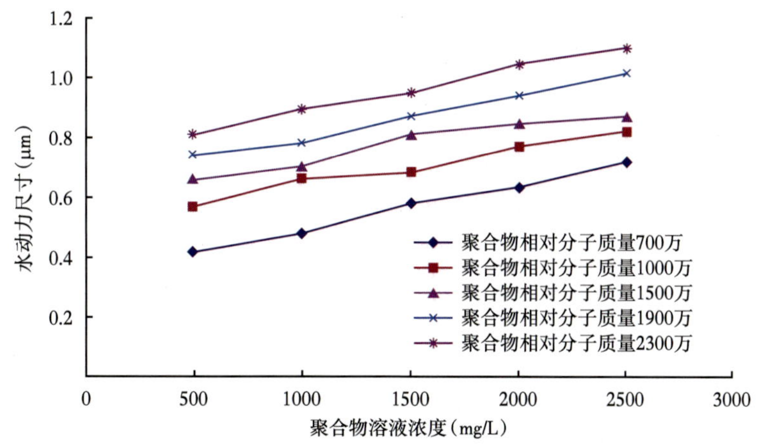

图 5-7 聚合物表观水动力学尺寸随浓度的变化曲线（污水）

3. 二元体系在砾岩中的流动性研究

如果体系在储层中的流速过慢达不到经济有效开采的要求，因此需要在模拟储层压力条件下开展流动性实验，得到不同体系在不同渗透率岩心中的流动速度，换算成储层流速来判断其与储层的配伍性。

利用恒压驱替方式开展流动性实验，研究不同体系在不同渗透率（有效渗透率分别为50mD、100mD、120mD、170mD、300mD）岩心中的流动性，恒压压力选取地层压力梯度（0.1MPa/m）对应到岩心尺度为0.01MPa，通过在不同注入时刻出口端出液量计算该压力梯度条件下对应地层内部体系流动速度。

不同浓度不同相对分子质量聚合物的二元体系在不同渗透率岩心中流动速度差别较大，基本规律是在同一岩心渗透率条件下，随着聚合物相对分子质量和浓度的增大，流动速度变慢，而随着岩心渗透率的降低，同一体系的流动速度也变慢（图5-8~图5-10）。当对应地层中渗流速度小于0.2m/d时，体系流动困难，当对应地层中渗流速度大于0.2m/d时，体系流动顺利。从图中可以清晰的得到3种相对分子质量聚合物的不同浓度的二元体系在地层中的流动情况，进而判断其与不同渗透率储层的配伍性。

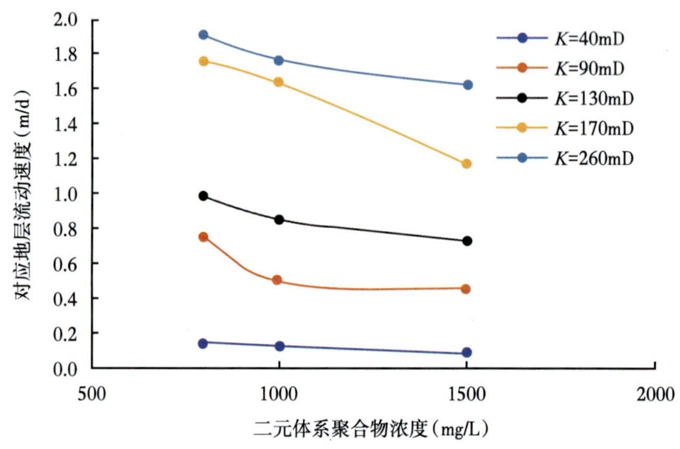

图5-8　二元体系在不同渗透率岩心中注入性（1000万相对分子质量聚合物）

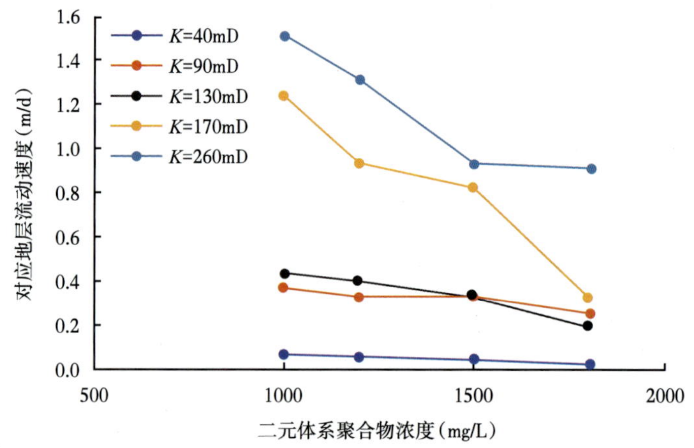

图5-9　二元体系在不同渗透率岩心中注入性（1500万相对分子质量聚合物）

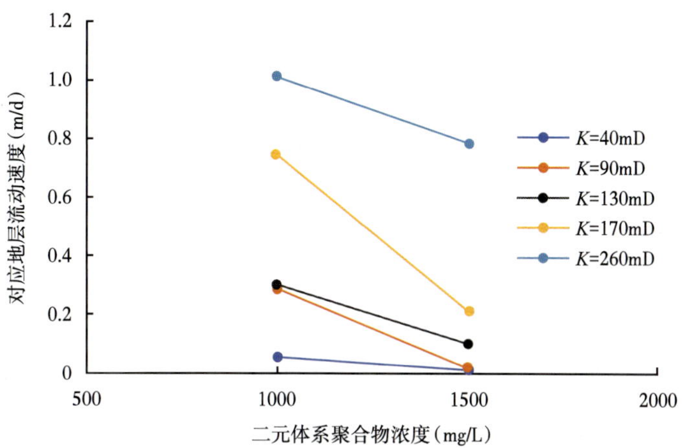

图 5-10 二元体系在不同渗透率岩心中注入性（2500 万相对分子质量聚合物）

4. 二元体系与油藏配伍关系图版

通过将体系在地层中流动速度、聚合物相对分子质量、浓度和储层渗透率相互关联，建立了二元驱驱油体系与砾岩油藏渗透率关系图版（图 5-11）。结果表明二元体系（2500 万相对分子质量）的油藏配伍有效渗透率下限为 90~130mD，二元体系（1500 万相对分子质量）的油藏配伍有效渗透率下限为 40~90mD，在低于对应渗透率的油藏中会出现可注入但不可流动的现象。此研究结果为后续的方案设计、开发动态调整提供了重要的依据。

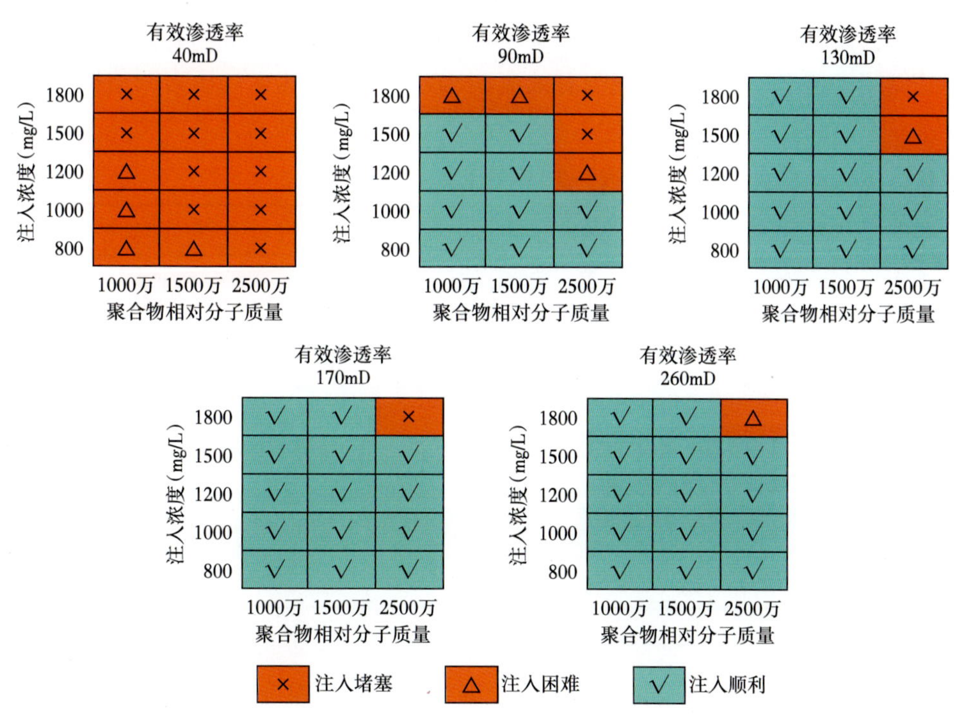

图 5-11 二元体系与油藏配伍关系图版

通过压汞曲线得到了不同渗透率砾岩岩心的孔隙半径数据（表 5-6），发现其与聚合物的水动力学特征尺寸有着很好的对应关系，比较配伍性结果可知，当孔隙中值半径是体系水动力学特征尺寸的 8~9 倍时，体系可以顺利流动，而对于砂岩油藏，这种关系为 5~6 倍，这意味着对于相同渗透率的砾岩岩心和砂岩岩心，体系在砾岩岩心的流动更加困难。

表 5-6　不同渗透率砾岩对应的孔隙中值半径

渗透率（mD）	孔隙中值半径（μm）	渗透率（mD）	孔隙中值半径（μm）	渗透率（mD）	孔隙中值半径（μm）
30	0.6	65	2.52	1000	9.34
40	1.31	100	3.60	2000	9.71
50	1.87	500	7.61	—	—

二、二元驱注入界限研究

通过配伍性研究可以确定不同渗透率储层的最佳注入体系，然而砾岩储层的非均质性很强，存在多旋回大级差，如何选择注入体系是一个难题。应用梯次注入，分级动用的理论研究多种渗透率组合储层的动用问题。

1. 不同储层的注入界限

聚驱阶段以梯次降黏的方式注聚可更好的提高聚驱效果，但压力升高会使高浓度段塞进入与其不配伍的中、低渗地层中，产生堵塞现象。通过三维平板并联模型进行聚驱物理模拟实验，研究聚合物在不同渗透率油层特定含油饱和度条件下的有效流动压力，目的在于建立储层渗透率、聚合物浓度与有效流动压力的图版，为矿场压力调整提供指导基础（表 5-7）。

表 5-7　有效流动压力方案

编号	开发阶段		各层有效渗透率		
	水驱阶段	聚驱阶段	700mD	400mD	100mD
1	并联驱替至综合含水 95%	2500mg/L	结合水驱结束时刻注采压差，分别给出无因次有效驱动压力、启动压力		
2		2000mg/L			
3		1500mg/L			
4		1000mg/L			
5		500mg/L			
聚合物注入段塞尺寸		0.6 PV			

在驱替过程中，通过主流线前缘推进速度相似原理，设计水驱恒速驱替速度为 0.6mL/min；在聚驱过程中，采用恒速注入的驱替方式，聚驱阶段注入速度为水驱注入速度的 1/2 倍，即为 0.3mL/min。

结合储层非均质性，水驱至模型产出液综合含水率达到 95% 时，记录高渗透层、中渗透层以及低渗透层的分流率 F_1、F_2、F_3，同时记录下此时的注入压力 P_1。然后用不同浓度的聚合物进行恒速驱替，驱替速度为 0.3mL/min，在驱替过程中每隔 3~5min 读取一次低、中、高渗透层的出液量，实时统计各层分流率，同时记录注入端压力变化状况。当中渗透层开始出液时，此时压力 P_2 与 P_1 的比值为中渗透层的无因次启动压力，当中渗透层分流率到达 F_2 时，此时压力 P_4 与 P_1 的比值为中渗透层的无因次有效流动压力；当低渗透层开始出液时，此时压力 P_3 与 P_1 的比值为低渗透层的无因次启动压力，当低渗透层分流率到达 F_3 时，此时压力 P_5 与 P_1 的比值为低渗透层的无因次有效流动压力。

测完这 4 个关键压力数据之后，计算累计注聚体积，若未达到 0.6PV，则继续开展聚合物驱，此时改变为恒压注入，注入压力为低渗透层的有效流动压力，每隔 10 或 20min 记录一次各层产液及压力变化情况，直至累计注聚达到 0.6PV，然后切换至后续水驱，驱替至实验结束；若已达到 0.6PV，则直接切换至后续水驱，后续水驱速度为 0.6mL/min，驱替至实验结束（图 5-12）。

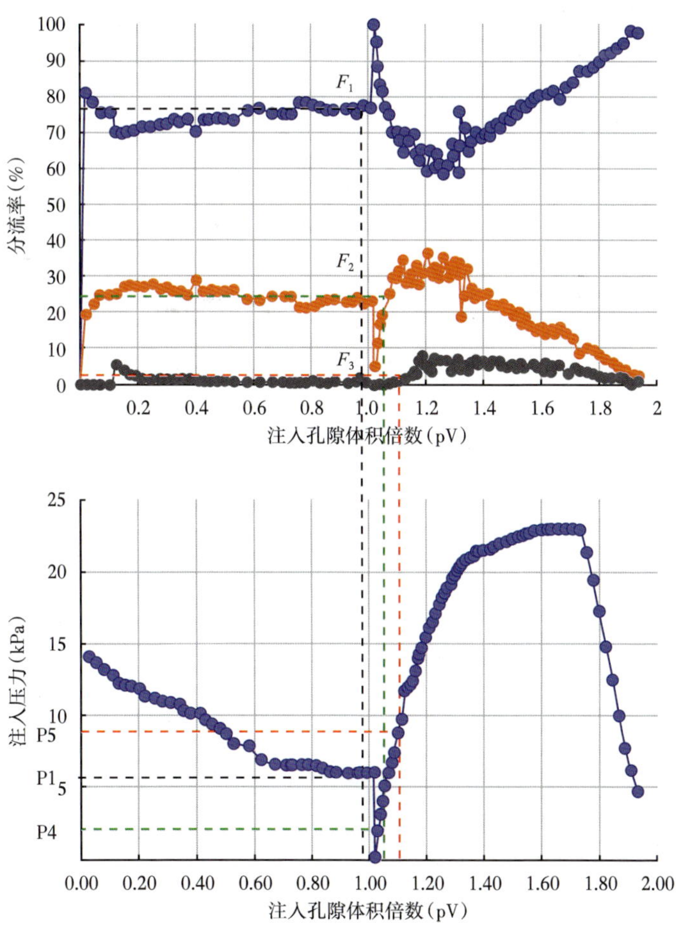

图 5-12 有效驱动压力计算方法示意图

1）无量纲启动压力图版

结合三平板并联模型实验结果及分流率曲线特征，给出了不同渗透率油层在不同浓度聚合物体系下的无因次启动压力及无因次有效驱动压力图版（表 5-8）。

表 5-8 无量纲启动压力图版

体系浓度（mg/L）	无量纲启动压力	
	400mD	100mD
2500	1.0	1.62
2000	0.778	1.369
1500	0.597	1.221
1000	0.368	1.078
500	0.148	0.852

以上实验结果表明：在相同渗透率的岩心条件下，聚合物溶液浓度越高，无因次启动压力越高。由于聚合物溶液浓度越高黏度越大，在孔隙中的阻力也越大。针对不同体系浓度下的无因次启动压力进行拟合，拟合结果如图 5-13 所示。

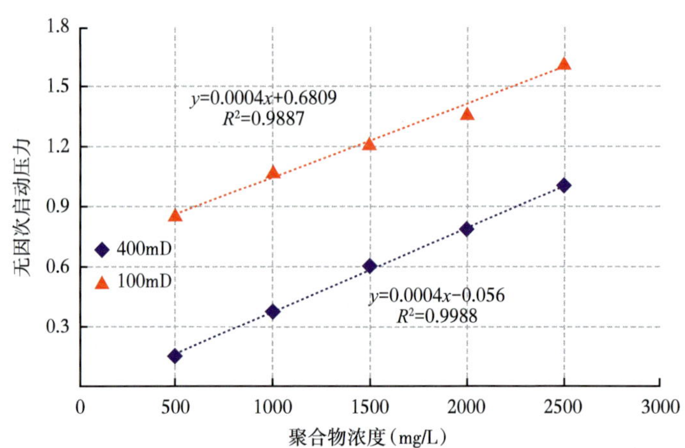

图 5-13 无因次启动压力拟合结果图

拟合结果表明：在相同渗透率岩心中，无因次启动压力随着聚合物浓度的增加呈现线性增长的关系，渗透率越低，线性曲线的截距也越大，即无因次启动压力也越大。

2）有效驱动压力图版

无因次有效驱动压力图版同无因次启动压力图版规律一致，在相同渗透率的岩心，聚合物溶液浓度越高，无因次有效驱动压力越高（表 5-9）。由于聚合物溶液浓度越高黏度越大，因而需要更大的注采压差保证聚合物体系在多孔介质中的有效流动。同样，针对不同体系浓度下的无因次有效驱动压力进行拟合，拟合结果如图 5-14 所示。

表 5-9 无量纲有效驱动压力图版

体系浓度（mg/L）	无量纲有效驱动压力	
	400mD	100mD
2500	1.45	2.01
2000	1.29	1.82
1500	1.17	1.57
1000	1.08	1.19
500	1.01	1.05

拟合结果表明：在相同渗透率岩心中，无因次有效驱动压力随着聚合物浓度的增加呈现指数增长的关系，渗透率越低，指数增长越大，即无因次有效驱动压力也越大。

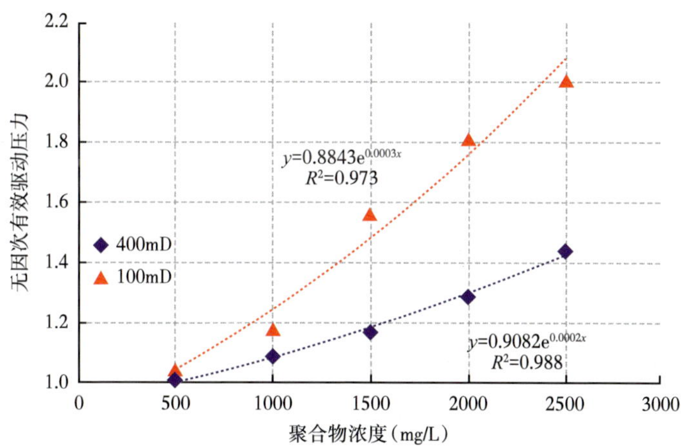

图 5-14 无因次有效驱动压力拟合结果图

3）矿场实际启动压力与有效驱动压力图版

在室内测试得到的无因次启动压力和有效驱动压力图版的基础上，结合现场实际注采压差和生产工作制度，给出矿场实际条件下的满足不同渗透率油层启动和有效流动下的注入井压力（表 5-10）。

表 5-10 矿场实际启动压力与有效流动压力图版

聚合物浓度（mg/L）	注入井压力（MPa）				注聚合物初期采油井流压
	中渗层		低渗层		
	启动压力	有效驱动压力	启动压力	有效驱动压力	
2500	2.6	5.44	6.51	8.96	6MPa
2000	1.2	4.43	4.92	7.77	
1500	0.96	3.67	3.99	6.19	
1000	0.67	3.10	3.11	3.80	
500	0.12	2.66	1.67	2.92	

由结果可知，当注入井压力达到 9MPa 时（注聚合物初期采油井流压为 6MPa），2500mg/L 段塞在低渗层可达到有效流动。另外，低渗层启动时刻、中渗层有效流动时刻下的注入井压力近乎一致。

2. 不同孔喉的注入界限

砾岩油藏孔隙结构复杂，分为单模态和复模态的孔隙结构特征，采用核磁共振技术分析水驱和化学驱动用孔隙剩余油的界限，核磁共振测井技术已被国内外各油田广泛采用。在核磁共振测井中一般采用差谱、移谱技术来识别油、水信号并定量测量油、水饱和度，然而大量实验研究结果表明，我国典型油田储层内油相的弛豫时间与大孔隙内水相的弛豫时间很接近，直接进行核磁共振测量难以分辨油、水信号。

本次实验为了通过核磁共振的手段表征不同的驱替阶段岩心内原油在孔隙内的变化，实验过程采用重水建立束缚水和用重水配制的驱替液驱替岩心（表 5-11）。

表 5-11　普通水与重水的性质对比

性质 / 水型	分子式	相对分子质量	密度（25℃）（g/cm^3）	熔点（℃）	沸点（℃）
普通水	H_2O	18.0153	0.99701	0.00	100.00
重水	D_2O	20.0275	1.1044	3.81	101.42

原油与普通水含有氢原子核（1H），处于低能态的氢核通过吸收电磁辐射能跃迁到高能态，产生核磁共振现象。但对于重水，是由氘原子和氧原子构成，其中氘原子是由一个质子和中子组成，氘原子的质量数是偶数，而原子序数是奇数，不能够产生核磁共振现象，通过核磁共振信号区别分辨水和油。实验过程，采用重水饱和岩心，再用原油建立束缚水饱和度，后再用重水配制的驱替液驱替岩心。对比图表明重水配制的驱替液基本没有信号，只有原油具有核磁共振信号。

1）七东$_1$区克下组水驱 / 聚合物驱油实验评价

为了研究水驱与聚合物驱孔隙中原油动用规律，分别选取了 T71911 井、T71721 井、T71839 井、T71740 井 4 口井岩心，其中 T71740 井及 T71911 有 5 块岩心渗透率低，实验共完成 13 块岩心驱替实验。实验岩心以含砾粗砂岩、砂砾岩、细粒小砾岩为主，平均孔隙度为 17.02%，平均气测渗透率为 1037mD（表 5-12）。

对 13 块岩心数据进行统计分析，使用重水建立的束缚水饱和度范围为 27.24%~46.01%，平均值为 36.93%；水驱油效率范围为 23.89%~66.79%，平均值为 47.49%；注聚合物段塞后再水驱，驱油效率可达到 28.8%~77.1%，平均值为 57.82%；聚合物驱平均提高驱油效率为 12.17%。

2）不同模态下的水驱与聚合物驱油原油动用规律

砂砾岩储层经过水驱开发后剩余油形态纷繁多样，分散到了各种大小孔喉当中，注聚开发后，剩余油分布会变得更加复杂。因此通过室内实验研究砂砾岩储层水驱 / 聚合物驱过程中原油在不同半径的孔喉中是如何分布和动用的对现场注水、注聚生产以及注聚后深度挖潜都有较好的指导意义。本次实验采用重水饱和岩心，重水与普通水的物理化学性质很相近，但无法产生核磁共振，所以利用重水饱和岩心再建立束缚水，可以在核磁下区分油与水之间的分布差别。

表 5-12 水驱 / 聚合物驱实验结果

井号	岩心号	深度（m）	岩性	层位	Φ	K_g	K_o	S_{wi}	S_{or}	R_b	E_s	E_j	ΔE
T71911	5-9/15-2	1147.8	砂砾岩	S_7^{2-3}	16.68	994.5	94.8	31.92	28.30	16.44	43.55	58.4	14.8
	6-2/16-1	1150.1	细粒小砾岩	S_7^{2-3}	19.09	2333	56.2	31.34	17.60	9.96	65.08	74.38	9.30
	7-14/22	1155.2	含砾粗砂岩	S_7^{3-1}	15.58	1011	99.3	41.55	29.92	16.01	38.41	48.8	10.4
	8-7/12-1	1156.4	含砾中砂岩	S_7^{2-3}	17.95	670.6	49.8	27.24	22.70	8.03	42.82	62.89	20.07
	9-3/13	1160.6	含砾粗砂岩	S_7^{3-2}	17.64	1876	126.9	45.42	42.06	13.33	38.33	46.7	8.33
	9-6/13	1161.6	砾质砂岩	S_7^{3-2}	16.11	100.9	6.7	35.22	28.97	17.91	45.96	53.7	7.76
	9-11/13-2	1163.2	砂砾岩	S_7^{3-2}	17.75	577.2	39.3	46.01	17.21	8.47	57.46	67.7	10.3
	10-1/16	1164.4	砂砾岩	S_7^{3-2}	18.16	1588	119.2	33.58	26.32	0.14	23.89	28.8	4.89
	10-12/16-1	1167	含砾粗砂岩	S_7^{3-3}	21.04	1552	119.2	42.76	19.19	10.31	55.18	65.5	10.3
T71721	13-12	1085.1	含砾粗砂岩	S_7^{3-1}	16.52	29.9	0.2	29.74	30.60	7.28	44.61	56.4	11.8
T71839	1381.12	1381.1	细粒小砾岩	S_7^{2-1}	15.77	49.5	3.8	33.73	27.85	19.07	55.29	55.7	0.38
	73	1405.5	细粒小砾岩	S_7^{3-3}	20.12	362.4	145.5	30.45	32.61	16.81	38.79	53.7	14.9
	20	1381.7	细粒小砾岩	S_7^{2-1}	13.92	2047	34.5	31.23	15.72	5.14	66.79	77.1	10.3
平均值					17.02	1037	93.72	36.93	33.20	11.82	47.49	57.82	12.17
备注	φ 为孔隙度，%；K_g 为气测渗透率，mD；K_o 为液测渗透率，mD；S_{wi} 为束缚水饱和度，%；S_{or} 为残余油饱和度，%；R_b 为无水驱油效率，%；E_s 为水驱油效率，%；E_j 为聚合物驱油效率，%；ΔE 为聚合物提高驱油效率，%；实验用聚合物相对分子质量为 2500 万，浓度为 2000mg/L。												

（1）单模态岩心水驱 / 聚合物驱油原油动用规律。

6-2-16-1 岩心，孔隙度 19.09%，气测渗透率 2333mD，建立束缚水饱和度为 31.34%，水驱驱油效率 65.08%，注聚驱油效率 71.93%，累计水驱 / 聚驱油效率为 74.38%，聚驱提高采收率 9.30%（表 5-13）。单模态岩心物性较好，前期水驱油效率较高，后续聚合物驱进一步提高驱油效率，属于聚合物驱提高采收率效果较好的岩心。

表 5-13 单模态岩心驱油实验结果

	井号	T71911
	深度（m）	1150.09
	层位	S72-3
	岩性	细粒小砾岩
	束缚水饱和度（%）	31.34
	孔隙度（%）	19.09
	气测渗透率（mD）	2333
	水驱阶段驱油效率（%）	65.08
	注聚阶段驱油效率（%）	71.93
	累计水驱 / 聚驱油效率（%）	74.38
6-2-16-1 岩心宏观照片	聚合物提高驱油效率（%）	9.30

单模态岩心铸体薄片观察，岩石颗粒粗大，仅含有一级颗粒，以砾石、粗砂为主。孔隙粗大，孔喉连通性较好，呈网络状分布。扫描照片观察，颗粒之间基本不含有黏土矿物，偶可见溶蚀孔（图 5-15）。

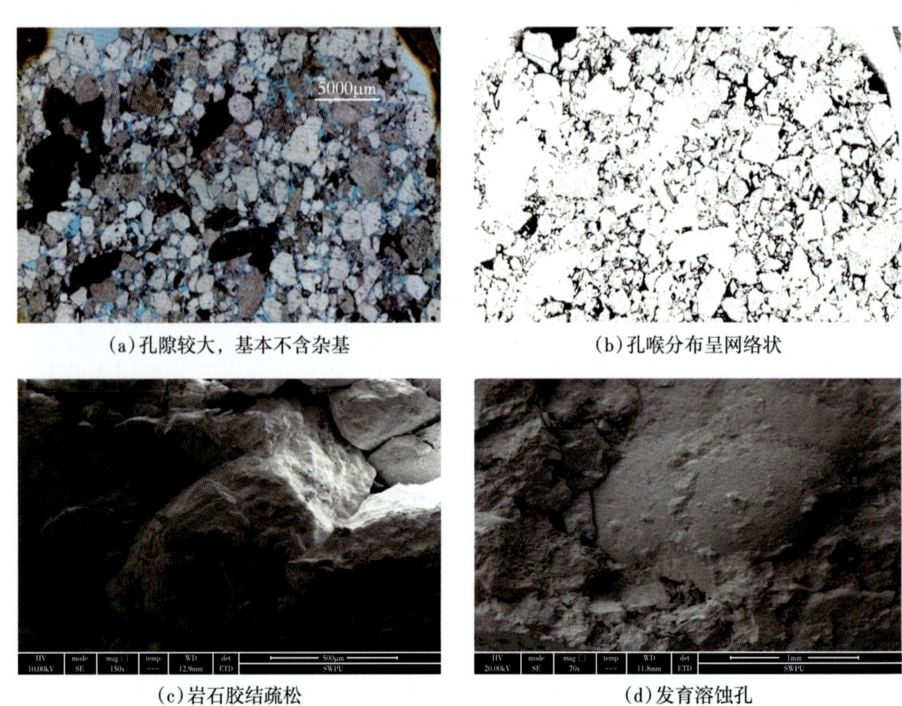

（a）孔隙较大，基本不含杂基　　（b）孔喉分布呈网络状

（c）岩石胶结疏松　　（d）发育溶蚀孔

图 5-15　单模态岩心孔隙结构及岩石颗粒特征

（T71911，1150.09m，S_7^{2-3}，细粒小砾岩，实验样）

表 5-14　单模态岩心压汞分析

均值（Φ）	7.35	分选系数	3.78
偏态	0.61	峰态	1.83
变异系数	0.51	饱和中值半径（μm）	10.08
最大孔喉半径（μm）	55.41	孔喉体积比	5.42
平均毛细管半径（μm）	19.26	模态参数 C	1.26
备注	T71911，1150.09m，S72-3，细粒小砾岩，并列样		

对岩心并列样做压汞分析：单模态岩心进汞曲线有平缓段，且平缓段较低，说明岩心大孔粗喉较多，最大孔喉半径可以达到 55.41μm，孔喉主要分布在 9.19~73.50μm 区间内，并是岩心主要渗流通道。分选系数＞3.5，分选较好，偏态大于零，为粗歪度，峰态＞1，孔喉分布呈明显单峰分布，且大孔喉对岩心渗流起主要作用。模态参数 C 为 1.26，属于单模态岩心孔隙结构（表 5-14）。

单模态岩心驱替过程中，含水率上升快，驱替压力为0.015MPa，驱替体积达到1.5PV时，含水率上升到 95% 以上。水驱结束，驱替压力维持在 0.015MPa，水驱油效率 65.08%。注入聚合物段塞，驱替压力变为水驱压力的 3 倍，为 0.05MPa，含水率陡降，下降 20%，然后再迅速上升，段塞驱替提高驱油效率 6.85%。注聚结束后，再后续水驱驱替至不出油为止，驱油结束时，驱替压力恢复至 0.02MPa，驱油效率为 74.38%，聚合物提高驱油效率为 9.30%。

实验饱和岩心、建立束缚水饱和度以及后续水驱 / 聚合物驱，都使用重水。并在水驱阶段、注聚阶段以及后续水驱阶段，分别测试核磁共振，观察不同阶段的核磁共振信号变化情况，并将核磁共振信号转化成孔喉分布，分析不同大小的孔喉内原油的动用规律。

由三维柱状图可知，单模态岩心建立束缚水后，束缚水多分布在＜1μm 的孔隙内，原油主要分布在较大的孔隙内。随着水驱的深入，大部分原油被动用，其中＞18.39μm 以上孔径内原油全部被取出，而 1.14~18.38μm 还残余部分原油。注入聚合物段塞后，1.14~18.38μm 孔隙内的原油进一步减少，而＞4.59μm 以上孔隙聚合物动用程度最高。说明聚合物可以充分波及到＞4μm 孔隙内的原油，后续水驱阶段中孔隙内的少量原油被动用（表 5-15）。

表 5-15 不同驱油阶段绝对含油饱和度分布变化

孔喉半径（μm）	孔喉分布（%）	不同驱油阶段绝对含油饱和度分布（%）			
		原始含油	水驱完成	注聚完成	后续水驱完成
0~0.03	2.25	0.14	0.89	0.02	0.31
0.03~0.07	5.29	1.32	1.26	1.32	0.83
0.07~0.14	6.83	1.58	0.91	0.90	0.68
0.14~0.28	7.22	2.35	0.99	0.86	0.71
0.28~0.57	11.86	5.27	2.32	2.11	1.68
0.57~1.14	9.56	7.38	2.94	2.37	2.33
1.14~2.29	9.56	8.34	4.35	2.94	3.53
2.29~4.59	9.70	8.01	5.76	3.53	4.21
4.59~9.19	8.12	8.28	4.51	2.75	2.62
9.19~18.38	12.55	12.64	2.95	2.16	1.11
18.39~36.77	14.06	12.25	0.01	0.29	0.00
36.78~73.55	3.00	3.09	0.00	0.00	0.00
合计	100.00	70.66	26.88	19.27	18.01

可以看出在整个驱油实验过程当中，单模态岩心不同孔径内原油动用程度都很高，在＞18.39μm 这个孔径范围的原油被全部驱出，而 1.14~18.19μm 这个孔径范围的原油动用程度次之，最终有少量原油残留。

为了便于分析原油动用规律，将孔喉半径范围划作＜ 1μm、1~5μm、5~10μm、＞ 10μm 4 个区间（表 5-16），统计孔喉分布、绝对含油（剩余油）饱和度及原油动用程度分布频率。由表可知，水驱对＞ 10μm 孔径内原油动用程度最高，达到 89.15%；而 1~5μm 孔径内原油动用程度较低，为 34.41%。而聚合物对＞ 10μm 的孔径范围剩余油动用程度最大，动用程度为 95.94%。水驱 / 聚驱之后剩余油主要分布在较小孔隙中，在＜ 5μm 的孔隙内绝对含油饱和度为 14.28%；而＞ 5μm 的孔隙内绝对含油饱和度为 3.73%。大孔隙内原油动用程度明显大于小孔隙，＞ 10μm 的孔径范围原油动用程度最大，动用原油 95.94%，1~10μm 动用程度相对较弱，而＜ 1μm 的孔喉动用程度较低。

表 5-16　单模态岩心孔喉分布及原油动用规律

孔喉半径（μm）		＜ 1	1~5	5~10	＞ 10
孔喉分布（%）		43.01	19.25	8.12	29.61
含油饱和度（%）	原始	20.14	15.40	7.81	27.31
	水驱	9.31	10.10	4.51	2.96
	聚合物驱	6.54	7.74	2.62	1.11
原油动用程度（%）	水驱	53.78	34.41	42.28	89.15
	聚合物驱	67.51	49.73	66.46	95.94

（2）双模态岩心水驱 / 聚合物驱油原油动用规律。

水驱 / 聚合物驱油实验表明，岩心孔隙度为 16.68%，气测渗透率为 994.48mD，建立束缚水饱和度 31.92%，属于中孔高渗岩心。水驱阶段的驱油效率 43.55%，注聚阶段完成驱油效率达到 53.42%，后续水驱阶段驱油效率达到为 58.35%，驱油效率整体不高，聚驱累计提高驱油效率为 14.80%（表 5-17）。

表 5-17　双模态岩心驱油实验结果

	井号	T71911
	深度（m）	1147.78
	层位	S_7^{2-3}
	岩性	砂砾岩
	束缚水饱和度（%）	31.92
	孔隙度（%）	16.68
	气测渗透率（mD）	994.48
	水驱阶段驱油效率（%）	43.55
	注聚阶段驱油效率（%）	53.42
	累计驱油效率（%）	58.35
5-9-15-2 岩心宏观照片	聚合物提高驱油效率（%）	14.80

双模态岩心含有两级颗粒：一级颗粒以砾石、粗砂为主；二级颗粒充填于一级颗粒之间，呈充填式双模态结构。孔喉连通较好，呈星点状分布。电镜分析岩石颗粒之间含有少量黏土矿物，局部可见长石溶蚀孔发育（图 5-16）。

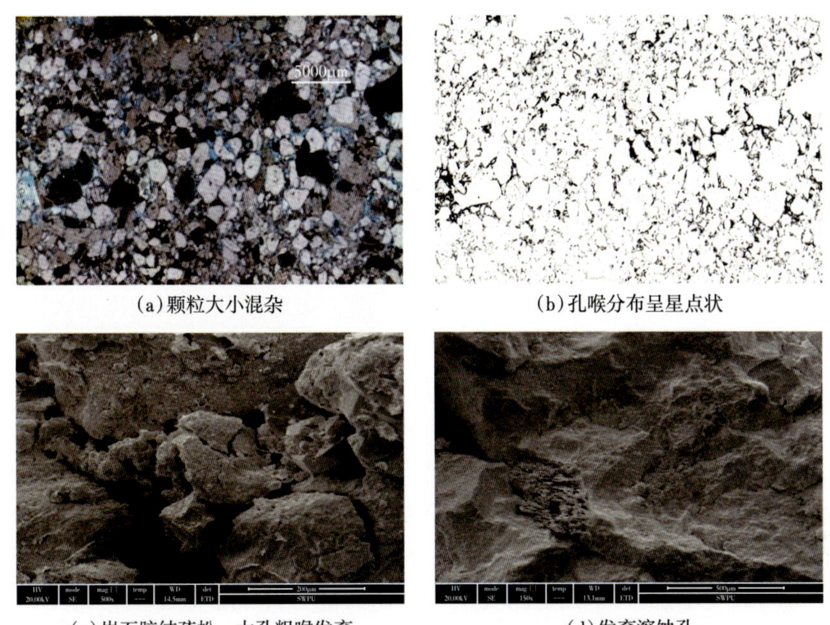

(a)颗粒大小混杂　(b)孔喉分布呈星点状

(c)岩石胶结疏松，大孔粗喉发育　(d)发育溶蚀孔

图 5-16　双模态岩石孔隙结构特征

（T71911，1147.78m，S_7^{2-3}，砂砾岩，实验样）

双模态岩心压汞数据显示：岩心进汞曲线整体呈上升趋势，没有平缓段，最大孔喉半径可以达到 37.94μm，孔喉分布呈双峰分布，其主要渗流峰为 9.19~36.75μm。峰态＞1，偏态小于零，为细歪度，岩心渗流一般。岩心模态参数 *C* 为 2.02，属于双模态岩心（表 5-18）。

表 5-18　双模态岩心压汞分析

均值（Φ）	8.84	分选系数	3.33
偏态	-0.08	峰态	1.86
变异系数	0.38	饱和中值半径（μm）	0.95
最大孔喉半径（μm）	37.94	孔喉体积比	2.96
平均毛细管半径	11.03	模态参数 *C*	2.02
毛细管压力（MPa）：100、10、1、0.1、0.01、0.001；汞饱和度（%）：100、80、60、40、20、0；进汞曲线；退汞曲线		孔隙分布频率（%）：0、4、8、12、16；渗透率贡献率（%）：0、20、40、60、80；毛细管半径（μm）：0.07、0.29、1.15、4.59、18.38、73.50、367.50；孔喉分布；渗透率贡献率	
备注	T71911，1147.78m，S72-3，砂砾岩，并列样		

驱替过程中，岩心含水率上升快，水驱替压差较小，为 0.015MPa。水驱 2PV 以后，含水率基本维持在 90% 以上。水驱含水率连续两个 PV 维持在 98% 以上后，停止水驱，注入 0.7PV 聚合物段塞。注聚过程中，聚合物驱使含水率下降 3%，驱替压力上升 5 倍，注聚合物段塞过程中，驱油效率提高 9.97%。注聚合物后再后续水驱，直到岩心驱液连续两个 PV 不含油为止。后续水驱开始，岩心压力下降，直到压力降至水驱压力。驱替结束时，水驱油效率为 43.55%，聚合物提高驱油效率为 14.80%，水驱 / 聚合物驱油效率为 58.35%。

水驱 / 聚合物驱油实验不同阶段核磁共振 T_2 谱，束缚水状态下的原油大部分分布在大孔喉当中；水驱阶段特征基本与其他岩性的岩心相同，大孔粗喉因为其良好的连通性和渗流能力优先被水驱出，小孔细喉中的原油驱替效果较差。注入聚合物后 T_2 谱信号表现出大孔喉的信号减弱甚至消失。后续水驱的 T_2 谱分布基本沿着注聚阶段的趋势进行下去。

从表 5-18 孔喉原油动用三维柱形图可以明显看出，原油基本充满大孔大喉，小孔内含有束缚水，含油饱和度相对较低。在整个驱油实验过程当中，原油动用程度较大的主要为＞ 4.59μm 这个孔径范围，在＜ 4.59μm 这个孔径范围的原油动用程度较少。水驱完成以后，对于＞ 4.59μm 的孔喉，原油动用程度很高，大部分原油都被驱出；而 1.14~4.59μm 的孔喉内的原油动用程度偏低；＜ 1.14μm 孔喉内的原油基本未动用。后续的注聚与水驱结束后，聚合物进一步加大了 9.19μm 的孔喉内原油的动用程度，几乎驱出全部的原油，而 4.59~9.19μm 的孔喉内的原油也在聚合物作用下被驱出部分（表 5-19）。

表 5-19　不同驱油阶段含油饱和度分布

孔喉半径（μm）	孔喉分布（%）	不同驱油阶段绝对含油饱和度分布（%）			
		原始含油	水驱阶段	注聚阶段	后续水驱阶段
0~0.03	0.40	0.00	0.00	0.12	0.00
0.03~0.07	2.85	0.94	0.86	1.41	0.84
0.07~0.14	3.40	1.63	1.49	1.62	1.48
0.14~0.28	3.99	1.79	1.53	1.49	1.37
0.28~0.57	9.90	2.82	2.98	2.96	2.19
0.57~1.14	11.82	2.96	2.94	2.06	2.34
1.14~2.29	12.48	5.70	4.78	4.27	3.90
2.29~4.59	11.28	9.78	8.14	7.73	7.45
4.59~9.19	9.14	9.30	6.64	6.38	5.41
9.19~18.38	14.57	14.07	6.93	5.55	4.87
18.39~36.77	13.84	13.53	3.58	0.40	0.00
36.78~73.55	6.33	5.55	0.27	0.00	0.00
合计	100.00	68.08	40.13	33.99	29.85

分别统计孔喉分布、绝对含油（剩余油）饱和度及原油动用程度可以发现，随孔喉半径增大，水驱对原油动用程度依次增大，对＞10μm孔径内原油动用程度最高，可达到76.34%；5~10μm孔喉内原油动用了28.14%；而＜5μm孔径内原油动用程度相对较低。而聚合物对＞10μm的孔径范围剩余油动用程度最大，这部分孔隙内的原油全部都被聚合物驱出，而5~10μm孔径内剩余油动用程度提高程度最大，说明在聚合物作用下，与＞10μm孔喉相连的5~10μm的孔隙内的原油被驱出。而＜5μm孔喉半径内的剩余油动用程度相对较低。水驱/聚驱之后剩余油在较小孔隙中的比例相对较高，＜5μm的孔隙内绝对含油饱和度为22.35%；而＞5μm的孔隙内绝对含油饱和度为6.69%。大孔隙内原油动用程度明显大于小孔隙，＞10μm的孔径范围原油动用程度最大，原油动用程度100%；1~10μm动用程度相对较弱；而＜1μm的孔喉动用程度较偏低（表5-20）。

表5-20 单模态岩心孔喉分布及原油动用规律

孔喉半径（μm）		＜1	1~5	5~10	＞10
孔喉分布（%）		32.36	23.76	9.14	34.73
含油饱和度（%）	原始	12.80	16.06	10.48	35.58
	水驱	11.95	12.25	7.53	8.42
	聚合物驱	11.12	11.23	5.54	1.15
原油动用程度（%）	水驱	6.70	23.75	28.14	76.34
	聚合物驱	13.15	30.08	47.11	96.76

（3）复模态岩心水驱/聚合物驱油原油动用规律。

9-6-13岩心岩性为砂质砾岩，为复模态结构，从岩心的水驱/聚合物驱油实验结果可以看出，岩心物性条件中等，孔隙度为16.11%，气测渗透率为100.9mD，建立束缚水饱和度为35.22%，水驱阶段驱油效率为45.96%，水驱/聚合物驱累计驱油效率为53.72%，聚驱累计提高采收率7.76%（表5-21）。

表5-21 复模态岩心驱油实验结果

	井号	T71911
	深度（m）	1161.56
	层位	S_7^{3-2}
	岩性	砂质砾岩
	束缚水饱和度（%）	35.22
	孔隙度（%）	16.11
	气测渗透率（mD）	100.9
	水驱阶段驱油效率（%）	45.96
	注聚阶段驱油效率（%）	50.74
	累计驱油效率（%）	53.72
9-6-13号岩心宏观照片	聚合物提高驱油效率（%）	7.76

复模态岩心含有三级颗粒。一级颗粒以砾石、粗砂为主，以中砂为主的二级颗粒充填于一级颗粒之间，而以泥质为主的三级颗粒充填于二级颗粒之间，呈悬浮式复模态结构。孔喉发育较差，孔隙类型以溶蚀孔为主。孔喉分布呈斑点状，连通性较差（图5-17）。

(a)颗粒大小混杂，悬浮式复模态　　(b)孔喉分布呈星点状

(c)岩岩石颗粒间含有大量杂基　　(d)发育溶蚀孔

图 5-17　复模态岩心孔隙结构及岩石颗粒特征

（T71911，1161.56m，S_7^{3-2}，砂质砾岩，实验样）

岩心并列样压汞数据显示：岩心进汞曲线整体呈上升趋势，没有平缓段，且压汞压力较大，最大孔喉半径可以达到5.08μm，孔喉分布呈双峰分布，其主要渗流峰为1.15~4.59μm。峰态＞1，偏态小于零，为细歪度，岩心渗流较差。岩心模态参数为2.85，属于复模态孔隙结构（表 5-22）。

表 5-22　复模态岩心压汞分析

均值（Φ）	10.88	分选系数	2.46
偏态	-0.5	峰态	1.86
变异系数	0.23	饱和中值半径（μm）	0.16
最大孔喉半径（μm）	5.08	孔喉体积比	2.27
平均毛细管半径	1.43	模态参数 *C*	2.85
备注	T71911，1161.56m，S_7^{3-2}，砂质砾岩，并列样		

岩心驱替过程中，含水率上升快，驱替压力为 0.2MPa，驱替体积达到 1PV 时，含水率上升 95% 以上；驱替 3PV 以后，驱油效率基本保持不变，含水率保持在 95% 以上。水驱结束，驱替压力维持在 0.2MPa，水驱油效率 45.96%。注入聚合物段塞，驱替压力变为水驱压力的 4 倍，为 0.8MPa，含水率基本不变，岩心驱出少量油花。后续水驱，基本不出油，驱替压力下降至 0.3MPa。聚合物提高驱油效率为 7.76%，水驱 / 聚合物驱累计驱油效率为 53.72%。

复模态岩心的水驱 / 聚合物驱油不同阶段核磁共振 T_2 分布可以看出，对比饱和普通地层水的 T_2 谱与建立束缚水之后的原油分布 T_2 谱，岩心的建立束缚水时原油基本充填满大孔隙，而束缚水分布范围也较大，1~100ms 弛豫时间内都有束缚水的分布，其对应的孔喉半径为 0.08~8μm。

水驱的不同阶段含油饱和度从 77.08% 降至 34.44%，三维柱状图孔喉分布主要表现为：大孔喉中的原油逐渐减少，小孔喉中的原油信号基本不变，说明注入水主要波及到的是渗透性和连通性极好的大孔粗喉。注聚阶段，大孔喉内原油进一步减少，小孔喉变化较小。

从不同阶段内的孔喉内原油变化可以看出原油基本充满大孔大喉，小孔内含有束缚水，含油饱和度相对较低。在整个驱油实验过程当中，原油动用程度较大的主要为＞ 2.29μm 这个孔径范围，＜ 1.14μm 这个孔径范围的原油动用程度较少。水驱完成以后，对于＞ 4.59μm 的孔喉，原油动用程度很高，大部分原油都被驱出；而孔径为 1.14μm~4.59μm 的孔喉内的原油，动用程度相对较低，驱出油量较少；＜ 1.14μm 孔喉内的原油基本未被动用。后续的注聚与水驱结束后，聚合物进一步加大了 4.59~9.19μm 的孔喉内原油的动用程度，＜ 4.59μm 孔径内原油动用程度提高较低（表 5-23）。

表 5-23　不同驱油阶段绝对含油饱和度分布变化

孔径范围（μm）	孔喉分布（%）	不同驱油阶段绝对含油饱和度分布（%）			
		原始含油	水驱阶段	注聚阶段	后续水驱阶段
0~0.03	0.00	0.19	0.15	0.78	0.88
0.03~0.07	0.06	0.54	0.48	0.35	0.68
0.07~0.14	2.28	1.64	1.36	1.32	1.33
0.14~0.28	4.86	1.66	1.37	1.78	1.46
0.28~0.57	10.62	4.26	3.53	4.81	4.15
0.57~1.14	10.90	4.92	4.90	5.97	5.64
1.14~2.29	13.14	6.62	6.45	6.90	6.53
2.29~4.59	16.83	10.47	7.34	6.58	5.73
4.59~9.19	15.65	13.08	5.67	3.91	3.06
9.19~18.38	17.77	15.98	4.67	2.06	1.26
18.39~36.77	7.01	4.62	1.28	0.00	0.02
36.78~73.55	0.89	0.00	0.00	0.00	0.00
合计	100.00	63.97	37.21	34.44	30.75

统计孔喉分布、绝对含油（剩余油）饱和度及原油动用程度可知，随孔喉半径增大，水驱对原油动用程度依次增大。水驱＞ 10μm 孔径内原油动用程度最高，为 90.21%；对 5~10μm 孔径内原油动用程度为 66.86%；＜ 5μm 孔径内的原油动用程度都偏低。聚合物驱进一步提高＞ 5μm 孔径内原油动用程度，＜ 5μm 孔径内原油动用程度孔径内原油动用程度偏低。水驱 / 聚合物驱后，＜ 5μm 孔径内的含油饱和度为 25.76%，＞ 5μm 孔径内的含油饱和度为 2.82%（表 5-24）。

表 5-24　复模态岩心孔喉分布及原油动用规律

孔喉半径（μm） 分布频率（%）		＜ 1	1~5	5~10	＞ 10
孔喉分布（%）		28.72	29.97	15.65	25.67
含油饱和度（%）	原始	16.76	15.52	11.67	20.82
	水驱	15.18	13.35	3.87	2.04
	聚合物驱	14.72	10.94	1.76	1.06
原油动用程度（%）	水驱	9.44	14.00	66.86	90.21
	聚合物驱	12.16	29.53	84.89	94.90

（4）岩石模态对水驱 / 聚合物驱油效率影响对比。

为研究不同模态岩心的原油动用规律，使用重水驱替 14 块岩心，并在不同阶段测试 T_2 图谱，统计不同孔喉半径内原油的动用情况（表 5-25）。

表 5-25　不同模态岩心水驱 / 聚合物驱原油动用规律统计表

模态	水驱动用程度（%）				水驱 S_{or}	聚驱动用程度（%）				聚合物驱 S_{or}	样本数
	＜ 1μm	1~5μm	5~10μm	＞ 10μm		＜ 1μm	1~5μm	5~10μm	＞ 10μm		
单模态	49.58	41.03	59.29	91.42	18.69	57.15	55.69	80.24	98.09	12.66	2
双模态	9.57	19.94	40.83	76.27	33.58	15.91	37.07	71.05	95.06	23.36	7
复模态	13.27	19.59	32.86	68.72	35.91	16.70	29.31	36.86	83.80	29.90	5

单模态岩心水驱动用程度较高，其中＞ 10μm 孔喉半径内的原油动用程度超过 90%，其他孔喉内的原油动用程度也＞ 40%。水驱后，单模态岩心含油饱和度较低，为 18.69%。单模态岩心聚合物驱以后，岩心进一步加大动用程度，剩余油饱和度进一步降低，其中 5~10μm 孔喉内原油动用程度提高最大，动用程度提高 20.95%，而＞ 10μm 孔喉半径内的原油动用程度达到 98.09%，基本将原油全部驱出，＜ 1μm 孔隙内的原油动用程度也达到 57.15%。最终剩余油饱和度降低至 12.66%。

双模态岩心水驱后剩余油饱和度为 33.58%，其中＞ 5μm 孔喉内原油动用程度较高，5~10μm 孔喉内原油动用程度达到 40.83%，＞ 10μm 孔喉内原油动用程度为 76.27%，而＜ 5μm 孔隙内原油动用程度较低，动用程度＜ 20%。双模态岩心聚驱后，剩余油饱和下降至 23.36%。＞ 10μm 孔隙内原油基本被驱出，1~10μm 孔喉半径内原油动用提高幅度较大，

5~10μm 孔喉半径内原油动用程度提高至 71.05%，1~5μm 孔喉半径动用程度达到 37.07%，提高幅度达到 17.13%。< 1μm 孔喉内原油动用程度偏低，聚合物提高幅度也较低。

复模态岩心水驱后剩余油饱和度为 35.91%，其> 10μm 孔喉半径内原油动用程度较高，其他孔喉半径内原油动用程度都偏低。后续聚合物驱提高幅度不大，聚驱后剩余油饱和度为 29.9%，聚合物提高幅度不大。其中聚合物对> 10μm 孔喉内的原油动用提高程度较大，动用程度提高了 15.08%。

3）水驱/聚合物驱动用岩石最小孔喉半径

（1）岩石最小孔喉半径确定方法。

确定水驱聚合物驱最小动用半径，可以在注水和注聚合物开发油层时，明确剩余油的波及效果及分布的孔隙，为进一步的调整注水、注聚合物方案提供依据。本次主要对水驱/聚合物驱后的岩心测试核磁共振，对测试后的 T_2 谱反演得到剩余油在不同孔喉半径内的分布图，图中红色曲线与 X 轴对应的是原始的含油饱和度，黑色曲线对应的是残余油饱和度，黑色曲线与红色曲线围成的面积就是可动用原油部分，对应红色竖线左边就是可动部分，右边就是束缚部分，红色的竖线就可以对应计算出最小动用半径（图 5-18）。

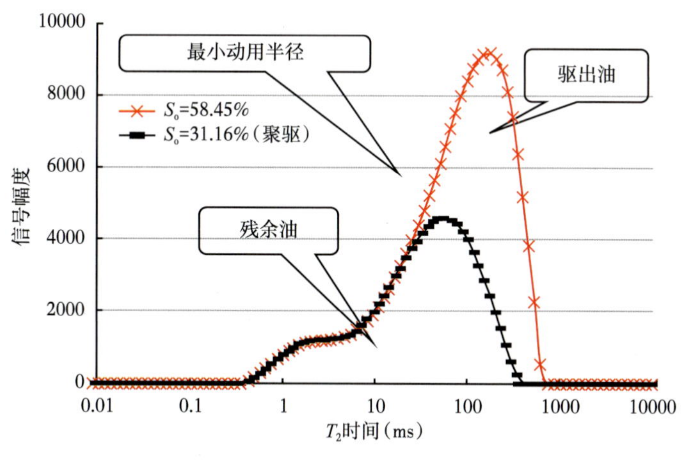

图 5-18　最小动用半径示意图

单模态岩心水驱/聚合物驱最小动用半径都较小，分别为 1.60μm、0.64μm，而双模态、复模态岩心最小动用半径较大。岩心注入聚合驱以后，对岩心内的优势通道实现一定的封堵作用，后续水驱可以波及较小孔喉半径内的原油，所以水驱动用半径较聚合物驱的动用半径小（表 5-26）。

（2）聚合物水力学半径对波及效率的影响。

根据聚合物水化分子堵塞多孔介质（或滤膜）孔喉示意图，当 R_h > 0.46R 时，聚合物水化分子线团借助于"架桥"，便可形成较稳定的三角结构，堵塞孔喉。在 R_h < 0.46R 时，也可形成不稳定的堆积，但流动的冲力稍大便易解堵。堵塞的稳定性还与聚合物水化分子线团的黏弹性形变有关，即聚合物水化分子线团的刚性越强，堵塞越稳定。另外，由于聚合物水化分子线团具有黏弹性，在压力作用下会产生形变，经一定时间后会出现屈服流动，

即使 $R_h > R$，也可能产生屈服运移而解堵（图 5-19）。实验测定的不同相对分子质量聚合物在溶液中的水力学半径如表 5-27 所示。

表 5-26　不同模态岩心水驱最小动用半径

井号	样号	深度（m）	岩性	层位	模态	残余油饱和度（%）	剩余油分布比例（%）				水驱 R_{min}（μm）	聚驱 R_{min}（μm）
							＜1	1~5	5~10	＞10		
T71839	20	1381.65	细粒小砾岩	S_7^{3-3}	单模态	15.76	51.87	41.83	6.30	0.00	1.28	0.72
T71911	6-2-16-1	1150.09				17.60	36.32	42.99	14.53	6.16	1.92	0.72
平均值						16.68	44.09	42.41	10.42	3.08	1.60	0.64
T71839	73	1405.48	细粒小砾岩	S_7^{2-1}	双模态	32.61	26.35	34.84	19.40	19.41	4.56	0.64
T71911	5-9/15-2	1147.78	砂砾岩	S_7^{2-3}		28.35	36.54	44.44	15.16	3.85	3.92	0.80
T71911	7-14-22	1155.22	含砾粗砂岩	S_7^{2-3}		29.92	44.00	24.19	18.63	13.18	1.92	2.24
T71911	8-7-12-1	1306.39	含砾中砂岩	S_7^{3-1}		22.70	60.42	37.53	2.05	0.00	1.92	0.80
T71911	9-11-13-2	1163.21	砂砾岩	S_7^{3-2}		17.21	53.97	40.27	5.66	0.11	1.44	0.32
T71911	10-1-16	1164.4		S_7^{3-2}		26.32	21.31	27.10	15.74	35.84	1.92	0.32
T71911	10-16-4-8	1165.75		S_7^{2-3}		22.57	33.13	28.49	17.18	21.20	2.96	0.72
平均值						25.67	39.39	33.84	13.40	13.37	2.66	0.32
T71839	98	1416.28	含砾中砂岩	S_7^{4-2}	复模态	22.81	43.97	51.68	4.33	0.02	1.44	0.40
T71721	13-12	1085.06	含砾粗砂岩	S_7^{2-1}		30.60	72.77	27.23	0.00	0.00	1.84	0.48
T71839	1381.12	1381.12	细粒小砾岩	S_7^{3-1}		27.85	36.61	39.25	15.88	8.26	2.96	0.40
T71911	9-3-13	1160.61	含砾粗砂岩	S_7^{3-2}		42.06	19.16	33.00	18.82	29.02	2.16	0.96
T71911	9-6-13	1161.56	砾质砂岩	S_7^{3-2}		28.97	51.68	38.40	2.70	7.23	1.92	0.70
T71911	10-12-16-1	1167.03	含砾粗砂岩	S_7^{3-2}		19.19	27.00	26.84	18.87	27.28	1.84	0.72
平均值						28.58	41.87	36.07	10.10	11.97	2.03	0.72

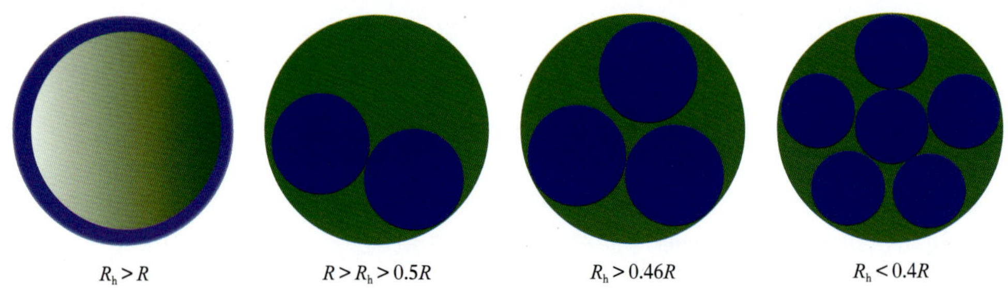

图 5-19　聚合物水化分子堵塞多孔介质孔喉示意图

表 5-27 不同相对分子质量聚合物在溶液中的水力学半径

样品编号	相对分子质量	浓度（mg/L）	平均水力半径（nm）
1	1000 万	113	134.9
2	1500 万	93	139.0
3	1800 万	100	145.9
4	2500 万	100	153.4
5	3000 万	100	195.1
6	3500 万	100	255.9

根据测定的聚合物分子水力学半径和聚合物分子堵塞孔喉的“架桥”原理，即 $R_h \geqslant 0.46R$ 时形成堵塞，可换算出不同相对分子质量聚合物堵塞孔喉的直径（表 5-28）。

表 5-28 聚合物平均水力半径与堵塞孔喉直径关系

相对分子质量	平均水力半径（nm）	堵塞孔喉半径（μm）
1000 万	134.9	0.2933
1500 万	139.0	0.3022
1800 万	145.9	0.3172
2500 万	153.4	0.3335
3000 万	195.1	0.4242
3500 万	255.9	0.5563

本次实验使用聚合物相对分子质量为 2500 万，聚合物分子平均水力半径为 153.4nm，其堵塞的孔喉半径为 0.33μm。由于岩心孔喉最狭小处是喉道，所以聚合物首先堵塞喉道，导致聚合物无法通过并波及喉道相连通的孔隙。结合恒速压汞资料，统计喉道半径 ＜ 0.33μm 所控制的孔隙体积，可得到聚合物无法波及的岩心孔喉体积比例（表 5-29）。

实验共测试 17 样次的恒速压汞，对其喉道半径、半径＜ 0.33μm 喉道所控制的喉道体积与孔喉体积比例统计。主流喉道半径平均值为 3.91μm，平均喉道半径为 3.32μm，＜ 0.33μm 的喉道占孔喉总体的 9.16%，该部分喉道连通的孔喉体积占总孔喉体积的 28.14%，实验聚合物无法波及该部分孔喉空间。

表 5-29 聚合物无法波及孔喉体积比例

井号	编号	模态	孔隙度（%）	气测渗透率（mD）	主流喉道半径（μm）	平均喉道半径（μm）	喉道半径＜ 0.33μm 喉道比例	喉道半径＜ 0.33μm 喉道连通孔喉比例
T71839	41	单模态	15.39	1803	5.39	4.29	2.90	2.90
T71839	72	双模态	15.55	1507	3.50	2.82	4.48	18.51
T71839	71 并列	双模态	15.31	519	5.40	4.05	5.21	22.78
T71721	13-17-23	复模态	13.81	145	1.84	1.49	12.63	45.89
T71839	61-1	双模态	19.36	2030	3.83	3.23	4.81	4.81

续表

井号	编号	模态	孔隙度（%）	气测渗透率（mD）	主流喉道半径（μm）	平均喉道半径（μm）	喉道半径＜0.33μm喉道比例	喉道半径＜0.33μm喉道连通孔喉比例
T71839	71	双模态	16.63	1742	5.40	4.05	5.21	22.78
T71721	6-8	双模态	18.27	247	3.03	2.71	23.72	24.12
T71721	17-9	复模态	19.8	53	5.07	3.92	23.02	80.79
T71721	18-9	复模态	11.37	1030	3.00	5.34	10.94	20.68
T71740	4	双模态	11.84	38	3.05	2.84	21.73	21.73
T71839	61-1 并列	双模态	16.78	1334	4.27	3.65	3.82	14.75
T71839	61-2	双模态	17.28	282	4.27	3.65	3.82	14.75
T71839	72 并列	双模态	17.78	1179	3.45	2.82	4.48	18.51
T71911	4-10-16	复模态	18.25	3	1.73	1.69	15.8	30.06
T71911	5-9-15-2	双模态	16.68	994	3.23	1.62	5.54	33.83
T71911	8-7-12-1	双模态	17.95	670	3.35	3.27	4.54	34.38
T71911	10-8-16-4	双模态	19.04	1587	6.00	2.71	3.07	67.16
平均值			16.53	892	3.91	3.32	9.16	28.14

第三节　化学驱分级动用高效驱油模式

对于强非均质油层，单一段塞注入方式更易发生剖面返转现象，化学剂溶液大量在高渗层内部突进，二元复合驱开采结束后中低渗层仍存在大量剩余油未得到有效动用。通过油墙聚并理论和流度控制理论研究，为强非均质油层二元驱所需的各组分质量浓度计算提供理论依据。随着二元复合驱驱替前缘油墙的聚并，起到流度控制的化学剂浓度逐渐下降，提出二元复合驱梯次注入方式方法。

一、技术原理及依据

王锦梅等人提出的聚合物驱油墙聚并理论指出：最佳的聚合物溶液浓度是黏度—浓度曲线上斜率较大点对应的浓度；依据姜瑞忠、赵明等人的流度控制理论研究指出：含水饱和度越大，所需要的最小聚合物质量浓度越大。因此随着聚合物驱替前缘油墙的聚并，起到流度控制的聚合物浓度逐渐下降，在考虑聚合物降本增效的基础上提出聚合物驱梯次注入方式方法。

在化学复合驱驱替过程中通常伴随有油墙的产生，即原油富集区的形成。化学驱油墙形成的大小直接反映了提高采收率方法的有效性，富集的油墙规模越大，即提高采收率方法越有效。针对二元驱形成油墙的动力学机理数学模型推导，得出油墙形成的条件有：

$$\left|\frac{K_{\mathrm{rw}}K_{\mathrm{ro}}}{\mu_{\mathrm{w}}}\cdot\frac{d\mu_{\mathrm{p}}}{dC_{\mathrm{p}}}\cdot\frac{dC_{\mathrm{p}}}{dx}\right|>\left|\left(K_{\mathrm{rw}}\frac{dK_{\mathrm{ro}}}{dS_{\mathrm{o}}}+K_{\mathrm{ro}}\frac{dK_{\mathrm{rw}}}{dS_{\mathrm{w}}}\right)\cdot\frac{dS_{\mathrm{o}}}{dx}\right| \tag{5-1}$$

其中，形成油墙条件中最为敏感的参数为二元复合驱驱替前缘的黏度梯度，黏度梯度越大，油墙形成越有利，形成油墙的规模也越大。结合油墙富集条件中敏感参数及多段塞驱油条件下的段塞浓度、尺寸等条件，定义了无量纲的油墙聚并能力（Oil Bank Forming Ability），以便定量表征二元体系梯次注入过程中的油墙富集能力，具体定义如下：

$$OBFA=\sum_{i}Cp_{i}\cdot PV_{i}\left(\frac{d\mu_{\mathrm{w}}}{dC_{\mathrm{p}}}\right)_{i}\Bigg/\mu_{\mathrm{o}},i=1,2,3 \tag{5-2}$$

式中，OBFA 为油墙聚并能力；Cp_i 为段塞浓度，mg/L；PV_i 为段塞进入量，PV；$\frac{d\mu_{\mathrm{w}}}{dC_{\mathrm{p}}}$ 为段塞的黏—浓梯度，mPa·s/mgL^{-1}，具体数值由黏浓曲线计算。

梯次降黏注入方法为选用不同浓度和不同黏度的聚合物溶液，依次匹配进入不同渗透率的油层，以实现不同渗透率储层对流度控制能力的需求。其中，高黏聚合物溶液段塞作为前置段塞进入高渗透层后，由于高黏聚合物在黏度—浓度曲线上具有较大的斜率，驱替前缘可形成高饱和度油墙，从而起到了良好的流度控制能力，并大幅增加了高渗层渗流阻力；随着注入压力的增加，中低渗层吸液压差明显增加，后续低黏段塞以较高注入速度进入中低渗层，在扩大了波及体积的同时也减少了高、中、低渗层内聚合物溶液的流度差异。另一方面，由于聚合物驱替前缘黏度梯度的作用，高渗层内所形成的高饱和度油墙，使含水饱和度快速下降，随着后续满足流度控制作用的降黏段塞注入，使低黏段塞以近似活塞式驱替缓慢推动油墙至采出端，延缓了高渗层突破时间。

该方式不仅适合于聚合物驱，也适合于二元复合驱。选用不同浓度和不同黏度的二元复合体系溶液，依次匹配进入不同渗透率的油层，以实现不同渗透率储层对流度控制能力的需求。

二、采出程度及含水率与油墙聚并规律

利用多层并联物模实验，通过对相同物理模型采用单一恒黏注入、梯次降黏注入和梯次升黏注入 3 种注入方式，评价非均质储层驱油效率。选择不同物性下典型天然岩心，先后注入高中低不同相对分子质量和浓度的二元复合体系开展驱油实验，记录注入压力变化，计算压力平稳后的阻力系数和残余阻力系数，模拟二元复合体系在深部地层的流动性。制作 3 种渗透率平板模型的尺寸为 60cm×60cm×5cm，有效渗透率分别为 300mD、100mD、50mD，各平板模型上布置电极和压力监测井，其中使用电极监测模型内各点电阻率的变化，采用标准电阻率—饱和度标准曲线反演各点的饱和度变化规律（图 5-20）。实验采用 1200 万相对分子质量的聚合物，浓度分别是 2500mg/L、2000mg/L、1500mg/L、1000mg/L 和 500mg/L，表面活性剂浓度分别是 3000mg/L 和 2000mg/L，配成目的液的黏度（表 5-30）。

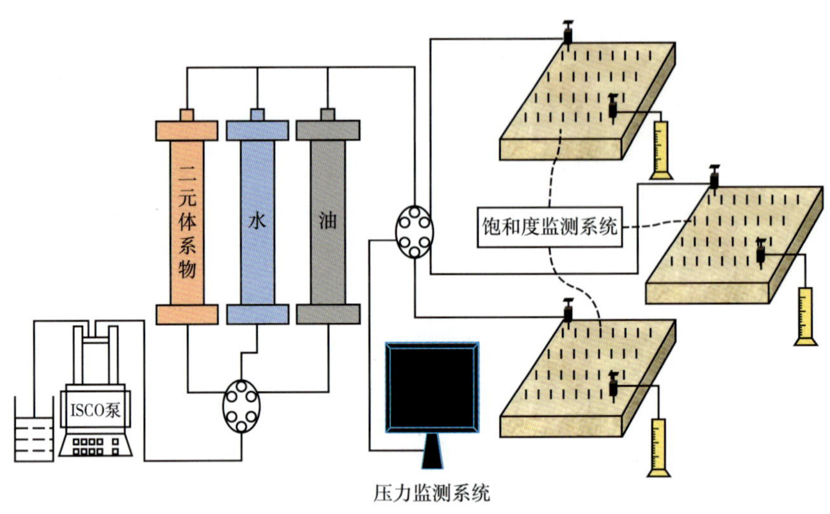

图 5-20　并联物模实验装置图

表 5-30　二元复合体系不同浓度下黏度特征

聚合物相对分子质量	聚合物浓度（mg/L）	表面活性剂浓度（mg/L）	剪前黏度（mPa·s）	剪后黏度（mPa·s）	水质矿化度（mg/L）
1200 万	2500	3000	267.33	177.07	918
	2000	3000	177.07	103.47	
	1500	2000	98.13	51.20	
	1000	2000	45.87	28.80	
	500	2000	13.87	11.73	

用层间非均质平板模型对二元复合体系梯次注入方式进行研究，具体实验方案如表 5-31 所示。

表 5-31　梯次注入实验方案

模型	方案	注入方式	二元复合驱段塞组合方式（注入浓度，mg/L；注入段塞大小，PV）					
非均质模型 300，100，50mD	1	梯次降黏	2500mg/L，0.072PV	2000mg/L，0.09PV	1500mg/L，0.12PV	1000mg/L，0.18PV	500mg/L，0.36PV	各段塞按照等聚合物干粉用量设计
	2	单一恒黏	1500mg/L，0.6PV					
	3	梯次增黏	500mg/L，0.36PV	1000mg/L，0.18PV	1500mg/L，0.12PV	2000mg/L，0.09PV	2500mg/L，0.072PV	
实验过程： 水驱至综合含水 95% 时水驱结束，二元复合驱阶段采用恒速限压的驱替方式，二元驱最高压力不超过水驱最高压力的 2 倍，后水驱至综合含水 98%								

从 3 种注入方式实验结果与含水率下降幅度中可以看出，含水率最大可下降至 59.8%，明显低于单一恒黏注入时的 67.1% 和梯次增黏的 75.8%；同样比较梯次降黏注入方式的采收率提高幅度高，最终提高采收率 20.04%，明显高于单一恒黏注入的 17.79% 和梯次增黏的 17.28%。表明梯次降黏中优先注入的高黏段塞在驱替前缘可形成高饱和度油墙，大幅降低含水率，大幅提高采出程度（表 5-32、图 5-21）。

表 5-32 梯次注入实验结果

模型	方案编号	采收率（%）		提高幅度（%）			聚驱注入倍数 PV
		水驱	最终	综合	聚驱	后水	
非均质模型 300，100，50mD	1	42.39	62.43	20.04	19.01	1.03	1.03
	2	42.47	60.26	17.79	15.88	1.91	0.85
	3	42.22	59.60	17.28	14.59	2.69	1.21

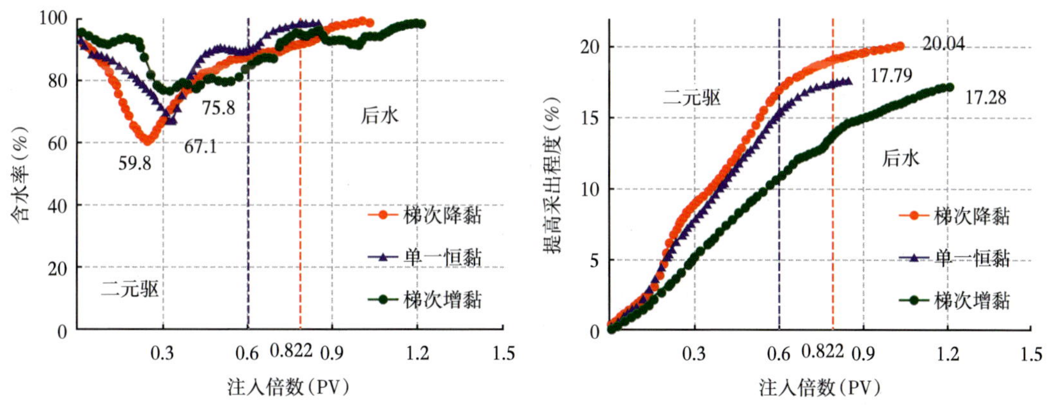

图 5-21 梯次注入含水率、采出程度变化规律

结合油墙聚并能力公式（OBFA）对 3 种注入方式计算（表 5-33），对比发现梯次降黏注入油墙聚并能力最强，为单一恒黏注入的 3.04 倍，是梯次增黏注入的 31 倍；该计算结果同含水率最低点结果相印证，含水率下降幅度越大，油墙聚并能力越强；同样结合含水最低时刻的饱和度分布图（图 5-22）可以发现，梯次降黏驱替前缘所富集形成的油墙与单一恒黏、梯次增黏注入相比要高得多。

表 5-33 不同梯次注入方式下的油墙聚并能力

方案编号	注入方式	二元复合驱提高采出程度（%）	油墙聚并段塞大小（PV）	含水率最低点（%）	油墙聚并能力
1	梯次降黏	19.01	0.294	42.17	8.01
2	单一恒黏	15.88	0.281	58.9	2.63
3	梯次增黏	14.59	0.33	72.16	0.254

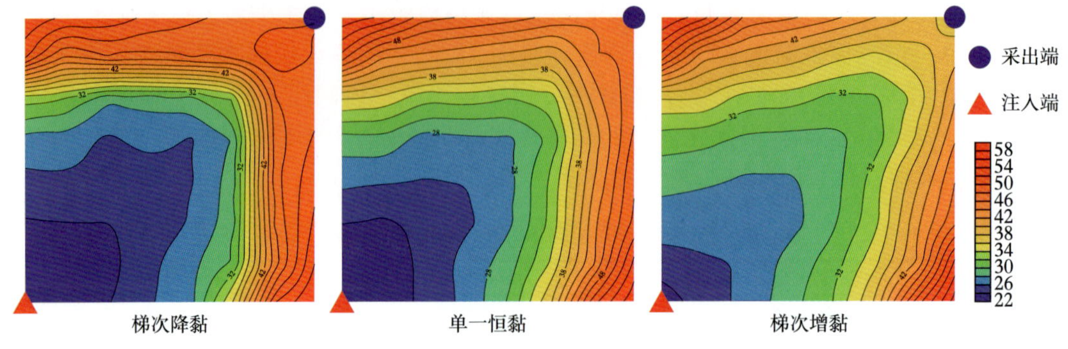

图 5-22 不同梯次注入方式下含水率最低时刻的含油饱和度图

以含水率下降至最低点作为油墙聚并的结束，通过油墙聚并段塞大小的统计发现，梯次降黏油墙聚并段塞大小为 0.294PV，明显小于梯次增黏的 0.33PV，但油墙聚并能力明显高于梯次增黏。以上结果表明油墙聚并取决于段塞聚并油墙的效率而非取决于段塞尺寸的大小。

三、各层阻力变化规律

随着驱替前缘位置的油墙聚并形成，高渗透层阻力明显上升，而富集的油墙规模越大，其阻力越大。为了充分表征高、中、低渗层阻力变化规律，本文采用总流度的计算方式对各层的阻力变化进行表征，具体公式如下：

$$\lambda_{\text{total}} = \frac{Kk_{\text{rw}}}{R_{\text{k}} \cdot \mu_{\text{eff}}} + \frac{Kk_{\text{ro}}}{\mu_{\text{o}}} + \frac{Kk_{\text{rw}}}{\mu_{\text{w}}} \tag{5-3}$$

式中，λ_{total} 为总流度，mD/mPa·s；μ_{eff} 为二元复合体系有效黏度，mPa·s；k_{ro}、k_{rw} 为油水相对渗透率；R_{k} 为残余阻力系数；K 为岩心有效渗透率，mD。其中，总流度包括二元复合体系的流度和油、水两相的流度特征，数值大小反映着流动能力的强弱，相当于电导的概念，总流度数值越小，流动阻力越大。

由不同注入方式的各层总流度变化特征曲线（图 5-23）可见，梯次降黏注入的高渗层总流度下降幅度最大，最低时刻可小于低渗层的总流度，即低渗层与高渗层流度比值可大于 1；其次为单一恒黏注入，最差为梯次增黏，最低时刻高渗层总流度仍高于中渗层。

总流度变化特征曲线反映出梯次降黏注入高渗层阻力增长幅度明显，造成阻力大幅增长的原因有：（1）聚合物驱替段塞形成的阻力；（2）驱替前缘形成的油墙造成含油饱和度明显上升，油相阻力增加；（3）油墙的聚并形成过程中，水相饱和度大幅下降，原高含水的渗流通道逐渐被高阻力特征的聚合物和富集的高饱和度油墙所取代，水相流动能力下降明显。以上 3 种原因造成梯次降黏注入高渗层阻力大幅增长，为后续低黏段塞注入中低渗层提供了重要的基础。

四、分流率变化规律

由 3 种注入方式的分流率曲线（图 5-24）可见，与高渗层分流率下降幅度进行对比，梯次降黏下降幅度最大，最大可降低至 49.38%；单一恒黏注入次之，最大降低至 56.63%；梯次增黏注入最差，仅降低至 66.52%；该现象同油墙聚并能力有着明显相关性，反映高黏段塞优先注入在驱替前缘形成高浓油墙，大幅增加了高渗层渗流阻力，明显降低高渗层分流率，大幅提升了中低渗层吸液量。

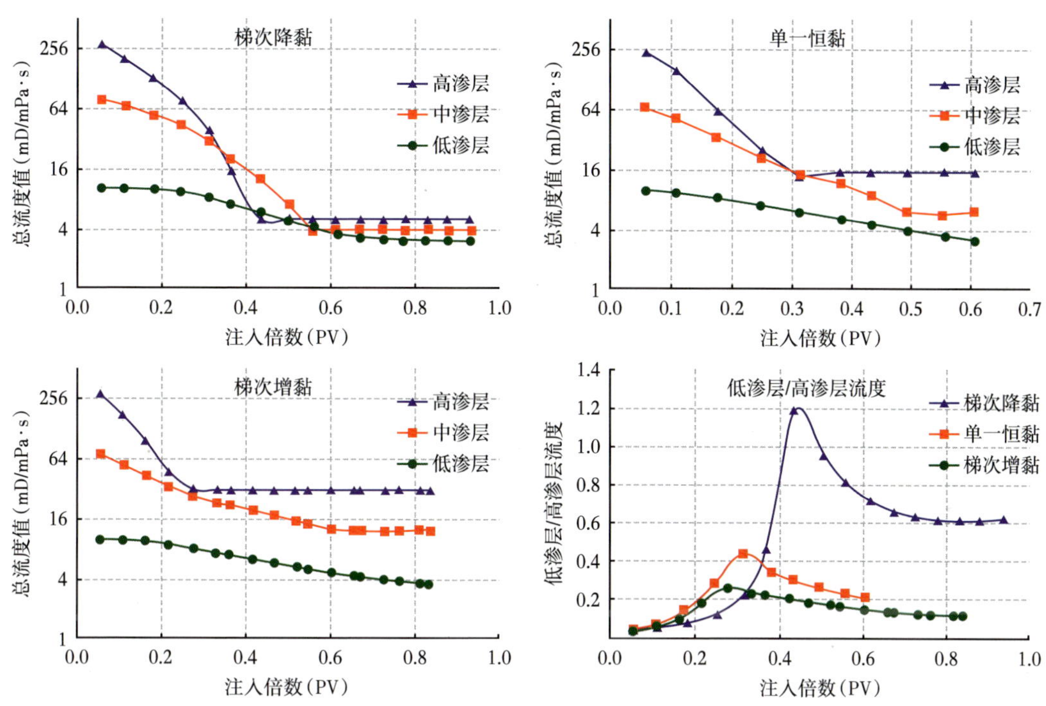

图 5-23 不同注入方式下各层总流度变化特征曲线

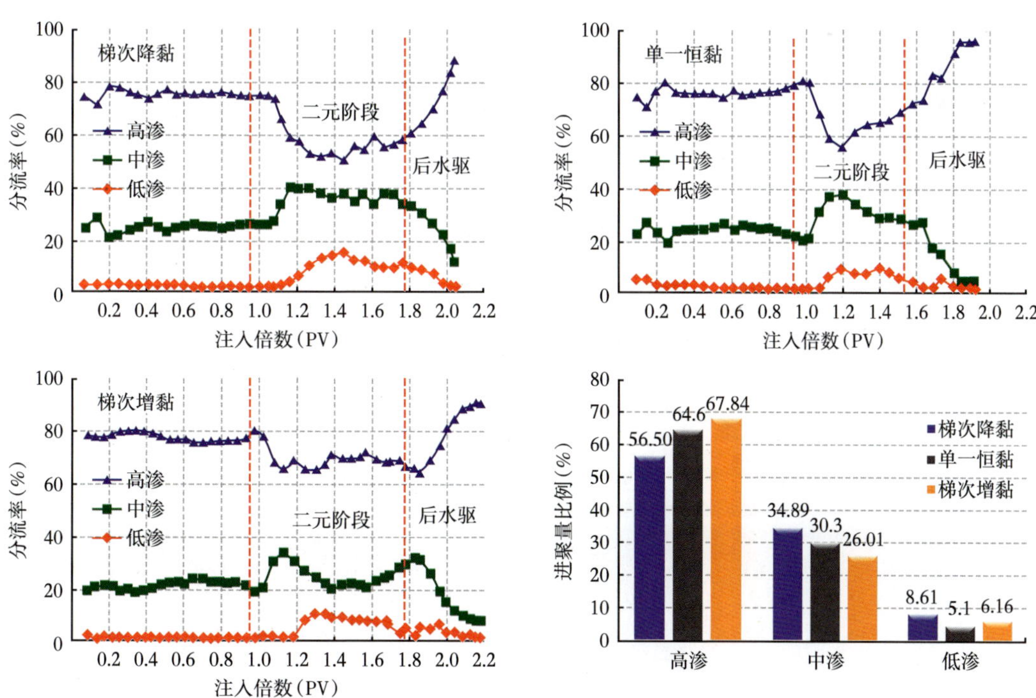

图 5-24 3 种注入方式的分流率对比曲线

对比统计 3 种注入方式的进液量比例发现，梯次降黏注入方式下中低渗透层吸液比例明显高于单一恒黏和梯次增黏注入。原因在于高黏段塞以低速注入到高渗层形成高浓油墙，大幅降低了高渗层的流动能力。随着注入压力的升高，达到中低渗层的有效驱动压力，后续注入的低黏段塞与中低渗层相匹配，较大的压力梯度明显增加了中低渗透层的吸液速率，减少了高、中、低渗层间流度差异，因此梯次降黏注入时分流率形态呈 U 型变化，中低渗层吸液量大，延缓了剖面返转的发生。

五、平面波及效率

平板模型的饱和度电极监测获得了 3 种注入方式的平面波及效率，从后续水驱结束后波及系数实验结果看（表 5-34、图 5-25），梯次降黏注入在高、中、低渗透层的波及效率以梯次降黏注入方式为最高，综合波及效率为 54.41%；其次为单一段塞注入，综合波及效率为 47.64%；最差为梯次增黏注入，波及效率仅为 46.77%。

表 5-34　不同注入方式后续水驱结束时驱油实验结果

注入方式＼渗透率	300mD 提高采收率（%）	100mD 提高采收率（%）	50mD 提高采收率（%）	综合提高采收率 （%）
梯次降黏	14.67	29.28	16.88	20.04
单一恒黏	12.98	25.85	14.34	17.79
梯次增黏	12.24	24.83	15.44	17.28

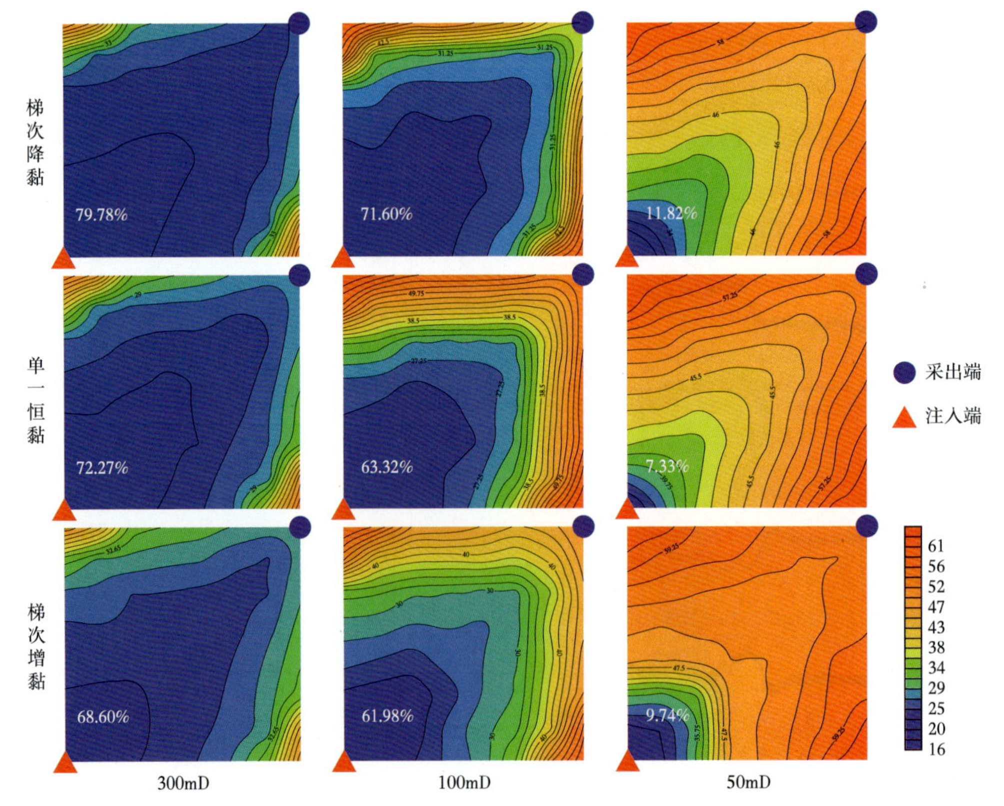

图 5-25　梯次注入方式的后续水驱结束时含油饱和度分布图

对比高、中渗透率区域的波及效率发现，其大小依次为梯次降黏＞单一恒黏＞梯次增黏，由于含水饱和度越大，所需要流度控制的二元体系段塞浓度越大，因此优先注入的高黏段塞相较于低黏段塞具有更强的流度控制作用，起到高效调堵因饱和度差异产生的高渗条带、大幅增加平面波及面积的作用。而低渗透层波及效率的大小依次为梯次降黏＞梯次增黏＞单一恒黏，原因在于单一段塞（1500mg/L）与低渗层配伍关系较差，大尺寸的高黏段塞进入低渗层后，易造成低渗层渗流阻力大幅增加，剖面返转时机提前，因此恒黏注入易造成低渗层波及效率过低的情况。

六、压力传播规律

从 3 种方式二元驱过程中的注入压力变化曲线看（图 5-26），梯次降黏注入压力上升速度较快，达到限制压力时注入孔隙体积为 0.15PV，梯次增黏注入压力上升速度最慢，达到限制压力时注入孔隙体积分别为梯次降黏的 3~4 倍。

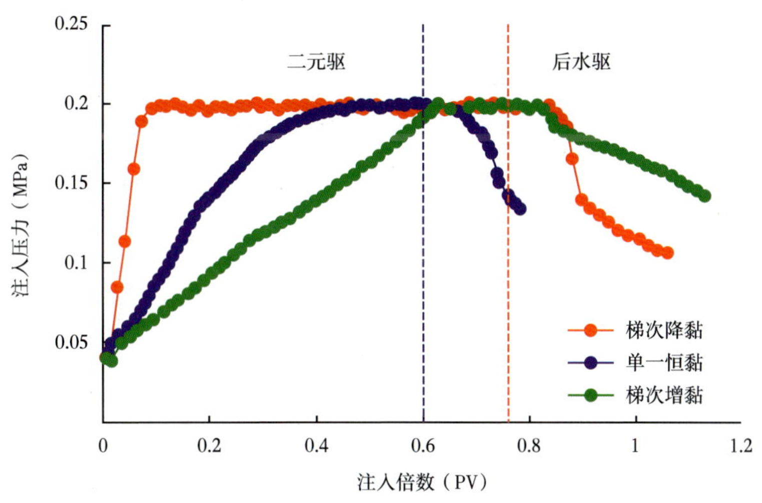

图 5-26　3 种注入方式二元复合驱注入压力对比曲线

梯次降黏优先注入的高黏段塞具有高阻力系数特征，可大幅降低储层内流体的流动能力，油层阻力增长明显，压力上升速度快，同时在驱替前缘可形成较大的压力梯度，可高效启动孔喉中残余油，油滴逐渐聚并形成高浓油墙，大幅提高采收率，从注入压力的变化规律角度验证了梯次降黏注入方式的油墙形成机理。

从不同渗透率油层主流线压力场变化看（图 5-27），在梯次降黏方式的注聚过程中，层间压力差趋于均衡，而单一段塞和梯次增黏压力差异越来越大，尤其在中低渗透层存在黏度高注入困难，造成驱替相沿高渗层突进。而梯次降黏注入方式的初期高黏段塞有利于控制高渗层快速突破，逐步降低黏度后有利于中低渗透层注入，同时中低渗层压力梯度提升明显，有效扩大波及体积，因此梯次降黏注入减小了层间压力差异，减缓了二元复合体系单层和单方向突破。

综合以上研究结果，在配伍的前提下需要梯次降黏注入化学体系，可以获得最大的动用程度。

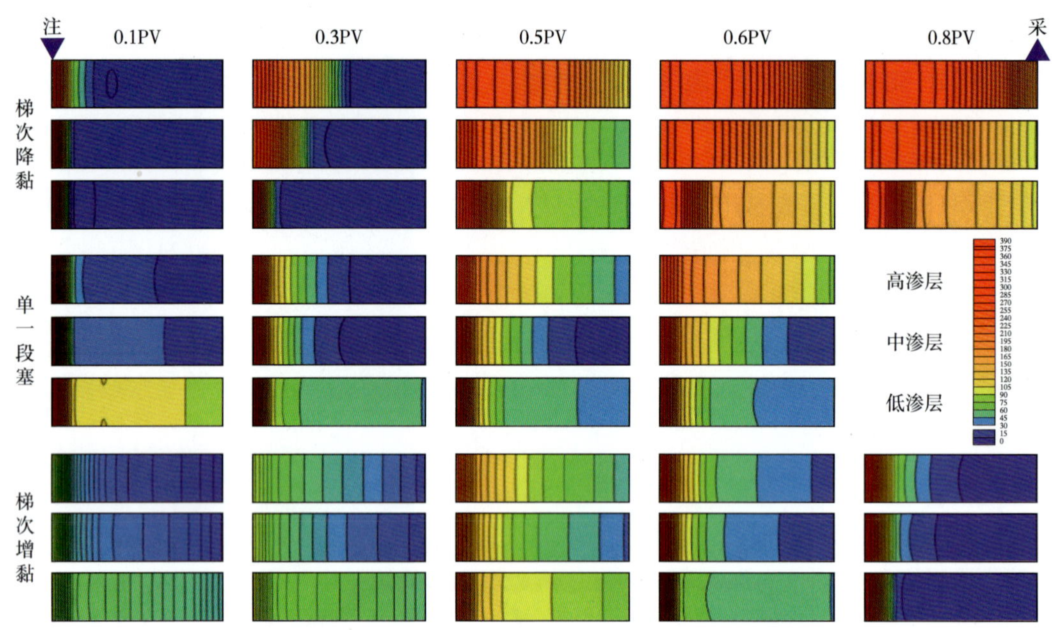

图 5-27　3 种注入方式下注采井主流线压力场变化图

通过室内多层并联物模实验揭示二元体系渗流规律，结果表明梯次降黏注入方式波及范围最大、驱油效率最高，提高采收率幅度比单一体系高 7.0 个百分点。

第四节　化学驱分级动用驱油渗流模型

一、化学驱分级动用渗流模型

在砾岩储层分类的基础上，将砾岩油藏的“网状”渗流系统通过抽象简化，分解成 3 种渗流模型（图 5-28），其中Ⅰ类“大孔中喉型”模型是由大孔隙（孔隙半径 110μm 以上）与 2 个中粗喉道（喉道半径 5μm 以上）并联而成；Ⅱ类“中孔细喉型”模型是由中孔隙（孔隙半径在 90~110μm）与 1 个中粗喉道（喉道半径 5μm 以上）和 1 个细长喉道（喉道半径 2μm 以下）并联而成；Ⅲ类“小孔微喉型”模型是由小孔隙（孔隙半径 90μm 以下）与 2 个细长喉道（喉道半径 2μm 以下）并联而成（Ⅲ类储层物性较差，较难形成有效渗流通道），这 3 类模型能反映出砾岩储层的复模态特征。试验区渗透率为 94.8mD，渗流模型以Ⅱ类“中孔细喉型”为主，它最能代表砾岩微观孔喉结构“复模态”特征。

二、化学驱分级动用机制

二元驱初期：注入的较大相对分子质量和较高浓度的二元体系溶液后，其包裹着岩石中脱落的高岭石形成了“高分高浓胶团”，大部分“高分高浓胶团”驱替中粗喉道内的剩余油；仍有小部分“高分高浓胶团”由于“贾敏效应”滞留在细长喉道端口处，该端口处出现动态平衡，即微观注入压力与岩石的反作用力达到动态平衡，即 $F_{注}=F_{岩}$［图 5-29（a）］。

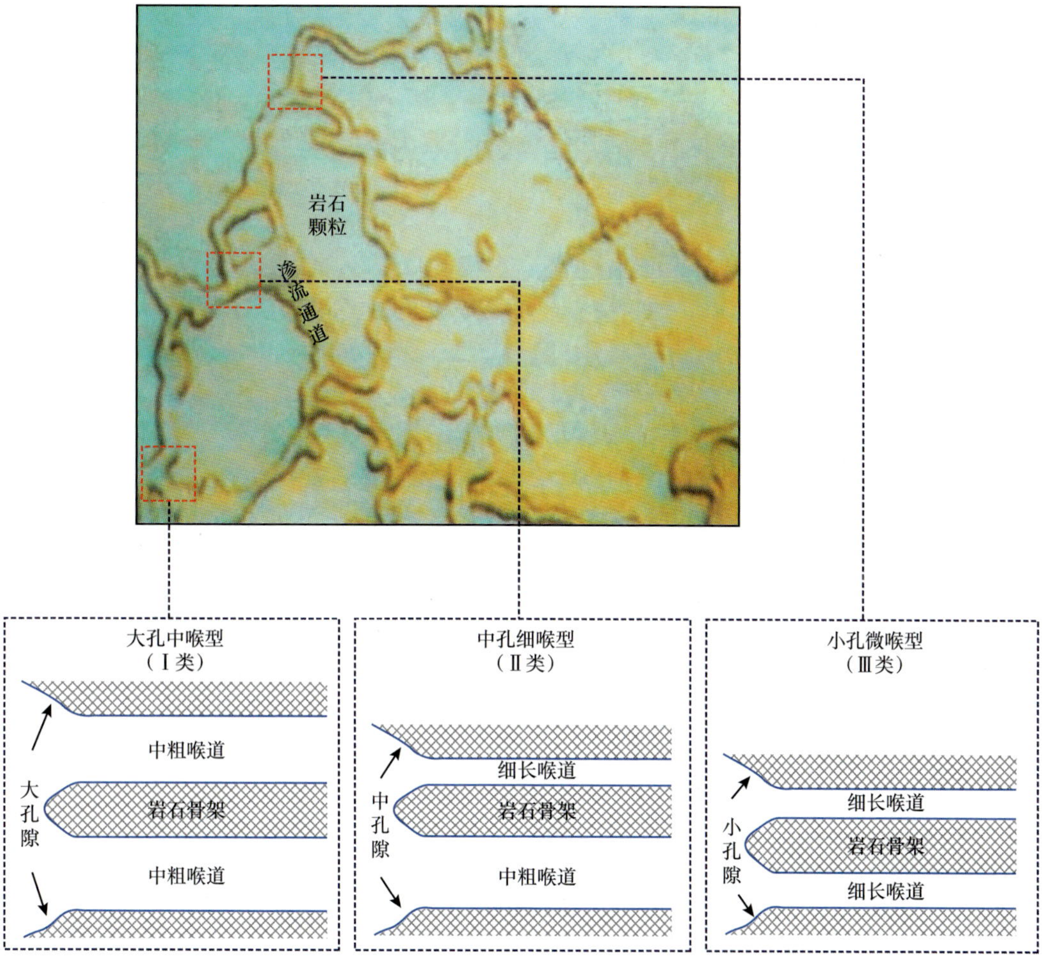

图 5-28 砾岩油藏渗流系统及抽象简化的典型渗流模型

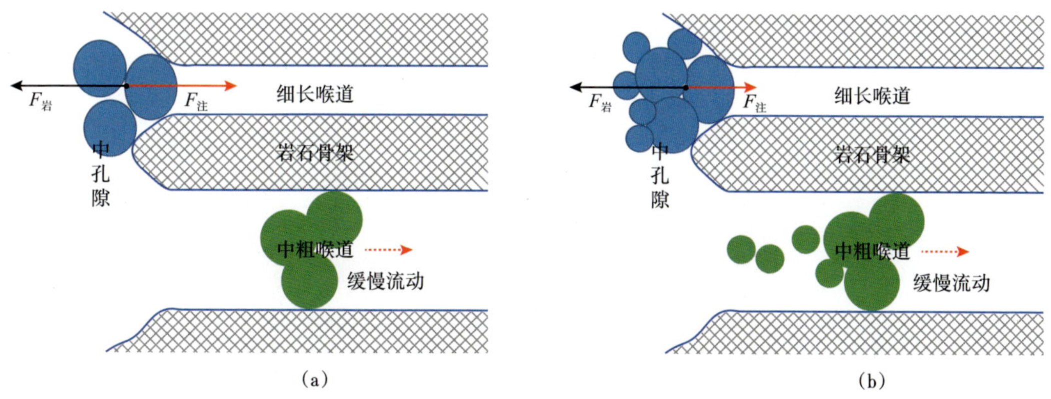

图 5-29 二元驱油体系注入初期（高相对分子质量高浓度体系）动用模式示意图

二元驱中后期：当中粗喉道内的剩余油被驱替完后，降低配方体系的相对分子质量和浓度，注入的二元驱油溶液相对分子质量和浓度逐渐降低后，细长喉道端口处微观注入压力 $F_{注}$ 逐渐降低，开始小于岩石的反作用力 $F_{岩}$［图 5-29（b）］，当某瞬间，出现 $F_{岩} \gg F_{注}$，动态平衡被打破，导致压力波动，逐步呈现“蓄能憋压、流场重构”的状况下，原来滞留在细长喉道端口处的“高分高浓胶团”出现松动，部分脱离，且携带后期注入的部分较小相对分子质量和较低浓度二元体系溶液（简称“中低分中低浓胶团”）进入中粗喉道后缓慢流动［图 5-30（a）］。而后期注入的“中低分中低浓胶团”开始进入细长喉道，驱替其内部剩余油（该部分原油在水驱阶段较难动用）。中粗喉道深部随着后期注入的相对分子质量降低，微观注入压力进一步降低，其流动速度变缓，起到了微观调剖的作用，后期注入的小分子进入细长喉道，二元复合驱主要渗流通道变为细长喉道［图 5-30（b）］。

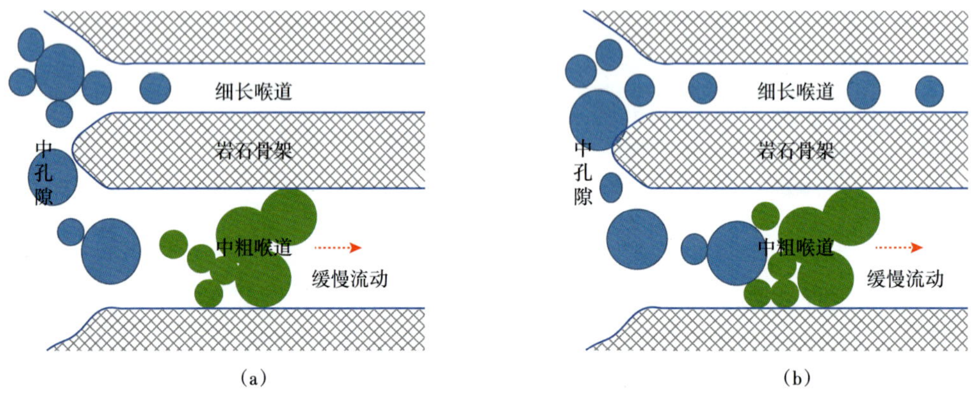

图 5-30　二元驱油体系注入中后期（中低相对分子质量中低浓度体系）动用模式示意图

天然岩心的微流控实验表明：2500 万高相对分子质量体系提高采出程度 11.9 个百分点，1000 万中相对分子质量体系提高采出程度 23.3 个百分点，动用程度的提升集中在降黏阶段（图 5-31、图 5-32）。

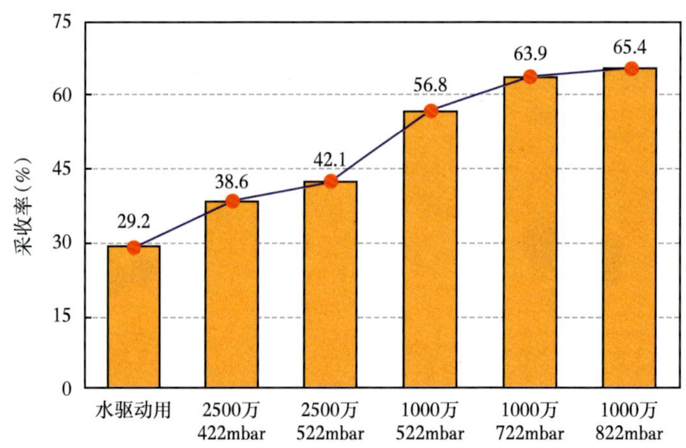

图 5-31　不同体系的累计动用程度

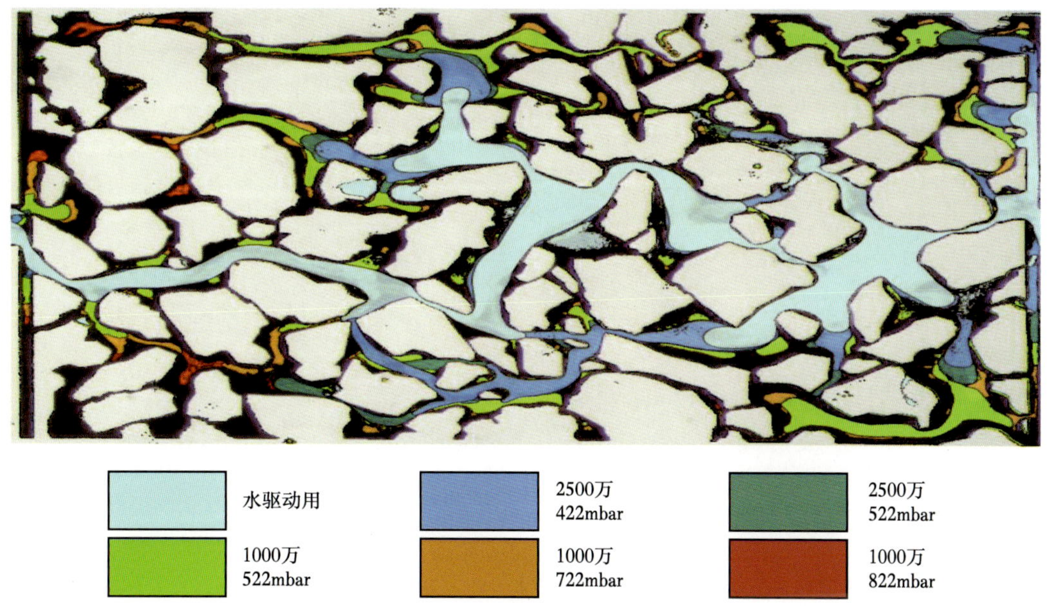

图 5-32 不同体系扩大波及体积对比

微流控实验波及范围对比表明：实施梯次降黏注入后，导致压力波动，逐步呈现“蓄能憋压、流场重构”状况，扩大了波及体积，实现细长喉道的有效动用（图 5-33、图 5-34）。

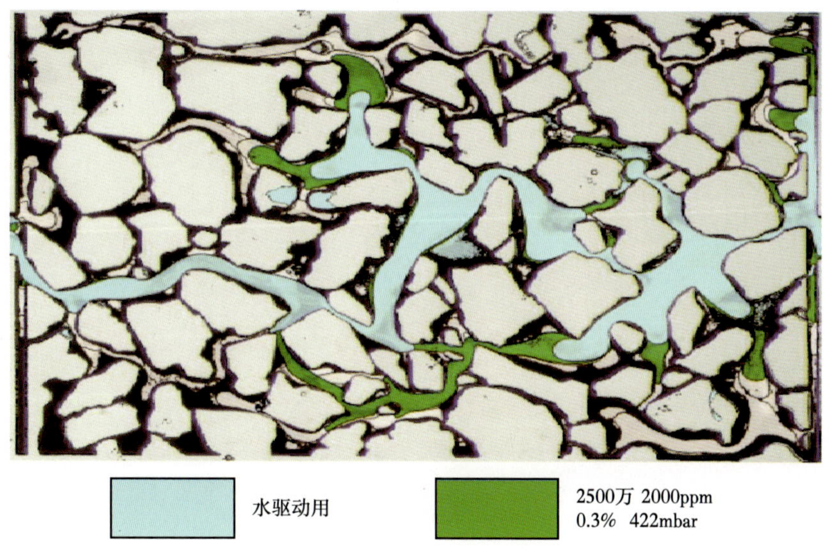

图 5-33 高相对分子质量高浓度二元驱油体系注入前波及范围对比（微流控天然岩心）

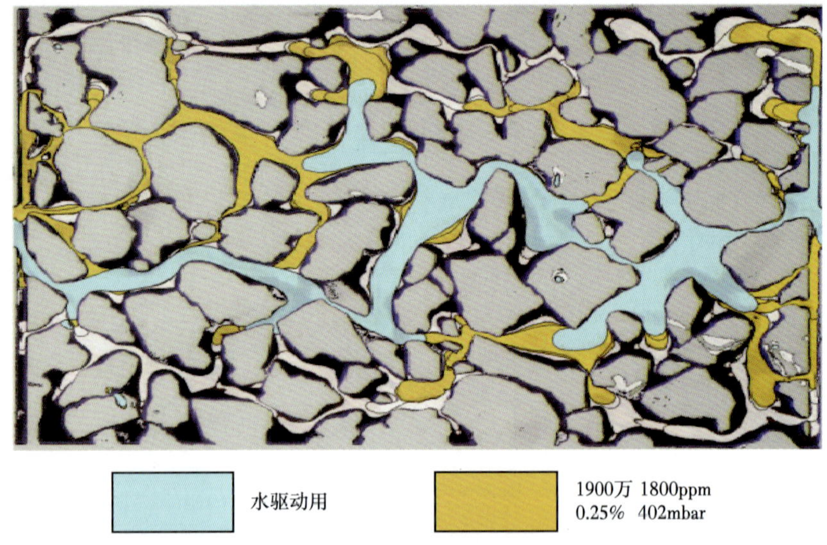

图 5-34 中低相对分子质量中低浓度二元驱油体系注入前波及范围对比（微流控天然岩心）

第六章　砾岩油藏分级动用化学驱油矿场实践

基于二次开发的水驱技术体系，研究和发展利用化学驱等三次采油技术，即“二、三结合”的开发模式已经成为二次开发工程的重要补充，当然也是高含水老油田可持续发展的技术趋势。

本章结合“低界面张力＋可控乳化”驱油体系设计以及复模态强非均质性砾岩油藏“梯次注入、分级动用”化学驱开采新技术，最终形成了砾岩油藏乳化分级动用驱油理论。利用该驱油理论指导克拉玛依七中区克下组典型砾岩油藏无碱二元复合驱工业化试验，通过精准调控乳化强度，注入初期（0.2PV）提高驱油体系乳化强度动用高渗储层剩余油，35%油井产出液见到乳化；见效高峰期（0.4PV）降低乳化强度动用中低渗储层剩余油，66%油井产出液见到乳化，高峰期含水由水驱末的95%下降为47.5%，实现了水驱后大幅度提高采收率20个百分点，同时拓宽了化学驱动用物性界限，渗透率动用下限由原来的50mD下降到30mD，新增可推广地质储量 1×10^8t。

第一节　七中区克下组矿场试验区概况

克拉玛依油田七中区克下组油藏位于克拉玛依市白碱滩区，在克拉玛依市区以东约25km处，区内地势平坦，平均地面海拔267m，地面相对高差小于10m。七中区克下组油藏处于准噶尔盆地西北缘克—乌逆掩断裂带白碱滩段的下盘，试验区位于七中区克下组油藏东部。

工业化试验目的层为 S_7^{4-1}、S_7^{3-3}、S_7^{3-2}、S_7^{3-1}、S_7^{2-3}、S_7^{2-2}6个单层，平均埋深1146m，沉积厚度31.3m。七中区克下组属洪积相扇顶亚相沉积，以主槽微相为主，主要由不等粒砂砾岩及细粒不等粒砂岩组成，孔隙度18.0%，渗透率94mD。

初始状态下，地面原油比重0.858，原油凝固点−20℃~4℃，含蜡量2.67%~6.0%，40℃原油黏度17.85mPa·s，酸值0.2%~0.9%，原始气油比120m³/t，地层油体积系数1.205。地层水属 $NaHCO_3$，矿化度13700~14800mg/L。

克下组油藏属于高饱和油藏，断块内为统一的水动力系统，原始地层压力16.1MPa，压力系数1.4，饱和压力14.1MPa，油藏温度40.0℃，目前试验区地层压力14.4MPa。七中区克下组油藏试验区评价面积为1.21km²，目的层段平均有效厚度11.6m，原始地质储量 120.8×10^4t，储量丰度为 99.9×10^4t/km²。

七中区克下组砾岩油藏东部二元驱试验井区于1959年3月投产，1960年11月以不规则四点法井网投入注水开发，其后该井区共进行过3次开发调整：1980—1988年扩边6口井；1995—1998年更新3口井、加密1口井；2007年进行整体加密调整，新钻44口井，包括1口水平井。调整后该区为150m井距反五点法二元驱试验井网，有生产井55口，注水井29口（包括平衡区11口注水井），采油井26口（包括1口水平井）。二元驱前缘水驱通过系列调整措施，采液、采油速度大幅度提升，采液速度提高 15.4%、采油速度提高 1.47%，阶段含水上升率仅 4.4%，阶段末综合含水 95.0%，采出程度 42.9%，水驱已无经济效益。

第二节　七中区克下组矿场试验效果

一、开发状况

二元驱试验区自 2010 年 7 月调剖调试进入化学驱阶段以来，截至 2014 年 9 月底试验区累计注入化学剂 $82.53\times10^4m^3$（0.336PV），完成设计注入量的 50.9%。从 2010 年 11 月到 2011 年 5 月，用污水配置聚合物，聚合物有浓度没黏度，没有达到设计方案要求。2011 年 6 月用清水配置的聚合物在部分井组进行调试，调试成功后，从 2011 年 8 月开始，试验区全面注入达到设计标准的聚合物黏度，前置段塞的聚合物相对分子质量 2500 万，设计浓度 1800mg/L，注入体积 0.05PV。2011 年 11 月 25 日起进入主段塞阶段，主段塞设计注聚浓度 1500mg/L，设计表面活性剂浓度 0.3%，设计注入体积 0.5PV。2012 年 11 月开始，二元驱聚合物相对分子质量先后进行了 3 次调整，表面活性剂浓度调整 1 次，调整后的试验开发形势转好。

二、开发效果

1. 采油速度大幅度提升

七中区注剂后见效速度很快，采油速度提高。注剂前采油速度 0.71%，注剂后采油很快达到 2.8%，之后下降到 0.96%，经过注采调控和配方体系调整后，达到见效高峰，采油速度最大为 3.6%，目前仍在见效期，采油速度 2.1%。采液速度从最高 11.8% 下降到目前的 5.0%，下降幅度 57.6%。同七东 1 聚驱相比较，二元驱调整前采油速度与聚驱相当，调整后采油速度明显高于聚驱，采液速度下降幅度与聚驱基本相当，七东 1 区聚驱采液速度下降幅度 51.9%（图 6-1）。

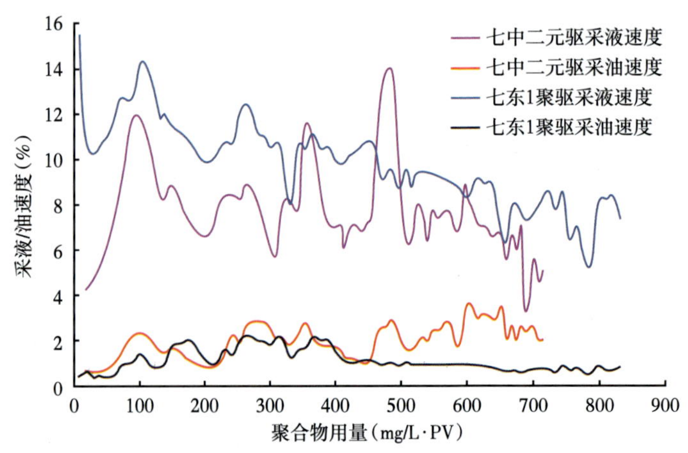

图 6-1　不同化学驱采液采油速度变化曲线

2. 注剂存聚率高

从二元驱注剂过程中的存聚率变化趋势可以看出（图 6-2），二元驱初期配方体系与储层的配伍性差，出现剂窜现象，采聚、采表浓度高，存聚率快速下降，存表率低，之后经过综合治理及配方体系调整，存聚率回升，保持在85%以上，存表率回升后，一致保持在95%以上。

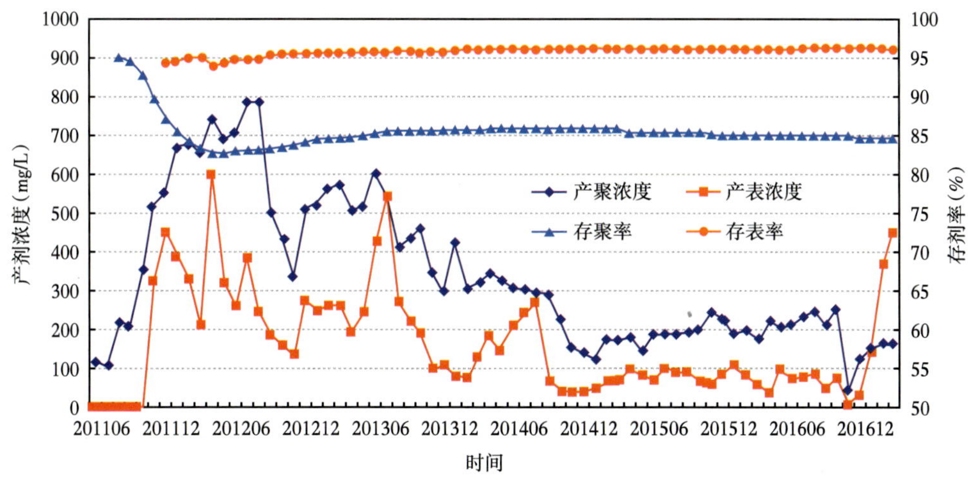

图6-2 二元复合驱试验区产剂浓度变化曲线

3. 吨剂增油效果较好

吨剂增油分析对比时，将七中区二元驱表面活性剂按照聚合物价格折算为聚合物当量，二元驱在聚合物用量达到713mg/L·PV时，吨剂增油26.3t/t，同二中区三元复合驱相当，低于聚合物驱（图6-3）。

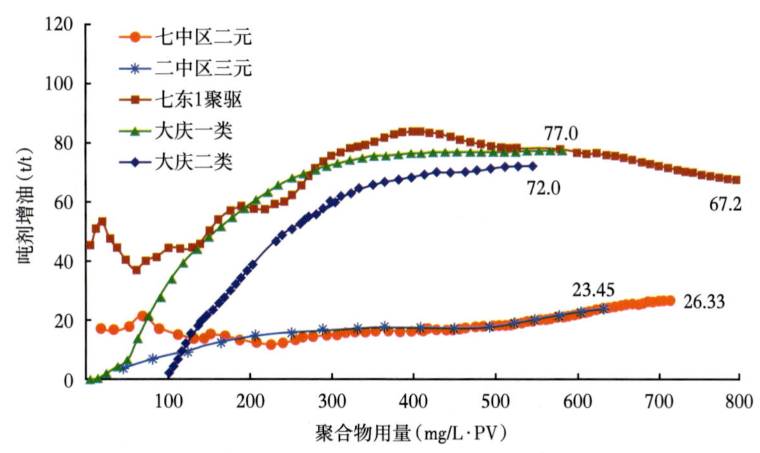

图6-3 不同化学驱吨剂增油对比图

4. 提高采收率幅度大

试验区北部储层物性好，提高采收率幅度大，南部储层物性差，提高采收率幅度小，2014年9月注入0.33PV化学剂后转入水驱。截至2017年3月试验区已注入0.5PV化学剂，提高采收率 9.5%，其中试验区北部提高采收 13.4%，试验区南部提高采收率 6.5%。在相同的注入 PV 数下，七中区二元驱试验提高采收幅度在七东 1 区聚驱和二中区三元复合驱提高采收率之间（图 6-4）。

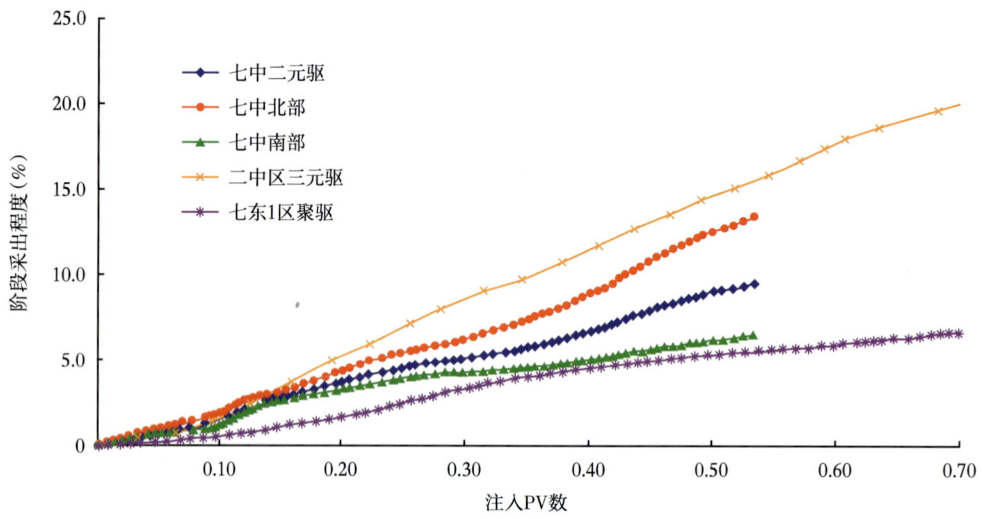

图 6-4 克拉玛依油田不同化学驱提高采收率幅度对比图

第三节 矿场试验成果

通过将砾岩储层剩余油受孔喉控制特征与驱油剂控制乳化程度来提高采收率结合起来后形成了砾岩油藏乳化分级动用驱油理论：针对长期水驱后砾岩油藏具有“多级孔喉控制剩余油”特点，通过初期注入高相对分子质量高浓度驱油体系动用高渗层，封堵通道建立较高的驱替能量，后逐步降低驱油体系相对分子质量和浓度，调控乳化指数，采油速度低于 0.5% 时调整配方体系，通过“蓄能憋压、流场重构”的方式，依次提高大、中、小不同孔喉波及程度，实现各级孔喉控制剩余油充分动用。

一、分类储层配方体系与段塞尺寸设计技术

利用“梯次注入、分级动用”二元复合驱新模式指导矿场实践，在储层分级基础上，明确各类型储层相应配方（表 6-1）。根据储层配伍图版和剩余油潜力，设计与各类型储层相匹配的配方。在调剖见效基础上，根据见效特征，注入驱油体系的相对分子质量和浓度按照由强到弱的“梯次注入”方式，扩大波及范围，依次提高大、中、小不同孔喉动用程度，从而实现不同储层类型内剩余油的“分级动用”。

随着二元复合驱体系的注入，油井生产曲线逐渐呈现产油含水剪刀的趋势。在排除井况、开采政策界限等因素外，选择日产油、含水和 Cl^- 作为关键参数，判断梯次注入的转换时机（表 6-2），统计七中区克下组油藏无碱二元复合驱试验的实际梯次注入时机（表 6-3）。

表 6-1 七中区克下组二元驱段塞设计

储层类型	孔隙类型	剩余油饱和度（%）	剩余地质储量（10^4t）	前置段塞	二元初期	中期配方	高峰期	后续段塞
					主段塞 1	主段塞 2	主段塞 3	
Ⅰ类	大孔大喉	0.380	7.2	2500 万，1800mg/L，0.06PV	2500 万，1500mg/L，3000mg/L，0.09PV			
Ⅱ类	大孔中喉	0.406	10.9			1500 万，1200mg/L，3000mg/L，0.21PV		
Ⅲ类	中孔细喉	0.446	8.6				1000 万，1000mg/L，2000mg/L，0.32PV	1000 万，1000mg/L，0.10PV
Ⅳ类	小孔微喉	0.554	6.7					

表 6-2 二元复合驱过程中注入时机转换原则

关键参数指标	Ⅰ类储层 → Ⅱ类储层 → Ⅲ类储层
日产油（t）	区块井组日产油量连续三个月低于或接近前缘水驱末
含水（%）	区块井组含水连续三个月高于或接近前缘水驱末
Cl^-（mg/L）	区块井组 Cl^- 含量连续三个月低于或接近前缘水驱末

表 6-3 二元复合驱试验实际梯次注入时机统计

时间	注入 PV	二元驱试验调整记录	体系类型	驱替储层类型
2011 年 11 月	0.1	2500 万，1500mg/L，0.3%mg/L	高分高浓	Ⅰ类
2012 年 11 月	0.18	2500 万 →1500 万，1500→1200mg/L，0.3%mg/L	中分中浓	Ⅱ类
2013 年 9 月	0.34	1500 万 →1000 万，1200→1000mg/L，0.3%→0.2%mg/L	低分低浓	Ⅲ类

在此过程中，为了达到方案设计提高采收率目标，二元复合驱不同阶段均制定相应的合理开采政策界限和对策。形成了以初期封堵通道、动用高渗层，见效高峰期扩大波及、动用中低渗层为目标的全过程注采调控技术。二元驱见效高峰期采油速度达到 3.2%，含水最大降幅超过 40%，实现了大幅度提高采收率 18%。

二、化学驱典型井分级动用技术

根据中心井 T72247 生产曲线特征（图 6-5），前置段塞阶段注入高相对分子质量高浓度体系后，该井日产液量出现大幅波动，日产油量处于缓慢上升，日产油由前缘水驱末的 0.8t 上升至前置段塞阶段的 1t，含水出现波动式下降，含水由 95.2% 下降至 92%。但同井组注入压力快速上升，由 9MPa 上升至 14MPa。

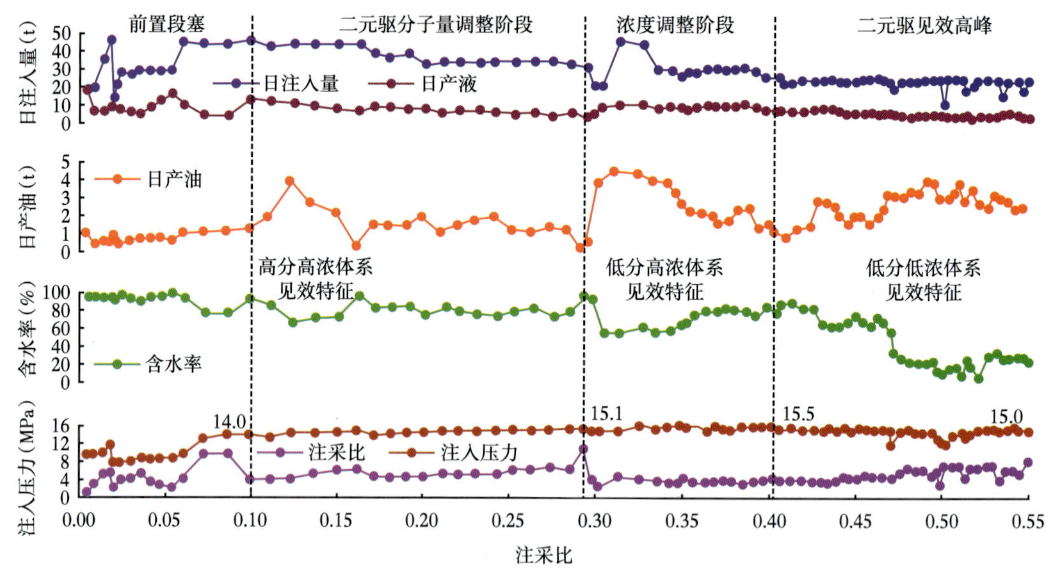

图 6-5　典型中心井 T72247 二元驱生产曲线

二元主段塞初期，注入高相对分子质量高浓度体系后，4 个月就开始见效，日产液量缓慢下降，日产油量快速上升，由 1t 最高上升至 3t，含水下降至 80% 后快速上升，注入压力保持平稳，见效特征显示出，注入高相对分子质量高浓度体系驱替的是“大孔大喉”的 I 类储层，该类储层也是水驱的主力储层，通过长期水驱后剩余油已所剩无几，因此呈现“见效快，失效也快”特征，后期尽管仍注入一定 PV 数的高相对分子质量高浓度体系，虽然注入压力稳步提升至 15.1MPa，但再也没出现见效特征，日产油下降至 0.8t。按照“梯次注入、分级动用”新模式进行了驱油体系的转换，注入中相对分子质量中浓度体系后，3 个月开始见效，日产油量快速上升，由 0.8t 最高上升至 4t，含水下降至 75% 后缓慢上升，注入压力呈现小幅度波动，见效特征显示，注入的中相对分子质量中浓度体系主要驱替的是“大孔中喉”的Ⅱ类储层，该类储层水驱有部分波及，但不是水驱的主力储层，其内部剩余油富集，因此呈现“油量增幅大，含水低值维持时间长”特征。当满足注入时机转换原则后，注入低相对分子质量低浓度体系后，日产油量平稳上升，由 0.8t 最高上升至 3.5t，但含水稳步下降超过了 60 个百分点，最低至 15%，且维持时间很长。见效特征显示，注入的低相对分子质量低浓度体系主要驱替的是“中孔细喉”的Ⅲ类储层，该类储层水驱未曾波及，其内部剩余油富集，赋存状态以簇状为主，低相对分子质量低浓度体系进入后驱油才呈现“超低含水”特征，但由于该类储层的孔隙体积较小，因此体现出日产液量较低。

三、砾岩储层化学驱动用物性界限拓宽技术

根据不同物性储层的采油速度统计表明，见效高峰期 30~50mD 储层采油速度均可提高至 1.0%（图 6-6）。动用下限从筛选标准 50mD 进一步降至 30mD，从而拓宽了砾岩储层化学驱动用物性界限（表 6-4）。

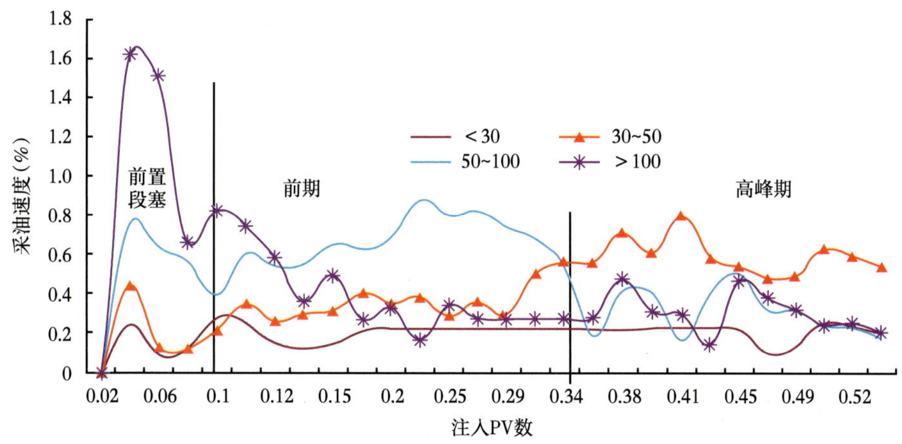

图 6-6 不同物性储层采油速度变化

表 6-4 复合驱原有筛选标准

筛选参数	油藏条件好	油藏条件较好	油藏条件一般	油藏条件较差	油藏条件差
	0.8~1.0	0.6~0.8	0.4~0.6	0.2~0.4	0~0.2
油层温度（℃）	＜55	55~70	70~85	85~100	＞100
二价离子含量（mg/L）	＜50	50~150	150~500	500~2000	＞2000
地层原油黏度（mPa·s）	5~25	3~5	2~3	1~2	＜1
		25~50	50~100	100~300	＞300
空气渗透率（mD）	500~2000	200~500	100~200	50~100	＜50
		2000~4000	4000~6000	6000~8000	＞8000

第四节 现场试验及应用效果

与国内外在砂岩油藏实施化学驱相比，新疆砾岩油藏由于其强非均质性且长期水驱后剩余油高度分散特点，世界范围内首次实施无碱二元复合驱提高采收率难度大。中国石油新疆油田分公司联合国内力量，形成“产学研一体化”百余人团队，历经十余年持续攻关，突破了传统的超低界面张力毛细管束复合驱经典驱油理论认识，首次提出了砾岩油藏乳化分级动用驱油理论，攻克了强非均质性砾岩油藏大幅度提高采收率的世界性难题。创新广谱、高效本源环烷基石油磺酸盐生产工艺，制定驱油体系评价行业标准，实现配方体系设计的规范化。首创了“多元可调、绿色高效”的注采工艺技术与设备，定型了“集约化部署、标准化设计”建设模式。截至 2019 年 12 月，克拉玛依油田七中区无碱二元复合驱工业化试验提高采收率 17.4%，预测最终采收率 20%。高峰期含水降幅超过 40 个百分点，技术适用下限由 50mD 拓展至 30mD。由于其具有“绿色、高效”特征，新疆油田将其确定为稀油中高渗砾岩油藏水驱后大幅度提高采收率主体接替技术。

新疆油田按照“整体部署、分年实施、层系接替”原则有序推广无碱二元复合驱，“十四五”规划动用地质储量 1.17×10^8t，新增可采储量 2375.1×10^4t，相当于发现探明储量 2×10^8t 级油藏，节约勘探投资 2.3 亿元。规划 2024 年产量达到 136×10^4t，2027 年达到 150×10^4t，130×10^4t 以上稳产 7 年（图 6-7）。按中国石油集团公司经济评价要求，规划方案内部收益率 18.81%。

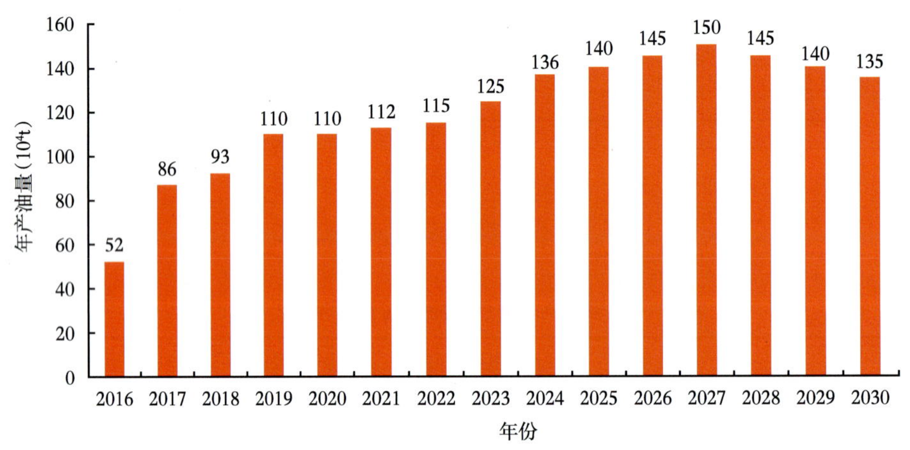

图 6-7　新疆油田无碱二元复合驱规划产量构成

第五节　效益分析及应用前景

十三五”期间规划在克拉玛依油田和百口泉油田实施推广，可为新疆油田的增储上产做出巨大贡献，每年可以节约清水 $700\times10^4m^3$，有力地保护了自然资源和生态环境。新疆油田 2017—2019 年在克拉玛依油田一区、三区、五区、七区、八区和百口泉油田百 21 井区推广应用，动用地质储量 1.16×10^8t。2017—2019 年三年共完钻新井 1959 口，新增可采储量 2163×10^4t，累计产量 288.60×10^4t，累计技术增油 180.59×10^4t，新增销售额 51.50 亿元，新增利润 6.27 亿元。其中 2017 年新增产油量 45.7×10^4t，新增销售额 10.62 亿元，新增利润 0.26 亿元；2018 年新增产油量 56.9×10^4t，新增销售额 17.93 亿元，新增利润 3.23 亿元；2019 年新增产油量 78×10^4t，新增销售额 22.94 亿元，新增利润 2.78 亿元。

随着具有自主知识产权的环烷基驱油用表面活性剂 KPS 实现工业化生产，形成年产 7×10^4t 能力，目前已经销往中亚地区和国内冀东油田、吐哈油田，累计创收近 10 亿元，每年为地方企业发展带来新的利润增长点，增加地方就业和利税，带动地方企业的发展，具有显著的社会和经济效益。

参考文献

成都地质学院陕北队 . 1978. 沉积岩（物）粒度分析及其应用［M］. 北京：地质出版社 .

程杰成，王德民，吴军政，等 . 2000. 驱油用聚合物的分子量优选［J］. 石油学报，21（1）：102-106.

地质部地质辞典办公室 . 1981. 地质辞典 - 二［M］. 北京：地质出版社 .

董文龙，徐涛，李洪生，等 . 2011. 聚合物 - 表面活性剂二元复合体系微观及宏观驱油特征——以河南双河油田某区块为例［J］. 油气地质与采收率，18（3）：53-56.

封卫强，罗明良，周杰 . 2008. 天然混合羧酸盐复合驱油体系优选及应用［J］. 石油天然气学报，30（2）：305-307.

高树棠 . 1996. 聚合物驱提高石油采收率［M］. 北京：石油工业出版社 .

宫军，徐文波，陶洪辉 . 2006. 纳米液驱油技术研究现状［J］. 天然气工业，26（5）：105-107.

关淑霞，刘化龙，朱友益 . 2010. 国内 SP 二元复合驱研究现状分析［J］. 内蒙古石油化工，36（24）：36-38.

郭宏亮，张立萍，安继彬，等 . 2019. 界面张力及乳化效果对提高采收率的贡献［J］. 石油化工，48（4）：381-385.

郭尚平，黄廷章，胡雅礽 . 1990. 仿真微观模型及其在油藏工程中的应用［J］. 石油学报，11（1）：49-54.

韩培慧，董志林，张庆茹 . 1999. 聚合物驱油合理用量的选择［J］. 大庆石油地质与开发，18（1）：40-41.

韩显卿 . 1993. 提高采收率原理［M］. 北京：石油工业出版社 .

韩显卿，汪伟英 . 1995. 孔隙介质中 HPAM 的粘弹特性及其对驱油效率的影响［C］// 第五次国际石油工程会议论文集（上册）. 北京：114-130.

何运兵，李晓燕，丁英萍，等 . 2005. 微乳液的研究进展及应用［J］. 化工科技，13（3）：41-48.

侯光耀，张河，肖慧敏 . 2017. 早期试井解释新方法在中低渗透砾岩油藏中的应用［C］//2017 油气田勘探与开发国际会议（IFEDC 2017）论文集 . 成都，2017-09-21：2657-2663.

侯军伟，芦志伟，焦秋菊，等 . 2016. 新疆油田复合驱过程中的乳状液类型转变［J］. 油田化学，33（1）：112-115.

胡博仲 . 1997. 聚合物驱采油工程［M］. 北京：石油工业出版社 .

胡夏唐 . 1997. 砂砾岩油藏开发模式［M］. 北京：石油工业出版社 .

扈福堂，杨中建，程涛，等 . 2019. 模糊评判方法在砂砾岩油藏调驱段塞设计中的应用［C］//2019 油气田勘探与开发国际会议论文集 . 西安：3203-3210.

华东石油学院岩矿教研室 . 1982. 沉积岩石学［M］. 北京：石油工业出版社 .

黄廷章，于大森 . 2001. 微观渗流力学实验及其应用［M］. 北京：石油工业出版社 .

姜言里，韩培慧，孙秀芝 . 1995. 聚合物驱油经济最佳用量的优选［J］. 大庆石油地质与开发，14（3）：47-51，77.

靖波，张健，吕鑫，等 . 2013. 聚 - 表二元驱油体系性能对比研究［J］. 西南石油大学学报（自然科学版），35（1）：155-159.

卡佳霍夫 . 1958. 油层物理基础［M］. 北京：石油工业出版社 .

兰玉波，刘春林，赵永胜 . 2006. 大庆油田泡沫复合驱矿场试验评价研究［J］. 天然气工业，26（6）：102-104.

李杰，马艳超，邱辽萍，等 . 2009. 二元复合驱采出液稳定性及破乳研究［J］. 化学与生物工程，26（1）：65-67.

李杰瑞，刘卫东，周义博，等 . 2018. 化学驱及乳化研究现状综述［J］. 应用化工，47（9）：1957-1961.

李杰瑞，王连刚，刘卫东，等 . 2018. 复合驱表面活性剂乳化研究现状［J］. 油田化学，35（4）：731-737.

李堪运，李翠平，赵光，等 . 2014. 非均质油藏二元复合驱合理毛管数实验 [J]. 油气地质与采收率，21（1）：87-91.
李孟涛，刘先贵，杨孝君 . 2004. 无碱二元复合体系驱油试验研究 [J]. 石油钻采工艺，26（5）：73-76.
李时宣 . 2004. 西峰原油乳状液流变性研究 [J]. 油气田地面工程，23（9）：18-19.
李世军，杨振宇，宋考平，等 . 2003. 三元复合驱中乳化作用对提高采收率的影响 [J]. 石油学报，24（5）：71-73.
李先杰 . 2008. 多孔介质中的油水乳化及其对采收率的影响 [D]. 北京：中国石油大学（北京）.
李星 . 2016. 乳化程度对三元复合驱提高采收率的影响 [J]. 化学工程与装备（5）：54-57.
李学文，王德民 . 2004. 乳状液渗流过程中压力梯度对孔隙介质渗透率的影响试验 [J]. 江汉石油学院学报，26（4）：114-116.
廖广志，王强，王红庄，等 . 2017. 化学驱开发现状与前景展望 [J]. 石油学报，38（2）：196-207.
刘敬奎 . 1986. 克拉玛依油田砾岩储集层研究 [J]. 石油学报，7（1）：39-50.
刘敬奎 . 1983. 砾岩储层结构模态及储层评价探讨 [J]. 石油勘探与开发（2）：45-46.
刘敬奎 . 1978. 露头注水试验 [J]. 石油勘探与开发（6）：70-81.
刘莉平，杨建军 . 2004. 聚 / 表二元复合驱油体系性能研究 [J]. 断块油气田，11（4）：44-45.
刘帅，白崇高，蒲春生，等 . 2021. 聚表剂驱油技术研究现状与发展趋势 [J]. 应用化工，50（5）：1320-1323，1329.
刘顺生，杨玉珍 . 1991. 储层中高渗透层段剖面连通概率计算方法 [J]. 新疆石油地质（1）：31-33.
刘卫东，罗莉涛，廖广志，等 . 2017. 聚合物 - 表面活性剂二元驱提高采收率机理实验 [J]. 石油勘探与开发，44（4）：600-607.
刘卫东，王高峰，廖广志，等 . 2021. 化学复合驱“二三结合”油藏产量计算方法 [J]. 石油勘探与开发，48（6）：1218-1223.
刘文正，何宏，刘浩成，等 . 2022. 非均相驱油体系在多孔介质中流动行为影响因素 [J]. 西安石油大学学报（自然科学版），37（2）：32-38.
刘艳华，孔柏岭，吕帅，等 . 2011. 稠油油藏聚驱后二元复合驱提高采收率研究 [J]. 油田化学，28（3）：288-291，295.
刘义刚，卢琼，王江红，等 . 2009. 锦州 9-3 油田二元复合驱提高采收率研究 [J]. 油气地质与采收率，16(4)：68-70，73.
刘永革，王庆 . 2017. 聚表二元相互作用对提高采收率的影响研究 [J]. 科学技术与工程，17（1）：187-192.
刘哲宇，李宜强，冷润熙，等 . 2020. 孔隙结构对砾岩油藏聚表二元复合驱提高采収率的影响 [J]. 石油勘探与开发，47（1）：129-139.
卢祥国，高振环，赵小京，等 . 1996. 聚合物驱油后剩余油分布规律研究 [J]. 石油学报，17（4）：55-61.
吕晓华，刘正，杨力生，等 . 2020. 非均相海水速溶粘弹驱油体系设计及研究 [J]. 化学工程师，34（12）：46-48.
吕鑫，张健，姜伟 . 2008. 聚合物 / 表面活性剂二元复合驱研究进展 [J]. 西南石油大学学报（自然科学版）（3）：127-130，193-194.
鲁欣 . 1955. 沉积岩石学原理 [M]. 北京：地质出版社 .
栾和鑫，陈权生，陈静，等 . 2017. 驱油体系乳化综合指数对提高采收率的影响 [J]. 油田化学，34（3）：528-531.
栾和鑫，唐文洁，陈艳萍，等 . 2021. 砾岩油藏复合驱过程中化学剂的吸附滞留规律 [J]. 油田化学，38（3）：

504-507，514.

罗明高 . 1991. 碎屑岩储层结构模态的定量模型 [J]. 石油学报，12（4）：27-38.

聂建疆，汤传意，辛骅志，等 . 2022. 低渗透砾岩油藏“双高”开发阶段规模上产技术 - 以百口泉油田为例 [C]//2022 油气田勘探与开发国际会议（2022IFEDC）论文集 . 西安：1-9.

牛瑞霞，程杰成，龙彪，等 . 2006. 二元无碱驱油体系的室内研究与评价 [J]. 新疆石油地质，27（6）：733-735.

裘亦楠，陈子琪，居娟，等 . 1983. 我国油藏开发地质分类的初步探讨 [J]. 石油勘探与开发（5）：35-48.

商明，乔文龙，曹菁 . 2003. 克拉玛依砾岩油藏基本特征及开发效益水平评估 [J]. 新疆地质，21（3）：312-316.

四川石油管理局 . 1976. 西南石油学院油矿地质技术读本 [M]. 北京：石油工业出版社 .

隋军，廖广志，牛金刚，等 . 1999. 大庆油田聚合物驱油动态特征及驱油效果影响因素分析 [J]. 大庆石油地质与开发，18（5）：4.

隋智慧，曲景奎，卢寿慈，等 . 2002. 耐盐表面活性剂驱油体系的研究 [J]. 精细石油化工进展，3（3）：35-38.

孙宁，宋考平，宋庆甲 . 2017. 二元与泡沫交替驱油体系室内物理模拟研究 [J]. 石油化工高等学校学报，30（2）：40-43.

孙仁远，李菁，曹刚，等 . 2020. 低渗透砾岩油藏均衡驱替模拟实验研究 [C]//2020 油气田勘探与开发国际会议（IFEDC2020）论文集 . 成都：1-7.

孙仁远，张璐，刘学良，等 . 2020. 砂砾岩油藏注水吞吐影响因素实验研究 [C]//2020 国际石油石化技术会议（2020IPPTC）论文集 . 上海：1-7.

唐善法，赖燕玲，朱洲，等 . 2006. 组合驱提高原油采收率实验研究 [J]. 钻采工艺，29（6）：47-49.

汪伟英 . 1995. 利用聚合物粘弹效应提高驱油效率 [J]. 断块油气田，2（5）：27-29.

汪文，苏静，王维，等 . 2022. 致密砂砾岩油藏有利储层识别与预测 [C]//2022 油气田勘探与开发国际会议（2022IFEDC）论文集 . 西安：1-6.

王德民 . 2019. 技术创新大幅度增加大庆油田可采储量确保油田长期高产 [J]. 大庆石油地质与开发，38（5）：8-17.

王德民，程杰成，吴军政，等 . 2005. 聚合物驱油技术在大庆油田的应用 [J]. 石油学报，26（1）：74-78.

王德民，程杰成，夏惠芬，等 . 2002. 粘弹性流体平行于界面的力可以提高驱油效率 [J]. 石油学报，23（5）：48-52.

王德民，程杰成，杨清彦 . 2000. 粘弹性聚合物溶液能够提高岩心的微观驱油效率 [J]. 石油学报，21（5）：45-51.

王凤兰，沙宗伦，罗庆，等 . 2019. 大庆油田特高含水期开发技术的进步与展望 [J]. 大庆石油地质与开发，38（5）：51-58.

王凤琴，曲志浩，孔令荣 . 2006. 利用微观模型研究乳状液驱油机理 [J]. 油勘探与开发，33（2）：221-224.

王亮 . 2008. 浅谈三次采油 [J]. 科技资讯（11）：155.

王涛，张志庆，王芳，等 . 2014. 原油乳状液的稳定性及其流变性 [J]. 油田化学，31（4）：600-604.

王玮，宫敬，李晓平 . 2010. 非牛顿稠油包水乳状液的剪切稀释性 [J]. 石油学报，31（6）：1024-1026，1030.

王英伟，覃建华，张景，等 . 2022. 玛湖致密砾岩油藏人工裂缝形态控制机理研究 [C]//2022 油气田勘探与开发国际会议（2022IFEDC）论文集 . 西安：1-9.

王志宁，李干佐，牟建海，等 . 2004. 混合羧酸盐复合驱油体系的研究（Ⅱ）——针对中原极复杂油田 [J]. 日用化学工业（1）：8-12，33.

邬元月，李建民，李俊超，等 . 2019. 一种砾岩油藏水平井压裂缝网的评价与预测方法［C］//2019 油气田勘探与开发国际会议论文集 . 西安：2988-2998.

吴虻 . 1981. 克拉玛依油田八区下乌尔禾组储层孔隙结构特征［J］. 新疆石油地质（2）.

吴文祥，张玉丰，胡锦强，等 . 2005. 聚合物及表面活性剂二元复合体系驱油物理模拟实验［J］. 大庆石油学院学报，29（6）：98-100.

夏惠芬 . 2002. 粘弹性聚合物溶液的渗流理论及其应用［M］. 北京：石油工业出版社 .

夏惠芬，王德民，侯吉瑞，等 . 2002. 聚合物溶液的粘弹性对驱油效率的影响［J］. 东北石油大学学报，26（2）：109-111.

夏惠芬，王德民，刘中春，等 . 2001. 粘弹性聚合物溶液提高微观驱油效率的机理研究［J］. 石油学报，22（4）：60-65.

夏慧芬，王德民，王刚，等 . 2006. 聚合物溶液在驱油过程中对盲端类残余油的弹性作用［J］. 石油学报，27（2）：72-76.

夏立新，曹国英，陆世维，等 . 2005. 沥青质和胶质对乳状液稳定性的影响［J］. 化学世界，46（9）：521-523，540.

徐金涛，岳湘安，宋伟新，等 . 2015. 乳状液在储层中的注入性研究［J］. 日用化学工业，45（1）：28-31.

严龙湘，吉承华，姚景年 . 1985. 应用聚类分析法对油藏开发分类［J］. 石油勘探与开发（2）：47-55.

杨承志 . 1999. 化学驱提高石油采收率［M］. 北京：石油工业出版社 .

杨东东，岳湘安，张迎春，等 . 2009. 乳状液在岩心中运移的影响因素研究［J］. 西安石油大学学报（自然科学版），24（3）：28-30.

杨燕，蒲万芬，刘永兵，等 . 2006. NNMB/NAPS 二元体系与原油界面张力研究［J］. 西南石油学院学报，28（1）：68-70.

杨振宇，周浩，姜江，等 . 2005. 大庆油田复合驱用表面活性剂的性能及发展方向［J］. 精细化工，22（z1）：22-23.

易凡，陈龙，师涛，等 . 2022. 强乳化复合表面活性剂驱油体系研究与应用［J］. 油田化学，39（3）：466-473.

袁士义，王强 . 2018. 中国油田开发主体技术新进展与展望［J］. 石油勘探与开发，45（4）：657-668.

苑光宇，罗焕 . 2018. 化学驱乳化性能及乳化评价方法研究进展［J］. 应用化工，47（11）：2494-2499.

曾流芳，刘建军，裴桂红 . 2003. 三元复合体系乳状液在孔隙介质中渗流的数值模拟［J］. 湖南科技大学学报（自然科学版），18（3）：21-23.

张帆，王福宾，张石兴 . 2005. 油水乳状液性质及其影响因素［J］. 油气田地面工程，24（12）：2-3.

张凤久 . 2018. 二元复合驱注采参数优化方法研究［J］. 中国石油大学学报（自然科学版），42（5）：98-104.

张维，李明远，林梅钦，等 . 2007. 聚合物、表面活性剂两元驱界面性质对乳状液稳定性影响［J］. 大庆石油地质与开发，26（6）：110-112，118.

赵长久，李新峰，周淑华 . 2006. 大庆油区三元复合驱矿场结垢状况分析［J］. 油气地质与采收率，13（4）：93-95.

赵方剑，曹绪龙，祝仰文，等 . 2020. 胜利油区海上油田二元复合驱油体系优选及参数设计［J］. 油气地质与采收率，27（4）：133-139.

赵利军，赵修太，张慧 . 2013. O/W乳化原油转型影响因素和对策研究［J］. 长江大学学报（自科版），10（20）：133-135，139.

周浩，刘赛，周伟，等 . 2022. 准噶尔盆地玛湖凹陷致密砾岩油藏液阻伤害与压裂补能实验研究［C］//2022 油气田勘探与开发国际会议（2022IFEDC）论文集 . 西安：1-2.

周佩，刘宁，董俊，等 . 2016. 表面活性剂驱油体系性能评价及应用［J］. 应用化工，45（12）：2383-2386.

朱友益，侯庆锋，简国庆，等 . 2013. 化学复合驱技术研究与应用现状及发展趋势［J］. 石油勘探与开发，40（1）：90-96.

邹玮，刘坤，刘振平，等 . 2019. 砾岩油藏含水上升规律及预测方法研究［C］// 油气田勘探与开发国际会议论文集 . 西安：1318-1326.

Acosta E，Szekeres E，Sabatini D A，et al. 2003. Net-average curvature model for solubilization and supersolubilization in surfactant microemulsions［J］. Langmuir，19（1）：186–195.

Alvarado D A，Marsden S S. 1979. Flow of Oil-in-Water emulsions through tubes and porous media［J］. Society of Petroleum Engineers Journal，19（6）：369-377.

Andrew M H，Clarke A，Whitesides T H. 2011. Viscosity of emulsions of polydisperse droplets with a thick adsorbed layer［J］. Langmuir，13（10）：2617-2626.

Bornaee A H，Manteghian M，Rashidi A，et al. 2014. Oil-in-water Pickering emulsions stabilized with functionalized multi-walled carbon nanotube/silica nanohybrids in the presence of high concentrations of cations in water［J］. Journal of Industrial and Engineering Chemistry，20（4）：1720-1726.

Clarke R H. 1979. Reservoir properties of conglomerate and conglomeratic sandstones［J］. AAPG，63（5）：799-803.

Devereux O F. 1974. Emulsion flow in porous solids：II. experiments with a crude oil-in-water emulsion in porous sandstone［J］. Chemical Engineering Journal，7（2）：129-136.

Elgibaly A A M，Nashawi I S，Tantawy M A. 1997. Rheological characterization of kuwaiti Oil-Lakes Oils and TheirEmulsions［C］//International Symposium on Oilfield Chemistry. Houston，Texas：SPE-37259-MS.

Fernandes B R B，Sepehrnoori K，Delshad M，et al. 2022. New fully implicit formulations for the multicomponent surfactant-polymer flooding reservoir simulation［J］. Applied Mathematical Modelling，105：751-799.

Ghosh S，Johns R T. 2015. A modified HLD-NAC equation of state to predict Alkali-Surfactant-Oil-Brine PhaseBehavior［C］//SPE Annual Technical Conference and Exhibition. Houston，Texas，USA：SPE-175132-MS.

Ghosh S，Johns R T. 2016. An Equation-of-State model to predict surfactant/oil/Brine-Phase behavior［J］. SPE Journal，21（4）：1106-1125.

GriffinC W. 1949. Classification of Surface-Active Agents by “HLB”［J］. Journal of the Society of Cosmetic Chemists，1：311-326.

Hand D B. 1930. Dineric distribution［J］. The Journal of Physical Chemistry，34（9）：1961-2000.

Israelachvili J N，Mitchell D J，Ninham B W. 1976. Theory of self-assembly of hydrocarbon amphiphiles into micelles and bilayers［J］. Journal of the Chemical Society，Faraday Transactions 2：Molecular and Chemical Physics，72：1525-1568.

Jin L C，Budhathoki M，Jamili A，et al. 2016. Predicting microemulsion phase behavior for surfactant flooding［C］// SPE Improved Oil Recovery Conference. Tulsa，Oklahoma，USA：SPE-179701-MS.

Jin L C，Jamili A，Li Z T，et al. 2015. Physics based HLD–NAC phase behavior model for surfactant/crude oil/brine systems［J］. Journal of Petroleum Science and Engineering，136：68-77.

Jin L C，Li Z T，Jamili A，et al. 2016. Development of a chemical flood simulator based on predictive HLD-NAC equation of state for surfactant［C］//SPE Annual Technical Conference and Exhibition. Dubai，UAE：SPE-

181655-MS.

Karambeigi M S, Abbassi R, Roayaei E, et al. 2015. Emulsion flooding for enhanced oil recovery: Interactive optimization of phase behavior, microvisual and core-flood experiments[J]. Journal of Industrial and Engineering Chemistry, 29: 382-391.

Khorsandi S, Johns R T. 2016. Robust flash calculation algorithm for microemulsion phase behavior[J]. Journal of Surfactants and Detergents, 19 (6): 1273-1287.

Lei Z D, Yuan S Y, Song J. 2008. Rheological behavior of alkali-surfactant-polymer/oil emulsion in porous media[J]. Journal of Central South University of Technology, 15 (1): 462-466.

Mcauliffe C D. 1973. Oil-in-Water emulsions and their flow properties in porous media[J]. Journal of Petroleum Technology, 25 (6): 727-733.

Roshanfekr M. 2010. Effect of pressure and methane on microemulsion phase behavior and its impact onsurfactant-polymer flood oil recovery[D]. Austin: University of Texas at Austin.

Salager J L, Marquez N, Graciaa A, et al. 2000. Partitioning of ethoxylated octylphenol surfactants in microemulsion-oil-water systems: influence of temperature and relation between partitioning coefficient and physicochemical formulation[J]. Langmuir, 16 (13): 5534-5539.

Salager J L, Miñana-Pérez M, Perez-Sanchez M, et al. 1983. Sorfactant-oil-water systems near the affinity inversion part Ⅲ: the two kinds of emulsion inversion[J]. Journal of Dispersion Science and Technology, 4 (3): 313-329.

Salager J L, Morgan J C, Schechter R S, et al. 1979. Optimum formulation of surfactant/water/oil systems forminimum interfacial tension or phase behavior[J]. Society of Petroleum Engineers Journal, 19 (2): 107-115.

Sheng J. 2011. Modern Chemical Enhanced Oil Recovery[M]. Amsterdam Boston, MA: Gulf Professional Pub.

Soo H, Radke C J. 1984. Velocity effects in emulsion flow through porous media[J]. Journal of Colloid and Interface Science, 102 (2): 462-476.

Wang Y W, Liu H Q, Wang J, et al. 2019. Formulation development and visualized investigation of temperature-resistant and salt-tolerant surfactant-polymer flooding to enhance oil recovery[J]. Journal of Petroleum Science and Engineering, 174: 584-598.

Winsor P A. 1948. Hydrotropy, solubilisation and related emulsification processes[J]. Transactions of the Faraday Society, 44: 376-398.